ullstein

Viele Chefs nerven, nicht wenige sind einfach ätzend, und manche schikanieren ihre Mitarbeiter sogar im Urlaub. Aber es geht noch schlimmer: Vorgesetzte, die ihren Mitarbeitern das Arbeitsleben dauerhaft zur Hölle machen. In den Chefpositionen von Unternehmen, Organisationen und in der Politik befinden sich ganz offensichtlich deutlich mehr Menschen mit äußerst problematischen Charakterzügen – bis hin zu echten Persönlichkeitsstörungen und psychopathischen Wesenszügen – als im Bevölkerungsdurchschnitt. Warum ist das so? Was zieht die Falschen besonders magisch in Führungsjobs? Weshalb finden wir unter unseren Chefs so viele Gestörte? Und vor allem: Wie können wir uns vor ihnen schützen? Die Psychologen und bekannten Karriereberater Jürgen Hesse und Hans Christian Schrader wissen Antwort.

Eine psychologisch fundierte Chef-Typologie verrät, was mit Ihrem eigenen Chef nicht stimmen könnte – gefolgt von praxiserprobten Handlungsstrategien für den Umgang mit denen, die Ihnen das Leben schwer machen.

JÜRGEN HESSE, geboren 1951, ist Diplom-Psychologe und geschäftsführender Gesellschafter im Büro für Berufsstrategie, Berlin.
HANS CHRISTIAN SCHRADER, geboren 1952, ist Diplom-Psychologe in Baden-Württemberg. Gemeinsam haben die beiden zahlreiche Bewerbungsratgeber geschrieben, die sich millionenfach verkauft haben.

www.berufsstrategie.de
Wenn Sie uns schreiben: info@irre-chefs.de

JÜRGEN HESSE
HANS CHRISTIAN SCHRADER

MEIN CHEF IST IRRE, IHRER AUCH?

Warum Psychopathen Führungskräfte werden und wie Sie das überleben

Ullstein

Besuchen Sie uns im Internet:
www.ullstein.de

Wir verpflichten uns zu Nachhaltigkeit
- Papiere aus nachhaltiger Waldwirtschaft und anderen kontrollierten Quellen
- ullstein.de/nachhaltigkeit

Die Webseite zum Buch:

www.mein-chef-ist-irre.de

FSC www.fsc.org
MIX
Papier | Fördert gute Waldnutzung
FSC® C021394

Ungekürzte Ausgabe im Ullstein Taschenbuch
1. Auflage April 2023

Umschlaggestaltung: zero-media.net, München
nach einer Vorlage von total italic, Berlin
Titelabbildung: © shutterstock/HypeStudio (Teufelshorn);
shutterstock/PinkPueblo (Krawatte)
Satz: LVD GmbH, Berlin
Gesetzt aus der Scala
Druck und Bindearbeiten: ScandBook, Litauen
ISBN 978-3-548-06855-8

INHALT

VORWORT

Nach 18 Uhr, wenn alle gegangen sind, geht der Chef durch die Büros und kippt die Papierkörbe aus. Er sucht nach Indizien, die sein negatives Bild von den faulen, unzurechnungsfähigen Mitarbeitern bestätigen. Wird er fündig, bestellt er die betreffenden Mitarbeiter tags darauf zu sich, um sie zur Schnecke zu machen.

Während einer Tagung übernachtet die gesamte Delegation eines Konzerns im selben Hotel. Um Mitternacht fragt der Finanzvorstand seine junge Assistentin per WhatsApp nach der Farbe der Unterwäsche, die sie gerade trägt.

Eine Kollegin ruft ihre Abteilungsleiterin an: »Meine Mutter ist in dieser Nacht gestorben. Ich kann heute leider nicht ins Büro kommen.« Die Antwort der Vorgesetzten: »Oh, das ist heute aber ganz unpassend.«

Ein Teamleiter hat sich für einen Nachmittag freigenommen, um seinen erkrankten dreijährigen Sohn zum Arzt zu bringen. Der Geschäftsführer setzt just an diesem Tag kurzfristig eine Besprechung von 13 bis 16 Uhr an. Zu Beginn der Besprechung erklärt der Teamleiter, dass er nur bis 14 Uhr Zeit habe, und nennt den Grund. Daraufhin erwidert der

Geschäftsführer vor versammelter Runde: »Wer hat denn bei Ihnen zu Hause die Hosen an? Erklären Sie Ihrer Frau mal, wer die Brötchen verdient.«

Viele Chefs nerven – die einen mehr, die anderen weniger. Manche sind einfach ätzend, wenn man sie auf dem falschen Fuß erwischt. Nicht wenige Vorgesetzte schikanieren bisweilen ihre Mitarbeiter, wenn sie selbst unter Druck stehen. Jeder hat schon unangenehme Situationen mit Vorgesetzten erlebt oder sogar schon mal in Gedanken gekündigt, um sich besser zu fühlen. Die meisten dieser Momente fallen unter die Kategorie »normaler Büro-Wahnsinn«, wie ihn jeder von uns kennt.

Leider geht es auch noch viel, viel schlimmer. Manche haben es mit Chefs zu tun, die ihren Mitarbeitern das Arbeitsleben permanent zur Hölle machen. Es gibt Bosse mit unerträglichen Allmachtsfantasien, Dauernörgler, Mobber und Intriganten, Willkürherrscher, Angst- und Schreckensverbreiter, um nur einige Arten von Schreibtischtätern zu nennen.

In den oberen Etagen von Unternehmen, Organisationen und in der Politik befinden sich deutlich mehr Menschen mit äußerst problematischen Persönlichkeitsmerkmalen – bis hin zu echten Persönlichkeitsstörungen und psychopathischen Wesenszügen – als im Bevölkerungsdurchschnitt. Aber warum ist das so? Was zieht die Falschen scheinbar geradezu magisch in Führungspositionen? Warum finden wir unter unseren Chefs so viele pathologisch Gestörte, Irre und Psychopathen (siehe auch Stichwort S. 35)? Und wie können wir uns vor ihnen schützen?

»Macht ist ein größerer Verführer als Geld oder Sex«[1], wird der bekannte deutsche Hirnforscher Gerhard Roth von der Universität Bremen zitiert. Damit befindet er sich in Einklang mit der Einschätzung des ehemaligen US-Präsidenten Abraham Lincoln, der wusste: »Willst du den Charakter eines Menschen erkennen, so gib ihm Macht.«

Lincolns Feststellung bestätigen die leidvollen Erfahrungen vieler Angestellten in Deutschland, die gemeinsam zu einem vernichtenden Urteil kommen: Viele Mitarbeiter halten ihre Vorgesetzten für »fachlich und charakterlich ungeeignet«[2] – so das Ergebnis einer repräsentativen Studie der Personalberatungsfirma Rochus Mummert. Dabei sind es nicht nur fachliche Defizite, die zwei Drittel der rund tausend befragten Angestellten ihren Vorgesetzten attestieren. Lediglich ein Drittel war der Meinung, dass der eigene Chef charakterlich für eine Führungsposition qualifiziert ist. Diese Zahlen sprechen für sich: Die Arbeitswelt scheint voll von Vorgesetzten zu sein, die besser keine geworden wären.

Hinzu kommt: Die Covid-19-Pandemie hat viele Probleme mit Chefs noch »geboostert«. Zunächst erschienen Quarantäneregeln und Homeoffice manchen vielleicht sogar als ein Gewinn, weil die physische Nähe zu den Vorgesetzten entfiel. Mit der Zeit aber mussten viele von uns feststellen, dass diese veränderte, deutlich reduzierte Kontaktform auch enorme Nachteile hat und Stress, Frust und Aggression in einem ganz besonderen Maße wecken kann. Jetzt verschwimmen die Grenzen zwischen Arbeit und Freizeit noch mehr, und die ständige Verfügbarkeit über Smartphone und Computer wurde immer selbstverständlicher. Immer häufiger muss man damit rechnen, dass der Chef sich auch abends oder am Wochenende meldet. Hatte einen die oder der Vorgesetzte ohnehin schon auf dem Kieker, fällt es nun umso leichter, die Mitarbeitenden auszugrenzen, zu verunsichern, zu benachteiligen und unter Druck zu setzen. Und wie in anderen Bereichen auch ließ die besondere Arbeitssituation in Pandemiezeiten so manche Maske von den Chef-Gesichtern fallen.

Die persönlichen Defizite von Führungskräften, die Arbeitnehmer tagtäglich erleben und erleiden, sind so unterschiedlich wie erschreckend. Viele dieser Geschichten bekommen wir zu hören, wenn wir in unserem *Büro für Berufsstrategie* in Berlin Menschen bei Problemen in der Arbeitswelt beraten (Namen u. Orte haben wir aus verständlichen Gründen geändert.). Oft steht die Entscheidung für einen Arbeitsplatzwechsel bereits fest. Das mit Abstand am häufigsten genannte Motiv für diese Veränderung ist nicht etwa der Wunsch nach mehr Geld oder anderen Aufgaben, verbunden mit mehr Verantwortung. Es sind die untragbaren Zustände an ihrem Arbeitsplatz, die die Menschen aus ihrer Firma treiben. Und ganz oben auf der Liste der häufigsten Gründe stehen – die Chefs.

Da ist der Bürgermeister, der an sommerwarmen Werktagen nicht vor 11 Uhr im Rathaus erscheint und dieses spätestens zwei Stunden später wieder verlässt mit der Bemerkung: »Der Tag ist zu schön, um ihn mit Arbeit zu verbringen.« Seine Mitarbeiter im Sozialamt aber qualifiziert er als faule Hunde ab, die nur das Geld zum Fenster hinauswerfen würden.

Erschreckt hat uns auch der Abteilungsleiter einer Versicherung, der seinem langjährigen Mitarbeiter nach einer Wirbelsäulen-OP keinen ergonomischen Bürostuhl gewährt. Auf die Bitte des Mitarbeiters, den Bürostuhl auszutauschen, sieht er diesem eine Weile stumm, aber tief in die Augen und gibt ihm dann zischend zur Antwort: »Sie wünschen sich einen Stuhlaustausch? Und ich wünschte, ich könnte Mitarbeiter wie Sie austauschen.«

Geht es noch schlimmer? Leider ja: Da wäre auch der Pflegedienstleiter, der uns sprachlos macht. Nachdem seine

Mitarbeiterin ihm mitgeteilt hat, dass sie schwanger ist, fragt er: »In der wievielten Woche sind Sie denn?« – »In der zehnten«, lautet die Antwort, die der Vorgesetzte mit der Bemerkung kommentiert: »Dann kann es ja noch weggehen.«

Im Laufe der Lektüre dieses Buches werden Sie möglicherweise immer mal wieder denken: »Genauso ist es auch bei uns. In meiner Firma werden wir von einem ganz ähnlich irren Chef schikaniert.« Unserer Erfahrung nach ist das nicht etwa ungewöhnlich, sondern leider Alltag in Deutschland.

Wir wollen Ihnen mit unserem Buch zeigen, dass Sie nicht allein sind: Unzählige Mitarbeiter in Deutschland leiden über die Maßen unter ihren Vorgesetzten. Vor allem aber wollen wir Sie dabei unterstützen, solche Situationen besser zu bewältigen und den Umgang mit toxischen oder gar psychopathischen Chefs möglichst unverletzt zu überleben. Wenn auch Sie es mit einem irren Chef zu tun haben, wird Ihnen schon die Erkenntnis helfen, dass nicht *Sie* mit der Einschätzung über Ihren Vorgesetzten falschliegen oder sich gar etwas einbilden, sondern dass es tatsächlich Ihr Vorgesetzter ist, der eine Macke hat oder sogar Merkmale eines Psychopathen aufweist. Denn gerade Psychopathen sind gut darin, ihrem Umfeld das Gefühl zu geben, alle anderen seien »falsch« und nur sie seien richtig. Was in deren Köpfen vorgeht, erinnert an den alten Witz über den Fahrer, der im Autoradio die Durchsage hört:

»Warnung! Auf der A5 kommt Ihnen ein Geisterfahrer entgegen.« »Von wegen einer …«, sagt der Mann am Steuer, »Hunderte!«

Wer die durchgeknallten Chefs sind, warum sie so (geworden) sind und was sie an- und umtreibt, werden wir in diesem Buch im Detail ausleuchten. Wir erläutern, warum wir bei manchen Menschen den Eindruck haben, dass sie nicht ganz richtig ticken – und ziehen klar die Grenze, ab wann wir es tatsächlich mit echten Psychopathen zu tun haben. Als Psychologen zeigen wir anhand einer Typologie von zehn der am häufigsten auftretenden Psychopathen-Typen in Führungspositionen, welcher Typ Chef Ihnen das (Arbeits-)Leben zur Hölle macht, wie Sie sich vor ihm schützen und wie Sie einen erträglichen Umgang mit der Situation finden können – oder ob es nicht doch sinnvoller ist, den Schauplatz des Schreckens schnellstmöglich zu verlassen.

In diesem Buch ist meist von »Psychopathen« und »Chefs« die Rede. Natürlich gibt es auch Psychopathinnen in den Führungsetagen von Unternehmen und Organisationen, wenn auch deutlich weniger. Untersuchungen haben gezeigt, dass es in unserer Gesellschaft generell weniger Psychopathinnen als Psychopathen gibt. Das führt dazu, dass eben mehr Psychopathen als Psychopathinnen beim Führungspersonal zu finden sind. Deswegen sind in den meisten unserer Beispiele die Übeltäter auch männlich. Aus Gründen der Lesbarkeit verzichten wir darauf, in jedem Einzelfall die männliche und weibliche Formulierung zu verwenden. Abgesehen von den Beispielgeschichten und genderspezifischen Passagen im Buch sind in der Regel Personen jeglichen Geschlechts gleichermaßen gemeint. Wir hoffen auf Ihr Verständnis.

Sollten Sie zu denjenigen gehören, die so gar keine Probleme mit ihrem Chef haben, können wir nur hoffen, dass Sie auf Nervenkitzel stehen. Manche Geschichten in diesem Buch lassen auch uns nach all den Jahren noch die Haare zu Berge stehen. Sind Sie selbst betroffen, halten Sie durch – zumindest bis zum Ende dieses Buches. Denn wie enttäuscht, wütend oder sogar traumatisiert Sie auch sein mögen: Hilflos sind wir nie. Nicht einmal der schlimmste Chef-Psychopath kann Sie fertigmachen, wenn Sie es nicht zulassen.

Und nun lasset den Wahnsinn beginnen …

PSYCHOS UND CO MITTEN UNTER UNS

Ticken die nicht ganz richtig?

»Was für ein Psycho!« – Diesen Gedanken haben wohl die meisten schon einmal über irgendeinen Vorgesetzten gehabt. Das Problem ist: Manchmal wissen Mitarbeiter gar nicht, wie recht sie damit haben. Zwischen »irre« und im medizinischen Sinne »psychisch krank« gibt es allerdings eine ganze Reihe von Abstufungen. Gehen wir gemeinsam auf Erkundungstour durch deutsche Büros: Wer sind die charakterlich eingeschränkt bis gar nicht geeigneten Ober-Bosse, Abteilungsleiter und all die anderen Vorsetzten jeglicher Hierarchieebene in unseren Unternehmen, die ihren Mitarbeitern das Leben zur Hölle machen?

Eigentlich haben wir alle ein Gespür dafür, was »charakterlich ungeeignet« bedeutet. Fachleute verstehen unter dem Begriff Charakter vor allem moralisch-ethische Einstellungen, die Bindung an Normen, Gewissensinstanzen und gesellschaftliche Werte sowie die entsprechenden Verhaltensreaktionen. Da scheint es jedoch bei vielen Chefs an einigem zu fehlen.

Wie zeigen sich ihre Defizite im Arbeitsalltag? Es sind beileibe keine Kleinigkeiten, die viele Führenden zu schlechten, untauglichen Chefs machen, im Gegenteil. Wissenschaftliche Untersuchungen haben gezeigt: In den Chefetagen tummeln sich besonders häufig Psychopathen. Um diesen kruden Sammelbegriff inhaltlich noch etwas zu präzisieren: Narzissten, Egomanen, tyrannische Sadisten, abgedrehte Neurotiker wie beispielsweise rechthaberische Dauernörgler, denen man es nie recht machen kann, kontakt- und kommunikationsgestörte Despoten, notorische Miesepeter mit Kontrollzwang und Verfolgungswahn ... und andere Schreckgespenster mit toxischem Verhalten.

Das bedeutet: Wer eine Führungsposition bekleidet, hat oftmals übersteigerte bzw. akzentuierte Persönlichkeitsmerkmale oder weist gar deutliche Persönlichkeitsstörungen auf. Auch vermeintlich »softe« oder eher ängstlich-depressive Persönlichkeiten üben Macht und Kontrolle aus, nur eben auf subtile und manipulative Weise – und zwar bevorzugt in öffentlichen Institutionen, Rathäusern, Rundfunkanstalten und anderen Einrichtungen des öffentlichen Rechts.

Wetten, Sie kennen selbst einige Vertreter der oben aufgelisteten Typen? Vielleicht nicht unter der jeweiligen Bezeichnung ... Aber wenn wir Ihnen diese »schlimmen Finger« beschreiben, fallen Ihnen sicher nicht nur Namen, sondern sofort auch jede Menge Bilder und Begebenheiten ein – aus dem privaten und sicherlich noch mehr aus Ihrem beruflichen Umfeld. Jeder kennt einen »Brüllaffen«, der schon bei Kleinigkeiten laut und unsachlich wird oder sogar austickt. Die meisten hatten es schon mit einem Kontrollfreak zu tun, der mit Argusaugen über seine Mitarbeiter wacht und ihnen keine Freiräume gestattet. Immer wieder anzutreffen ist zum Beispiel auch der ständig sorgenvolle Ausbremser und Bedenkenträger, der stets einen Grund dafür findet, warum etwas nicht funktionieren kann oder garantiert schieflaufen wird. Und auch der kleinkarierte Korinthenkacker, der penibel auf jede Kleinigkeit achtet, ist in der Arbeitswelt keine Seltenheit.

Wenn die Alarmglocken leise läuten

Wenn Ihnen einer dieser Typen in der Arbeitswelt begegnet, beschleicht Sie wahrscheinlich ein ungutes Gefühl; Ihre inneren Alarmglocken beginnen zu läuten. Hoffentlich! Denn wenn Sie zu spät merken, dass Sie es nicht nur mit einem eher harmlosen Verwirrten zu tun haben, sondern mit einem gefährlichen Psychopathen, kann das schlimme Konsequenzen nach sich ziehen. Je nach Grad der Abhängigkeit, die Sie miteinander verbindet, können diese begrenzt schmerzhaft sein, aber auch so groß werden, dass sie existenziell bedrohliche Formen annehmen.

Im Privatleben kann man sich die Menschen, mit denen man sich umgibt, meistens aussuchen. Im Berufsleben ist das anders. Da ist die Wahrscheinlichkeit ziemlich hoch, sich mit einer der oben aufgeführten Persönlichkeiten arrangieren zu müssen. Ein allgemeingültiges Patentrezept für den Umgang mit Vorgesetzten, die von einer Persönlichkeitsstörung betroffen sind, gibt es nicht. Aber je nach Art und Ausprägung der Störung können wir Ihnen einige wichtige Hinweise geben, mit deren Hilfe ein distanzierter Umgang und damit ein »Überleben« am Arbeitsplatz vielleicht doch gelingen kann.

Wir möchten Ihnen Orientierung geben, damit Sie erkennen, mit wem Sie es zu tun haben, wenn Sie das Gefühl beschleicht, Ihr Chef verhält sich wieder einmal »irre«. Schon allein zu wissen, um was für einen Typus es sich handelt, kann enorm hilfreich sein. Die interessantesten und wichtigsten Fragen in dieser Situation lauten: Wie und woran erkennen Sie, ob und wie gefährlich Ihr Gegenüber ist? Wie gehen Sie am besten mit ihm um? Wie verhalten Sie sich, damit Sie nicht in eine Opferrolle rutschen?

Um sich einem besseren Verständnis und einem gesunden Umgang anzunähern, ist es erst einmal wichtig, sich die Unterschiede zwischen einer vielleicht nur leicht akzentuierten Persönlichkeit (Ihr Chef ist ein bisschen komisch), einer deutlichen Persönlichkeitsstörung (bei Ihrem Chef ist Vorsicht geboten) und einem tatsächlich psychopathischen Verhalten (Ihr Chef ist wirklich gefährlich) vor Augen zu führen.

Psychopathen – schwere Störung statt leichte Macke

Unter einem Brüllaffen oder einem Kontrollfreak, einem Ausbremser oder einem Korinthenkacker können Sie sich leicht etwas vorstellen. Aber was kennzeichnet einen Psychopathen? Die meisten von uns haben eine ungefähre Vorstellung davon – selbst wenn sie letztendlich das zugrunde liegende Krankheitsbild mit seinen Symptomen nicht näher beschreiben könnten. Umgangssprachlich meint man, wenn man jemanden als Psychopathen bezeichnet, dass diese Person mehr als nur eine Schraube locker hat, ein sehr unangenehmer Mensch ist, wahrscheinlich sogar mit einem für seine Umwelt ernsthaft bedrohlichen Charakter.

Spontan kommen wohl den meisten Menschen als Erstes Serienmörder, Triebtäter und andere finstere Gestalten in den Sinn. Vielleicht erinnern Sie sich an Hannibal Lecter aus dem Film *Das Schweigen der Lämmer.* Oder Sie kennen noch Investment-Banker Patrick Bateman, den Protagonisten aus *American Psycho,* der seine innere Leere mit Koks-Partys, Sex-Orgien und Gewaltexzessen zu kompensieren versuchte. Diese Charaktere sind keine reine Erfindung von Buchautoren und Hollywood-Regisseuren. Aber so drastisch und offensichtlich treten Psychopathen selten auf. Ganz im Gegenteil. Psychopathen sind nicht leicht zu erkennen. Sie sind sehr geschickt darin, ihre inneren Abgründe zu verbergen. Und sie verstehen es,

Menschen zu täuschen, zu manipulieren und für ihre Vorhaben gezielt zu instrumentalisieren. Das Tückische dabei ist: Auf den ersten Blick können Psychopathen durchaus charmant, offen und sympathisch wirken. Sie sind in der Regel gute Schauspieler und verstehen es bestens, sich zu tarnen und ihre Umwelt zu täuschen. Meist erst etwas später merkt man, dass es sich dabei um gefühlskalte und vielleicht sogar skrupellose Blender handelt.

Krankheitsbild Psychopathie

Psychopathie ist, ähnlich wie die Bezeichnung »Neurose«[3], zunächst nur ein Sammelbegriff für ganz unterschiedliche, aber im Gegensatz zur Neurose besonders starke Formen einer Persönlichkeitsstörung im Erleben und Verhalten der Betroffenen. Bei einer neurotischen Verhaltensauffälligkeit haben sie meist noch ein Bewusstsein, was ihr Verhalten von anderen deutlich unterscheidet (Beispiel extremer Geiz, wenngleich sie oder er diese Wesensart mit Sparsamkeit zu rechtfertigen versuchen würde). Die Auswirkungen sind zwar unangenehm, aber meist doch noch für ihn und die Umgebung erträglich (wie etwa Eifersucht). Auch betreffen sie nicht die Persönlichkeit im Ganzen, also das gesamte Fühlen, Denken, Handeln und Interagieren mit anderen Menschen.

Eine psychopathische Störung kann aufgrund einer genetischen Veranlagung oder durch traumatische Kindheitserlebnisse entstehen, wenn nicht sogar aus beidem. Auch aktuelle Einflüsse können zusätzlich eine verstärkende Rolle spielen. Oft werden bereits im Teenager-Alter typische Wesenszüge von Aggressivität, Impulsivität, Furchtlosigkeit und fehlender Empathie deutlich. Psychopathen – so die Bezeichnung der Träger dieser Störung – zeigen oft ein antisoziales Verhalten. Sie kennen und haben wenig bis keine Skrupel, andere Menschen zu manipulieren, und setzen rücksichts- und gewissenlos ihre Interessen durch. Für ihre Taten übernehmen Psychopathen keinerlei Verantwortung.

Die kanadische Kriminalpsychologe Robert D. Hare und der New Yorker Unternehmensberater Paul Babiak haben sich eingehend mit den Psychopathen in Führungspositionen der Wirtschaft beschäftigt. Ihnen zufolge agieren Psychopathen nach einem Drei-Phasen-Modell: Zunächst beurteilen sie, welchen »Wert« andere für die Erfüllung ihrer Bedürfnisse haben, und versuchen, deren Schwachstellen aufzuspüren. Sind die Opfer und deren wunde Punkte identifiziert, gewinnen sie ihr Vertrauen, nehmen sie für sich ein und nutzen sie für ihre eigenen Zwecke aus. Am Ende lassen Psychopathen ihre Opfer genau dann fallen, wenn sie diese vollständig ausgesaugt haben. Jede Form von Empathie ist ihnen dabei fremd.[4]

Experten wie Robert Hare gehen davon aus, dass rund ein bis zwei Prozent der Gesamtbevölkerung psychopathische Verhaltensweisen zeigen. In der Wirtschaftswelt sind es aber deutlich mehr. Sechs Prozent der Bosse in Unternehmen erwiesen sich in Erhebungen als Psychopathen.[5]

Die »Entdeckung« des Psychopathen und seiner Eigenschaften

Der Begriff Psychopathie bedeutet direkt übersetzt etwa so viel wie »leidende Seele«. Es war der französische Arzt Philippe Pinel, der sich Anfang des 19. Jahrhunderts in seinen Forschungsarbeiten als Erster intensiv mit der wissenschaftlichen Erforschung von Psychopathie auseinandersetzte. Etwa 100 Jahre später, in den 1930er-Jahren, sammelte der Psychiater Hervey Cleckley in einer Nervenheilanstalt im US-Bundesstaat Georgia systematisch Daten seiner Patienten und kam zu dem Ergebnis, dass alle Betroffenen 16 spezifische Eigenschaften miteinander teilten. Dabei stellte er fest, dass Psychopathen durchaus charmant, intelligent, sogar bisweilen unterhaltsam bis eloquent auftreten, dass sie aber eben auch als enorm egomanisch, gefühlskalt und jederzeit bereit zu lügen beschrieben werden können.

Die Liste mit Charaktereigenschaften wurde in der Folge von Psychiatern und Psychologen immer wieder erweitert und verfeinert. Die nachfolgende Liste beschreibt die wichtigsten 20 Merkmale und Verhaltensauffälligkeiten.

Ein Psychopath ...

1. kann charmant und eloquent auftreten
2. präsentiert sich als angenehmer Small Talker
3. wirkt scheinbar offen (extrovertiert)
4. ist von sich selbst überzeugt bis stark narzisstisch veranlagt
5. verfügt über eine gute Portion Überzeugungskraft
6. kann ausdauernd und hart für seine Ziele arbeiten
7. zeigt sich in seinen Taten weitestgehend gefühllos und kalt
8. kennt weder Furcht noch Skrupel
9. entschuldigt sich niemals
10. übernimmt keine Verantwortung, denn Schuld haben immer die anderen
11. macht andere oder äußere Umstände für die eigenen Probleme verantwortlich
12. manipuliert ständig andere
13. sucht und braucht den Nervenkitzel wie die Luft zum Atmen
14. ist ein pathologischer Lügner
15. hat sich oftmals nicht unter Kontrolle

16. tritt oft übertrieben arrogant auf
17. setzt sich unrealistische Ziele
18. pflegt einen parasitären Lebensstil, nutzt andere aus
19. reagiert innere Spannungen an anderen ab
20. praktiziert häufig eine »stumme Vorwurfshaltung«

Nicht alle Charaktermerkmale treten gleichzeitig bei einer Person auf. Das wäre auch gar nicht möglich, denn Psychopathen sind sehr unterschiedlich: von autistisch bis fanatisch, von zurückgezogen bis geltungssüchtig, von selbstunsicher bis extrem von sich überzeugt. Dabei kann ein äußerst gewinnendes, charmantes und scheinbar offen kommunikatives Verhalten urplötzlich umschlagen und abgelöst werden durch ein zutiefst autoritäres, menschenverachtendes, zerstörerisches Tun, nur um eigene Ziele machtvoll durchzusetzen. Donald Trump und Wladimir Putin sind politische Cheffiguren, die uns diese widersprüchliche Verhaltensform – umgangssprachlich auch als »zwei Gesichter« oder als »Dr. Jekyll und Mr. Hyde«-Syndrom bezeichnet – eindrucksvoll vorgeführt haben.

Hinzu kamen dann noch Charaktermerkmals-Beschreibungen wie nervös, ängstlich, empfindsam, zwanghaft, erregbar, triebhaft, sexuell pervers, hysterisch, verbohrt, verschroben. Ärzte diagnostizierten bei Betroffenen eine zwanghafte, triebhafte oder hysterische Psychopathie.

Vielleicht sind ja auch deshalb insbesondere Führungspositionen von geradezu magnetischer Anziehungskraft für Psychopathen, weil sie sich in Jobs mit großer Machtdynamik und in einem stark hierarchischen Umfeld erfolgreich bewegen und hervorragend arbeiten, ja sogar beeindruckende Leistung zeigen können. Noch offensichtlicher wird der Zusammenhang, wenn man die zahlreichen Überschneidungen der Charaktereigenschaften von Psychopathen und Vorgesetzten untersucht. Dabei stößt man auf unübersehbare Gemeinsamkeiten. Da gibt es die absolute Selbstüberzeugung, erschreckende Furchtlosigkeit, stark manipulatives, machiavellistisches Verhalten, die Bereitschaft zu lügen, die Fähigkeit, Entscheidungen gegen den Willen anderer knallhart durchzusetzen, Gefühle nicht zu berücksichtigen und vor allem, sich selbst stets an die erste Stelle zu setzen.

Gleichwohl muss festgehalten werden, dass Psychopathen in ihrer »furchtlosen Dominanz«, wie Wissenschaftler es wertneutraler beschreiben,[6] in ihrem ausgeprägten Selbstbewusstsein, einer enormen Portion Stressresistenz und einer außergewöhnlich hohen Risikobereitschaft bisweilen auch große wirtschaftliche Erfolge vorweisen können. Letztendlich, so die Wissenschaftler, hängt es auch vom Faktor Bildung ab, ob das Pendel mehr auf die toxische oder eher auf die heroische Seite ausschlägt.

So ist bei bildungsschwachen Menschen mit furchtloser Dominanz eher mit einer toxischen Form der Psychopathie zu rechnen – einhergehend mit einem enorm schädigenden Verhalten, was das Betriebsklima wie auch die wirtschaftliche Entwicklung ihres Arbeitgebers betrifft. Hochgebildete Psychopathen mit überdurchschnittlicher Intelligenz dagegen zeigen in der Arbeitswelt oft nicht nur starken Durchsetzungswillen, sondern auch besonderen Fleiß, viel Innovationswillen, hohe Standhaftigkeit und gute Nerven. Ihre Stunde schlägt insbesondere in Krisenzeiten, wenn die wirtschaftliche Lage eines Unternehmens stark angespannt ist.

Persönlichkeitsstörung – wenn jemand komplett anders tickt als alle anderen

»Echte« Psychopathen in Führungspositionen sind freilich nur die Spitze des Eisbergs. Es geht auch eine und zwei Nummern kleiner. Doch selbst dann sind die Vorgesetzten für ihre Mitarbeiter nervenaufreibend und furchterregend genug. Früher bezeichnete man generell Menschen mit einem auffälligen Verhalten und einem stark von der Norm abweichenden Fühlen, Denken und Handeln als Psychopathen oder Geistesgestörte (Geisteskranke). Der Begriff der Psychopathie wurde damals noch sehr weit gefasst. Später und bis heute benutzt man für dieses weite Spektrum eher den Oberbegriff »Persönlichkeitsstörung«. Damit werden alle behandlungsbedürftigen Abweichungen innerhalb der Persönlichkeitsentwicklung bezeichnet. Von dieser Basis ausgehend sind die Grenzen fließend: einerseits zur seelischen Gesundheit und andererseits zu den geistig-seelischen Erkrankungen.

Unter einer Persönlichkeitsstörung versteht man ein deutlich auffälliges, tief verwurzeltes Fehlverhalten, das zu entsprechenden zwischenmenschlichen und gesellschaftlichen Konflikten führt. Die Persönlichkeitsstruktur ist durch starke Ausprägung bestimmter Merkmale so geformt (besser: verformt), dass die soziale Anpassung schwerfällt oder nicht (mehr) möglich ist. Das führt zu Schwierigkeiten in der Interaktion mit anderen, bis hin zu ernsthaftem Leiden – für die Betroffenen selbst, insbesondere aber für die Menschen in ihrer Umgebung.

Mit anderen Worten: Persönlichkeitsgestörte Menschen weisen in ihrer Wahrnehmung, in ihrem Fühlen und Denken und den daraus abgeleiteten Handlungen deutliche Abweichungen im Vergleich zu anderen Personengruppen auf. Die Ausprägung einzelner oder mehrerer Charaktermerkmale unterscheidet sich stark von der Norm. Das hat in der Regel Auswirkungen auf das soziale Umfeld der Betroffenen, das ihr Verhalten als unangemessen oder starr empfindet. Am Arbeitsplatz erschwert das die Zusammenarbeit oder macht sie in extremen Fällen unmöglich.

Stellen Sie sich nur einmal vor, ein Chef verlangt von seinen Mitarbeitern, dass sie ihm alle, wirklich alle E-Mails zum Absegnen vorlegen müssen, bevor sie sie versenden. Ein solch starker Kontrollzwang, ein so hohes Maß an Misstrauen und Angst ist außergewöhnlich. Deswegen denken die Mitarbeiter dann auch: »Unser Chef ist nicht ganz normal, der tickt nicht richtig.« Kommt dann noch ein ausgeprägter Kontrollzwang etwa bezüglich der Anwesenheit hinzu, die der Chef mit der Stoppuhr in der Hand überprüft, kann eine gedeihliche Zusammenarbeit nicht mehr funktionieren.

Und noch etwas ist auffällig und ganz typisch für eine Persönlichkeitsstörung: Wer darunter leidet, sieht die Gründe für die Probleme im zwischenmenschlichen Bereich nicht bei sich und kann keine eigenen Schwächen oder eigenes Fehlverhalten erkennen. Schuld sind dann die Mitmenschen oder die Gesellschaft sowie die widrigen Verhältnisse. Den Betroffenen fehlt in der Regel jegliche Einsicht für eine Mitverantwortung an der Situation. Dabei ist es für Außenstehende oft ganz leicht nachzuvollziehen, was die persönlichkeitsgestörte Person ändern müsste, um die Situation zu verbessern. Die Betroffenen selbst jedoch sind weder in der Lage, dies für sich zu erkennen, noch, es umzusetzen. So denkt der kontrollwütige Vorgesetzte, der jede Mail und das Kommen und Gehen prüfen will, er mache alles absolut richtig – als Chef trägt er schließlich die Verantwortung. Mitarbeiter, die eine Mail selbstständig ohne seine Zustimmung verschicken, würden ihn demzufolge hintergehen und absichtlich seine Autorität untergraben.

Akzentuierte Persönlichkeiten – die leichteren Fälle

Jeder Mensch hat in milderer oder gröberer Ausprägung Züge von bestimmten Persönlichkeitsmerkmalen – auch den weniger angenehmen. Gerade auf diese qualitative und quantitative Ausprägung kommt es jedoch an. Psychiater und Psychologen bezeichnen Auffälligkeiten bis hin zu deutlichen Abweichungen heute fachsprachlich als »akzentuierte Persönlichkeitsmerkmale«. Das meint im Grunde das Gleiche, klingt aber weniger diskriminierend, und der vom Psychiater dementsprechend diagnostizierte Patient reagiert nicht sofort beleidigt.

Stellen Sie sich das einmal so vor: Wenn Sie eine deutlich akzentuierte Sauer-Scharf-Suppe essen, dann ist die entweder zu sauer oder zu scharf, schlimmstenfalls sogar beides, was sie – je nach Ausprägungsgrad – ungenießbar macht. Der Geschmack ist nicht mehr ausgewogen. Nimmt man einen Löffel Suppe in den Mund, ist das unangenehm – als ob ein Löffel zu viel Essig oder zu viel Chili hineingerutscht wäre. Bei geringer Überdosis (Akzentuierung) ist das Ergebnis nur noch eingeschränkt, bei starker Überdosis gar nicht mehr genießbar – auch wenn Sie gern sauer-scharf essen.

In der Psychiatrie wird der Begriff der Akzentuierung genutzt, um auszudrücken, dass manche Menschen sehr deutliche bis überstark ausgebildete Persönlichkeitsmerkmale, also speziell betonte Verhaltensweisen aufzeigen. Ist zum Beispiel die Vorsicht sehr stark akzentuiert, haben wir es mit einem Phobiker zu tun. Umgangssprachlich würden wir vielleicht von einem Menschen sprechen, der sich allgemein auffällig bis extrem ängstlich verhält. Bei anderen geht das Misstrauen über das, was wir als »gesundes Maß« bezeichnen, weit hinaus. Solche Menschen zeigen paranoide Züge.

Bei einer akzentuierten Persönlichkeit treten bestimmte Persönlichkeitsmerkmale so verstärkt auf, dass diese den Umgang mit der betroffenen Person unangenehm werden lassen. Nur der Träger selbst scheint kaum darunter zu leiden. Er oder sie erkennt nicht das Übermaß, das anderen mit seiner oder ihrer Wesensart zugemutet wird. Der Kontrollfreak, der alle E-Mails lesen will, ist dafür ein gutes Beispiel. Ein anderes ist jemand, der immerzu den Clown spielen muss, ständig Witze macht, selbst am lautesten darüber lacht und denkt, damit die Stimmung im Büro zu heben. Dabei sind alle anderen von seinem extrovertierten, unangemessenen Verhalten total genervt und gehen automatisch in den Fremdschäm-Modus, wenn er nur den Mund aufmacht.

Persönlichkeitsstörungen sind also immer ein interaktionelles und damit nie das alleinige Problem nur einer betroffenen Person. Menschen mit Persönlichkeitsstörungen als schwierig zu bezeichnen, ist nur ein Teil der Problembeschreibung. Nicht nur *sind* sie schwierig, sondern sie machen es auch *uns* schwierig, mit ihnen umzugehen.

Was ist schon normal?

Da stellt sich die Frage: Was gilt als normal? In der Wissenschaft – auch in der Psychologie – ist diese Frage ganz einfach beantwortet: Alles, was in einem bestimmten Maß vom Durchschnitt abweicht, scheint unnormal. Vielleicht kennen Sie die Gauß'sche Normalverteilung, die in der grafischen Darstellung eine Glockenkurve (ein auf dem Kopf stehendes, gespreiztes U) bildet. In der Mitte, um den Scheitelpunkt, sind die am häufigsten vorkommenden Werte versammelt. Je weiter man sich vom Scheitelpunkt nach außen entfernt, desto extremer und seltener werden diese Ausprägungen. Wissenschaftlern gelten 68,27 Prozent als »normal«. Was zum anderen knappen Drittel gehört, gilt als »von der Norm abweichend«. Diese Sichtweise ist erst einmal unabhängig von Werten und Moralvorstellungen.

Betrachten wir menschliches Verhalten, so spielt die Moral eine große, wenn nicht sogar die entscheidende Rolle. Es gibt sozial akzeptierte Verhaltensweisen und solche, die nicht geduldet werden. Was als akzeptiert gilt, wird in der Gesellschaft immer wieder neu verhandelt. Nehmen wir zum Beispiel egoistisches Verhalten: Den einen – zum Beispiel christlich oder humanistisch geprägten Menschen – gilt das als verwerflich. Für andere ist Egoismus keineswegs nur schlecht. Unser Wirtschaftssystem beruht nach Adam Smiths marktwirtschaftlichem Grundlagenwerk *Der Wohlstand der Nationen* darauf, dass ein auf den eigenen Vorteil bedachtes Verhalten Einzelner in der Summe zu mehr Wohlstand führt. Und es gibt noch weitere Sichtweisen auf das Thema: Manchen Menschen imponiert abweichendes Verhalten, eben *weil* es nicht der Norm entspricht. Dann heißt es beispielsweise: »Er schert sich nicht um Konventionen und macht eben sein Ding. Das finde ich klasse!«

Wenn wir in diesem Buch von psychopathischen Chefs reden, die von der »Norm« abweichen, sich über soziale Gepflogenheiten hinwegsetzen, haben wir ebenfalls diese beiden Sichtweisen im Hinterkopf. Einmal die statistische, die weiß, unter Führungskräften lassen sich sechsmal mehr Psychopathen finden als in der Normalbevölkerung. Und die andere Sichtweise, die ein bestimmtes Verhalten als moralisch verwerflich verurteilt, das aber in der Arbeitswelt leider vielleicht doch nicht so unnormal ist: Machtmissbrauch, cholerische Anfälle, Manipulation und Empathielosigkeit. Dass manche Verhaltensweisen von Chefs in der Wirtschaft gar nicht so ungewöhnlich sind, macht sie aber noch längst nicht »normal«, wenn wir auf wertschätzende und produktive Art miteinander leben und arbeiten wollen.

Gottes Zoo ist groß: irre Cheftypen kurz vorgestellt

Sollte Ihnen auf den vorangegangenen Seiten manches bekannt vorgekommen sein: Woran erkennen Sie nun, mit was für einem Psycho genau Sie es täglich zu tun haben? Nachfolgend stellen wir Ihnen die aus unserer Sicht am häufigsten anzutreffenden Chef- (und auch Chefinnen-)Typen erst einmal »im Schnelldurchlauf« vor. Später liefern wir auch einen Erklärungsansatz, wie sie zu den Chefs des Grauens geworden sind, unter denen Mitarbeiter leiden. Wir beleuchten die psychologischen Hintergründe: Was treibt sie zur Macht? Was macht die Macht mit ihnen, und was macht sie aus denen, die ihnen ausgeliefert sind? Wir liefern Erklärungsansätze, die verstehen helfen, wie Psychopathen, Neurotiker und andere Persönlichkeitsakzentuierte in Chef- und Führungspositionen ticken und was sie antreibt. Dafür haben wir Geschichten von den Macken der Macher – und auch von einigen der doch deutlich seltener anzutreffenden Macherinnen – gesammelt, vom kleinen Schikaneur aus dem Mittelstand bis zum großen Boss der Weltmarke. Um Sie im Umgang mit diesen Menschen zu unterstützen, präsentieren wir Ihnen Handlungs- und Überlebensstrategien für den Umgang mit psychopathischen und neurotischen Vorgesetzten.

Hier also zunächst ein erster Überblick über die zehn häufigsten Chef-Typen, um die es im weiteren Verlauf dieses Buches geht:

Der Narzisst – Strahlemann, Sonnenkönig, Scheinriese

Narzissten lieben die Aufmerksamkeit und das Blitzlichtgewitter. Sie sind süchtig nach Beifall. In ihren Büros hängen oft Auszeichnungen und Fotos, auf denen sie Prominenten die Hände schütteln. Um sich herum versammeln sie Scharen von Jasagern und dulden keine anderen Kompetenzen in ihrer Nähe. Geht etwas schief, schieben sie die Schuld gerne anderen in die Schuhe, damit ihr Image keinen Kratzer abbekommt.

Menschen mit diesem akzentuierten Persönlichkeitsmerkmal zeichnen sich – wenn auch für Außenstehende nicht leicht erkennbar – durch mangelndes Selbstbewusstsein und Ablehnung der eigenen Person nach innen sowie wechselnd übertriebenes und mangelndes Selbstbewusstsein nach außen aus. In Bezug auf sich selbst schwanken sie also ständig zwischen starken Minderwertigkeitsgefühlen und enormen Größenvorstellungen. Sie sind leicht kränkbar und sehr stark selbstbezogen, ganz schlechte Zuhörer und überhaupt keine guten Teamplayer.

Der Egomane – »Ich! Ich! Ich!«

Egomanen können ganz unauffällig sein. Sie müssen nicht stets im Rampenlicht stehen, brauchen im Gegensatz zum Narzissten also nicht jederzeit die Bewunderung durch andere. Aber sie führen mit fester, eiserner Hand Regie. Alle müssen nach ihrer Pfeife tanzen, denn sie allein wollen bestimmen. Dabei geht es immer um ihren persönlichen Vorteil. Sie bekommen einfach den Hals nicht voll genug – sie sind ein Ausbund von Eigennutz und Egozentrismus.

Egomanen kennzeichnet eine nahezu rücksichtslose Zielstrebigkeit beim Verfolgen der höchst eigenen Interessen. Sie sind kritikunfähig, reagieren schnell gekränkt, sind aufgrund ihrer Selbstbezogenheit höchst schwierig im Umgang und absolut teamunfähig. Mit ihren Mitmenschen gehen sie höchst manipulativ, abwertend und ausbeuterisch um. Das menschliche Zusammenleben sehen sie als einen ausschließlich von Egoismus geprägten Zustand an.

Der Tyrann – wenn der Chef immer recht hat

Bei den aggressiv-autoritären Tyrannen gilt: Widerspruch – Fehlanzeige. Tyrannische Chefs halten alle Fäden in der Hand und organisieren ihre Abteilung gern wie eine Kaserne. Oberstes Gebot: Gehorsam. Sie wollen und haben dadurch Kontrolle über alle Vorgänge, können schnell entscheiden und verändern. Die Bedürfnisse und Motivation der Untergebenen spielen dabei keine Rolle – Hauptsache, alles läuft nach dem eigenen Plan.

Wer zu dieser Kategorie gehört, hat eine deutlich herabgesetzte bis ziemlich geringe Frustrationstoleranz und ist sehr ungeduldig. Tyrannen neigen zu lautem und verbalaggressivem Verhalten, überreagieren schnell und höchst emotional und werden dann absolut unsachlich.

Der Theatralische – Hollywood im Büro

Theatralische Chefs sind wahre Diven. Ihr Leben ist eine Show, sie wirbeln von Termin zu Termin, sprechen meist in Superlativen und machen große Gesten. Sie begeistern sich immer wieder für neue Ideen und steigern sich schnell in Projekte hinein. Zu Untergebenen sind sie gern herzlich väterlich bzw. -mütterlich. Aber wehe, es geht etwas schief – dann schieben sie alle Verantwortung von sich weg und suchen einen Schuldigen.

Theatralische Chefs leben eine sehr starke Emotionalität und ein extremes Verlangen nach Aufmerksamkeit und Bestätigung aus. Sie werden von ihrer Umwelt häufig als nicht ganz echt, überdreht, geltungssüchtig, egozentrisch, rücksichtslos und leicht beeinflussbar wahrgenommen.

Der Schizoide – kühl und immer auf Distanz

Schizoide Führungskräfte schotten sich ab, sind unnahbar, unzugänglich, unheimlich kühl und distanziert. Es braucht einen langen Terminvorlauf, bis man überhaupt zu ihnen durchdringen kann. Sie zeigen keine Gefühle, halten sich die Mitarbeiter vom Leib, geben Anweisungen am liebsten schriftlich oder lassen diese durch Dritte übermitteln. Interessant sind nur die Fakten und Endergebnisse. Ordnung und Buchhaltung gehen ihnen über alles.

Die Zusammenarbeit mit solchen Vorgesetzten ist von Misstrauen geprägt. Im Kontakt mit anderen verhalten sie sich stark zurückhaltend und eher einzelgängerisch. Sie legen wenig Wert auf kommunikativen Austausch. Die Fähigkeit, Gefühle auszudrücken und Freude zu erleben, ist bei ihnen stark eingeschränkt. Ihre zwischenmenschlichen Beziehungen bleiben emotionslos, oberflächlich und leer. Häufig verspüren sie ein Gefühl der Entfremdung.

Der Paranoide – eigene Feindseligkeit auf die Umgebung projizieren

Paranoide Bosse projizieren ihre feindseligen Impulse auf andere. In ihrem Weltbild sind nicht sie es, die andere bedrohen und sich feindselig verhalten, sondern umgekehrt. Sie zweifeln grundlos an der Loyalität oder Glaubwürdigkeit von Mitarbeitern und messen harmlosen Bemerkungen oder Vorkommnissen eine versteckte, für sie abwertende oder bedrohliche Bedeutung zu. Sie sind extrem nachtragend und können nicht verzeihen.

Typischerweise sind paranoide Menschen leicht zu kränken und leiden unter einem tiefen Misstrauen. Sie werden häufig als verschlossen, rechthaberisch, streitsüchtig und selbstbezogen wahrgenommen. Handlungen und Äußerungen anderer Personen werden von ihnen vielfach als feindlich oder verächtlich gedeutet. Schnell fühlen sie sich benachteiligt, betrogen, und erleben sich stets von Feinden umgeben und verfolgt.

Der Zwanghafte – Ordnung ist das ganze Leben

Zwanghafte Chefs wirken perfektionistisch und rechthaberisch. Plötzliche Veränderungen machen ihnen Angst. Alles Impulsive und Spontane muss deshalb streng kontrolliert und beherrscht oder beseitigt werden. Für alles gibt es Regeln, die pedantisch eingehalten werden müssen.

Zwanghafte Menschen werden von ihrer Umwelt als ordnungsliebend bis pedantisch, übergenau bis kleinkariert, sparsam bis geizig, gehemmt bis starr wahrgenommen. Es ihnen recht zu machen, ist nahezu unmöglich.

Der Depressive – auch ein König hat es schwer

Ohne enge Mitarbeiter, Vertraute und Berater geht bei ihnen fast nichts – denn Depressiven fehlt es an Selbstwertgefühl und Durchsetzungskraft. Sie zeigen wenig Initiative und entziehen sich Entscheidungen, sowohl aus Angst vor der Niederlage als auch aus Sorge vor möglichem Erfolg und damit verbundenen Neidern. Dabei möchten sie es unbedingt immer allen recht machen und sich mit niemandem überwerfen. Ihre Stimmungslage wirkt gedrückt und düster, ihre Büros liegen oft im Halbdunkel.

Menschen mit diesem akzentuierten Persönlichkeitsmerkmal wirken oft sehr ernst und humorlos, leicht melancholisch bis deutlich niedergedrückt, überwiegend pessimistisch. Sie sind stets bereit, sich Sorgen zu machen, grübeln häufig über Problemen, sind meist freudlos bis unglücklich, stark genusseingeschränkt und insgesamt irgendwie unfrei.

Der Phobische – angstgesteuert und konfliktscheu

Die typischen Eigenschaften der Phobiker lesen sich auf den ersten Blick alles andere als persönlichkeitsgestört: Sie sind freundlich, sympathisch, haben ein offenes Ohr für fast alles und jeden, verhalten sich jederzeit zugewandt, wollen es allen recht machen, bloß keine Fehler begehen und keinesfalls anecken und schon gar keinen konträren Standpunkt vertreten. Durchsetzungs- und Gestaltungskraft wird man vergeblich bei ihnen suchen. Phobische Menschen tun keiner Fliege etwas zuleide. Vielleicht werden sie gerade deshalb befördert. Phobische Führungskräfte trifft man häufig im Öffentlichen Dienst.

Diese Vorgesetzten wirken im Alltag übervorsichtig bis stark ängstlich. Stets treibt sie die Sorge um, zur Verantwortung gezogen zu werden, falls etwas schiefläuft. Daher tragen sie ungern Verantwortung oder lehnen diese konsequent ab. Sie versuchen, sich stets nach allen Seiten und gegen jedwede Eventualitäten abzusichern, möchten niemanden enttäuschen, sich mit niemandem anlegen und es sich schon gar nicht mit anderen verscherzen – das ist ihre größte Angst.

Der Süchtige – immer unter Druck

Alkohol, Tabletten, Drogen, Sex, Spiel- oder Computerspielsucht, »Hirndoping«, Selbstoptimierung ... Dem Süchtigen ist irgendwann etwas entgleist. Der Schaden, den er hinterlässt, ist oft groß, weil man ihm nicht schnell und konsequent genug auf die Schliche kommt. Warum? Weil man es nicht wahrhaben will, sich so in ihm getäuscht zu haben ... Süchtige sind gut darin, ihre Sucht zu verbergen und Normalität vorzutäuschen.

Chefs dieses Typus sind stimmungslabil, oft missgestimmt und reizbar. Sie schwanken zwischen Ängstlichkeit und Zornesausbrüchen. Dabei sind sie unfähig, ihr explosives Verhalten zu steuern. Dadurch entstehen viel Kampf und Krampf; ständig brechen neue Konflikte und Auseinandersetzungen aus. Ihr kurzsichtiges, für die Konsequenzen blindes Handeln bringt eine deutliche Tendenz zur Selbstschädigung mit sich.

So weit ein erster Überblick der zehn häufigsten Cheftypen und ihrer spezifischen akzentuierten Persönlichkeitsmerkmale.

Stichwort Psychopath: Wohlwissend, was dieser Begriff (aus medizinischer Sicht) bedeutet, möchten wir darauf hinweisen, dass wir ihn (größtenteils) im Sinne eines modernen, umgangssprachlichen Stils benutzen, als Ausdruck und Bezeichnung für das unverständliche, unangemessene bis feindselige Verhalten einer Person im Umgang mit anderen Menschen, hier als Vorgesetzte/r mit Mitarbeiterinnen und Mitarbeitern.

Nachfolgend begegnen Sie einigen Prachtexemplaren verschiedener Cheftypen in freier Wildbahn – in den verschiedensten Arten von Unternehmen, Konstellationen und Situationen. Einige der Geschichten werden Sie möglicherweise an Erlebnisse erinnern, die Sie selbst schon hatten. Andere machen (hoffentlich) selbst die Hartgesottenen sprachlos. So oder so müssen Sie sich leider mit der Vorstellung arrangieren, dass wir uns diese Storys nicht ausgedacht haben: Diese Chefs in Aktion sind Teil des Unternehmensalltags in Deutschland. Leider.

CHEFS IN AKTION

Charakterliche Defizite bei Vorgesetzten können ganz unterschiedliche Ausprägungen haben. Und so unterschiedlich sind auch die Geschichten, von denen uns unsere Klienten berichten. Allen gemeinsam jedoch ist: Hier gehen Menschen mit Menschen in einer Art und Weise um, die nicht in Ordnung ist: Sie verbreiten ein Klima der Angst, entwickeln Lust daran, andere zu quälen, und zeigen eindeutig unmenschliches, oftmals auch justiziables Verhalten. Das Bedauerlichste an den folgenden Geschichten ist, dass sie eben keine Ausnahmen sind; wahrscheinlich könnten Sie selbst einige Erlebnisse hinzufügen.

Die Dinosaurier leben ... noch immer

Seit einiger Zeit wird viel von partizipativer Führung, Abbau von Hierarchien und Start-up-Mentalität geredet. Da kann man den Eindruck bekommen, die Diktatoren und Feudalherren unter den Bossen seien spätestens mit Beginn des 21. Jahrhunderts ausgestorben – wie die Dinosaurier vor etwa 66 Millionen Jahren.

Die schöne neue Arbeitswelt, die unter dem Slogan »New Work« firmiert, entspricht nur nicht ganz der Realität in den meisten Unternehmen – jedenfalls *noch* nicht. Die Dinosaurier sind quicklebendig. Es gibt sie in Familienunternehmen genauso wie in international agierenden Konzernen und im öffentlichen Dienst.

Ein Prachtexemplar dieser Gattung ist Markus, der seit vielen Jahren als Managing Director für einen global ausgerichteten Technologiekonzern arbeitet. Markus war in den letzten Jahren im arabischen Raum, in Afrika und in Asien tätig. Von dort war er es gewohnt, wie ein Prinz behandelt zu werden. Er hatte jeweils mehrere Bedienstete in seinem Wohnhaus, einen Chauffeur, und auch im Büro gab es eine ganze Entourage, die ihm diente und für sein Wohlbefinden sorgte.

Dann wollte er wieder »zurück in die entwickelte Welt«, wie er es selbst ausdrückte. Doch sein Anspruchsdenken blieb auf allerhöchstem Niveau – im feudalistischen Sinne, wohlgemerkt, nicht im zivilisatorischen. Das merkte seine neue Assistentin Saskia bereits, als sie ihn und seine Familie vom Flughafen abholte. Dazu nahm sie – wie in solchen Fällen üblich – einen gewöhnlichen Dienstwagen. Sie berichtet: »Als Markus erst mich und dann den Wagen sah, merkte ich, wie ihm seine Gesichtszüge entglitten. Er hatte ganz offensichtlich erwartet, dass eine Limousine mit einem uniformierten Chauffeur auf ihn wartete.« Bei diesem Vorfall blieb es nicht. Immer wieder legte er Verhaltensweisen an den Tag, die an einen Monarchen erinnern.

Saskia weiter: »Als Chef war es für ihn selbstverständlich, dass seine Mitarbeiter ihm und seiner Familie auch privat zu dienen hatten. Er ließ seine Familie mit dem Auto herumfahren. Ich musste regelmäßig Blumen für seine Frau besorgen, und auch private Geschenke. Noch eine Sache blieb mir gut in Erinnerung. Einmal rief er mich aus einem Vorstandsmeeting an: ›Saskia, bringen Sie mir eine Suppe. Aber pronto!‹ Also habe ich ihm eine Tütensuppe zubereitet und in einer Tasse serviert. Die Tasse war voll, aber nicht randvoll. Da hat er mich vor versammelter Runde oberlehrerhaft zur Schnecke gemacht: ›Saskia! Ich wollte eine Suppe, keine halbe Suppe. Bitte noch einmal und dann aber mit voller Tasse! Das kann doch nicht so schwer sein.‹ Als ich zum zweiten Mal mit der Tasse in den Besprechungsraum kam, haftete der Blick jedes einzelnen Vorstandsmitglieds auf mir.«

Markus' Machtposition im Ausland hatte seine Erwartungshaltung in schwindelerregende Höhen geschraubt. Er war tatsächlich davon überzeugt, dass ihm nicht nur geschäftlich, sondern auch privat »Bedienstete« einfach zustehen. Dementsprechend verhielt er sich – wie ein Feudalherr, der sich Leibeigene hält. Kaum zu glauben, aber wahr – und das in einem Weltkonzern, der Werte wie Fairness und Integrität in seinen Compliance-Richtlinien sehr stark herausstellte.

Aber wie hat es Saskia geschafft, mit ihrem »Dienstherren« umzugehen?

»Ich habe die Sache sportlich genommen und das Spiel knapp zwei Jahre lang mitgemacht. Dann hat es mir gereicht, und ich habe gekündigt – obwohl mir die Arbeit im Konzern ansonsten sehr viel Spaß gemacht hat. Als bekannt wurde, dass ich das Unternehmen verlasse, sagten die Kollegen, es habe sie sehr gewundert, wie lange ich es bei Markus ausgehalten hätte. Jeder wusste, dass er ein schlimmer Typ war, aber man hat ihn gewähren lassen. Offenbar stimmten die Kennzahlen in seinem Bereich. Und das zählt für Vorstände und Aufsichtsräte immer noch mehr als das Verhalten der Führungskräfte und deren Umgang mit Untergebenen. Ich glaube, die ganzen Werte und Verhaltenskodizes sind einfach nur reine PR-Maßnahmen.«

Ohne Rücksicht auf Verluste

Nicht nur die aus der Zeit gefallenen Dinosaurier-Chefs nerven und malträtieren ihre Mitarbeiter – auch vermeintlich moderne Vorgesetzte können zur Pein für ihre Untergebenen werden.

Davon kann Roland ein Lied singen. Er arbeitet in einer Event-Agentur, die sich auf Messeveranstaltungen spezialisiert hat. Nachdem sein Chef einen Schlaganfall erlitten hatte, wurde eine neue Geschäftsführerin berufen. Die sehr selbstbewusste Managerin wirkte bei ihrem ersten Auftritt vor der Belegschaft kommunikativ, überzeugungsstark und zielstrebig. Sie präsentierte sich als professionelle Expertin, die weiß, was sie tut. Und bei dieser Gelegenheit machte sie auch gleich klare Ansagen an ihre neuen Mitarbeiter, zum Beispiel: »Ab heute weht hier ein neuer, frischer Wind. Das bedeutet: Ich erwarte Höchstleistungen von jedem! Verstehen Sie, Höchstleistungen!«

War Roland anfangs noch optimistisch, dass ein frischer Wind der Firma guttun würde, so sollte sich seine Meinung rasch ändern: »Meine neue Chefin strebte die hundertprozentige Kontrolle über alle Abläufe an. ›Woran arbeiten Sie gerade?‹ war noch eine harmlose Formulierung, wenn sie an meinen Arbeitsplatz kam. Weitaus nervender war die Notwendigkeit, ihr alle Abläufe und Entscheidungen im Detail erklären zu müssen. Ein Beispiel: Bei einem Messestand für einen Telekommunikationsdienstleister musste ich die Auswahl sämtlicher technischer Geräte erklären und belegen, dass in Bezug auf die Kosten kein besseres Angebot existierte. Das bedeutete natürlich Mehrarbeit: Zusätzliche Recherche, Aufbereitung der Daten und die Präsentation vor der Geschäftsführung kosteten Zeit.

Generell wurde die Arbeitsbelastung für uns alle immer höher, die Arbeitsfreude jedoch wanderte in den Keller. Denn da war noch mehr: Die Frau war offensichtlich beratungsresistent. Selbst mit sinnvollen Verbesserungsvorschlägen lief man bei ihr gegen eine Wand: ›So, wie Sie das anpacken wollen, funktioniert das nicht! Wir werden unser System nicht ändern, schließlich arbeiten alle Profis in der Branche so!‹ Auch war sie unfähig, Kritik zu akzeptieren, und schreckte dann vor öffentlichen Abstrafungen nicht zurück. Mitarbeiter, die sie kritisierten, wurden bei Projektmeetings ohne Rücksicht auf Verluste niedergemacht: ›Noch nie habe ich so dilettantische Messekonzepte gesehen wie bei Herrn Maier! Da muss man sich schon fragen, wofür manche Leute ihr Gehalt bekommen. Also, in meinem Garten, da fliegt lästiges Unkraut sofort raus. Und so müsste man das hier auch machen!‹

Nach und nach installierte sie ihre Schreckensherrschaft immer umfassender. Die Arbeit wurde zu einer enormen Belastung. Ich bekam gesundheitliche Probleme und musste mehrmals ins Krankenhaus. Meine Chefin schickte zwar Gute-Besserung-Grußkarten, aber echtes Mitgefühl war ihr fremd. Denn als ich zurückkam, war der Empfang eisig: ›Wenn ich hier die ganze Arbeit allein machen muss, dann erklären Sie mir doch mal, wofür wir Sie eigentlich noch brauchen!‹

Solche Demütigungen waren an der Tagesordnung. Wir Mitarbeiter waren schon ganz verzweifelt; so mancher von uns fragte sich, wie lange das Team das noch aushalten würde. Aber ganz plötzlich nahm die Horrorgeschichte eine unerwartete Wende: Durch ihre überzogene Selbstdarstellung hatte unsere Geschäftsführerin wohl Eindruck bei anderen Firmen gemacht. Nach knapp einem Jahr bei uns erhielt sie ein lukratives Jobangebot einer Londoner Messe-Agentur – und sagte zu. Als sie an ihrem letzten Arbeitstag das Büro verließ, knallten bei uns unverhohlen die Sektkorken: Zum Glück gab es doch noch ein Happy End. Auch wenn wir es absolut nicht begreifen konnten, dass ausgerechnet die schlimmsten Vorgesetzten immer wieder die Karrieretreppe hinauffallen …«

Gemischtes Führungsdoppel – »*good boss*« und »*bad boss*«

Es gibt nicht nur Alleinherrscher und Einzelgänger unter den Chefs; manchmal treten die Vorgesetzten aus der Vorhölle auch als gemischtes Doppel auf. Die Konstellation ist dann wie in Kriminalromanen, wo es einen »*good cop*« und einen »*bad cop*« gibt. Dasselbe Muster trifft man bisweilen auch bei schwierigen Verhandlungen in der Politik oder im Business an, wo die Rollen ähnlich verteilt werden. Auch auf der Leitungsebene ist diese Paarkonstellation *good boss, bad boss* nicht unbekannt: Der eine spielt den netten, hilfsbereiten, stets freundlich zugewandten, der andere den aggressiven oder gar sadistischen Chef.

Von einem solchen Duo hat uns die junge Notariatsassistentin Laura erzählt. Sie arbeitete in einem Büro, das von zwei Notaren als Partnern betrieben wurde. Der eine Chef war klasse. Er förderte sie, lobte sie, ermutigte sie, und er traute ihr etwas zu. Der andere aber verhielt sich wirklich mies.

Laura erzählt: »Der Fiese war ein sehr gut aussehender Mann. Viele meiner Freundinnen haben mich beneidet, dass ich für ihn arbeitete. Aber sie kannten ihn ja auch nicht ... Seine Spezialität war, bei seinen Mitarbeiterinnen Fehler zu provozieren, um sie dann dafür niederzumachen. Wenn ich ein Diktat von ihm abtippte, schlich er sich von hinten an und sah mir über die Schulter. Da fing man schon an, zu zittern. Und weil man so nervös war, machte man natürlich Fehler. Dann hat er mit dem Finger auf den Fehler gezeigt und beschimpfte einen: »Noch einmal so ein Fehler, dann wirst du fristlos gefeuert!« – »Du bist so dumm, dass es wehtut.« – »Deine Eltern gehören bestraft für das, was sie da produziert haben.« Jedes Mal gab es ein Riesen-Donnerwetter mit schlimmen Erniedrigungen.

Am liebsten aber stellte er einen vor allen Leuten öffentlich bloß. Ich musste Sitzungsprotokolle anfertigen und ihm diese zur Autorisierung vorlegen. Ein paar Mal habe ich etwas falsch verstanden und offenbar nicht richtig wiedergegeben. So weit, so normal. Mein netter Chef klärte mich dann auf, und ich korrigierte das Protokoll, wenn er die Dokumente prüfte. Der fiese Chef aber dachte nicht an so etwas wie konstruktives Feedback. Er ließ mich das Protokoll mit den inhaltlichen Fehlern verschicken, was beim nächsten Meeting natürlich zur Sprache kam. Vor den anderen tat er so, als hätte ich das Protokoll selbstständig verschickt. Dann stellte er mich vor versammelter Mannschaft in den Senkel: »Die arbeitet für mich. Wenn sie so weitermacht, nicht mehr lange. Aber heute vergebe ich ihr noch einmal. Und jetzt raus, Laura!« Am liebsten hätte ich mich unter dem Tisch verkrochen.

Ich glaube, er genoss dieses Gefühl der Überlegenheit auf Kosten von Untergebenen. Dass er sich vor Gleichgestellten so aufplusterte, habe ich nie gesehen. Er beschimpfte immer nur die, die unter ihm arbeiteten. Und er gefiel sich selbst dabei. Er wusste, dass andere ihm einen Sympathiebonus gaben, weil er attraktiv war. So kam er damit durch. Die Mitarbeiterinnen und Mitarbeiter unter ihm wagten es nicht, sich zu beschweren, und sein Partner ließ ihn gewähren – warum auch immer. Das verstehe ich bis heute nicht. Denn eigentlich war der ja total korrekt und hätte den anderen verabscheuen müssen.«

Laura war als junge Mitarbeiterin für ihren *bad boss* nicht gefährlich. Er konnte sie ungeniert schikanieren und sich daran erfreuen, sie leiden zu sehen. Das hat natürlich etwas zutiefst Sadistisch-Aggressives. Interessant ist hier die Frage, warum der *good boss* ihn gewähren ließ – obwohl er mitbekommen haben muss, wie unmöglich sein Partner agierte. Anders als beim *good cop* und dem *bad cop*, wo die Rollen im Vorfeld abgesprochen und bewusst verteilt werden, lief das Ganze bei den beiden Bossen in Lauras Geschichte vielleicht eher unbewusst ab. Auch der *good boss* trägt – wie jeder Mensch – etwas Aggressives in sich, das er aber nicht auslebt oder nicht ausleben kann. Das tut für ihn stellvertretend der *bad boss*. Dieser fiese Chef wiederum möchte unbewusst eigentlich beliebt sein wie sein Pendant. Dazu fehlt ihm aber das Verhaltensrepertoire; er kann die nötige Nähe nicht zulassen. Deshalb kehrt er den Spieß um und verschafft sich die Kontrolle – verletzen statt verletzt werden.

Wie sagt man so schön: Der eine geht an Fasching als Monster, der andere als Prinz. Der »Prinz« im Monsterkostüm möchte sich insgeheim schlecht benehmen, Angst und Schrecken provozieren und seine Aggressionen ausleben. Das »Monster« im Prinzenkostüm will bewundert und gemocht werden.

Manche Typen funktionieren nur im Tandem

In einer typischen Paarkonstellation, die wir als »Tandem« bezeichnen, suchen sich psychopathische Chef-Typen mit schizoiden Zügen (siehe Seite 186) einen Führungspartner aus, der für sie die Kommunikation übernimmt – wie eine Art Pressesprecher. Der schizoide Typ scheut den direkten Kontakt, die Auseinandersetzung mit Menschen. Also »halten« solche Vorgesetzte sich jemanden, der ihnen diesen Kontakt abnimmt – im Guten wie im Schlechten – und den sie natürlich beherrschen und manipulieren. Der Schizoide weiß, dass er nicht gut mit Menschen kann. Wenn er etwas von anderen will, kann er nicht nett (genug) sein. Genauso wenig vermag er es, auf den Tisch zu hauen und sich in direkter Konfrontation aggressiv durchzusetzen. Und so delegiert er die entsprechende Kommunikation an jemanden, der zu den Mitarbeitern durchdringen kann. In Unternehmen gibt es das häufiger. Typisch ist zum Beispiel ein Doppel aus dem zurückgezogenen, menschenscheuen, aber kongenialen Entwickler und dem durchsetzungsstarken eloquenten Vertriebler.

Auch in der Populärkultur gibt es beliebte Tandems mit sich widersprechenden Charakteren. Denken Sie mal an Stan und Ollie aus *Dick und Doof.* Stan (Doof) kratzt sich am Kopf und heult, Ollie flippt aus und haut drauf. Obwohl Stan in der deutschen Fassung »Doof« heißt, ist er der Schlauere der beiden. Denn er ist es, der Ollie in gewisser Weise steuert und ihn dazu bringt, entweder in sein Unglück zu laufen oder die grobe Arbeit zu verrichten. Ollie ist dann derjenige, der das versteckte Aggressionspotenzial auslebt, das in Stan (dem vermeintlich Doofen und Hilflosen) schlummert, das dieser aber zu verbergen weiß oder nicht auszuleben in der Lage ist. Würden die beiden ohne ihr jeweiliges Pendant funktionieren? Ganz sicher nicht!

Toxische Machtspiele

Sophie, 25, war froh, nach ihrem BWL-Studium diesen herausfordernden Job bekommen zu haben. Sie fühlte sich gefordert und gefördert, lernte viel, wurde immer stärker eingebunden und schließlich persönliche Referentin des Finanzvorstandes. Zu ihrem Chef Kurt pflegte sie ein enges Arbeitsverhältnis. Doch etwas wurde immer mehr zum Problem: sein ständiges Anbaggern. Angefangen hat es bei einem Teambuilding-Ausflug, als Sophie neu in der Firma war. Auf der gemeinsamen Rückfahrt fragte ihr Vorgesetzter sie plötzlich über ihr Privatleben aus. Arbeitsgespräche legte er immer häufiger in die Abendstunden und in Restau-

rants. Bei solchen »Arbeitsessen« wollte er sie immer wieder überreden, Alkohol zu trinken. Sophie versuchte, Abstand zu halten. Bei einer Dienstreise bestellte sie explizit die Zimmer so getrennt und so weit auseinander wie nur möglich. Kurt war schwer enttäuscht, als sie seine abendliche Einladung zum Umtrunk auf seinem Zimmer ablehnte, verstärkte daraufhin aber noch seine Avancen. Immer wieder machte er Sophie eindeutige Angebote. Rund um die Uhr schickte er ihr SMS-Nachrichten – immer häufiger mit privatem, stark sexualisiertem Inhalt.

Sophie wusste sich der verbalen Anspielungen und Übergriffe irgendwann kaum noch zu erwehren. Als Kurt in seinen SMS an sie begann, über die Farbe ihrer Unterwäsche zu spekulieren, wandte sie sich schließlich an einen Vorstandskollegen von Kurt und offenbarte die Situation, in der sie sich befand. Dieser war über Kurts Verhalten empört und versprach ihr, sich zu kümmern. Was dann geschah, raubte Sophie endgültig den Atem: Man bat Sophie, einen Aufhebungsvertrag zu unterschreiben. Erst mit der Hilfe einer Fachanwältin gelang es ihr, ein halbwegs faires Abfindungsarrangement auszuhandeln. An der Ungerechtigkeit des Ergebnisses aber änderte das nichts: Sie musste gehen, Kurt blieb.[7]

Wenn der Chef übergriffig wird

Die Geschichte von Sophie ist kein Einzelfall. Sexuelle Belästigung ist eine sehr konkrete Variante von Machtmissbrauch durch toxische Chefs. Vor allem Frauen sind das Ziel von übergriffigen Vorgesetzten. Theoretisch kann dieses Schicksal jedoch unabhängig vom Geschlecht jeden treffen. Dieses missbräuchliche Verhalten hat weniger mit romantischem oder erotischem Erleben zu tun, sondern stellt vielmehr eine Form der Machtausübung dar. Häufig nutzen Täter Abhängigkeiten und Hierarchien aus, um ihre Macht zu demonstrieren. »Auch wenn die Belästigungen einen sexuellen Charakter haben, geht es den Tätern meistens darum, ihre Macht zu zeigen. Der Vorgesetzte oder Kollege will Frauen einschüchtern, um sie besser kontrollieren und sich selbst aufspielen zu können«[8], sagt Julia Oesterling, Fachanwältin für Arbeitsrecht aus Berlin.

Wahrscheinlich hat fast jede Frau schon einmal sexuelle Belästigung am Arbeitsplatz erlebt oder beobachtet. Viele Geschichten ähneln sich. Zum Beispiel war der Vertriebsleiter eines bekannten deutschen Verlagshauses berüchtigt dafür, übergriffig zu werden. So manche Praktikantin oder Volontärin kann ein Lied davon singen. »Auf der Weihnachtsfeier steckte er ungefragt und ohne Ankündigung seine Zunge in meinen Hals. Ekelhaft. Als ich mich bei meinem direkten Vorgesetzten beschwerte, sagte der nur: ›Der ist halt so … nimm das nicht so ernst.‹«

Von ähnlichen Situationen berichten viele Frauen. Der eine Chef fragt seine Mitarbeiterin: »Mit wem schläfst du gerade?« Ein anderer belässt es beim aufreizenden, sexualisierten »Antanzen« während der Betriebsfeier. Der Nächste umarmt eine Mitarbeiterin von hinten und fasst ihr dabei »zufällig« an die Brust. Und dann gibt es Bosse, die eine Mitarbeiterin in ein leeres Büro ziehen und dort versuchen, sie zu küssen oder Schlimmeres – weil sie wie selbstverständlich davon ausgehen, dass sie das dürfen. Warum? Weil sie Chef sind, weil sie mächtig sind, weil sie sich für unwiderstehlich halten. Vor allem aber, weil sie glauben, »es sich leisten zu können«. Solche Bosse sind vom Gefühl ihrer vermeintlichen Größe berauscht. Sie haben Spaß daran, ihre Macht auf Kosten der Frauen auszuüben – womit wir endgültig bei den Psychopathen unter den Bossen gelandet sind. Von solchen sexuellen Übergriffen ist es nicht mehr weit zu Fällen wie dem Hollywood-Filmproduzenten Harvey Weinstein, der 2020 wegen Vergewaltigung und sexueller Belästigung in mehreren Fällen zu 23 Jahren Haft verurteilt wurde. Und Sie erinnern sich vielleicht noch an einen Freund von Weinstein, Jeffrey Epstein. Er war ein undurchsichtiger Investmentbanker und Unternehmer, der 2004 eine »Modelagentur« gründete. Deren eigentlicher Zweck war es offenbar, »Mädchen« für Sexpartys zu organisieren. Epstein starb unter mysteriösen Umständen im Gefängnis in New York, nachdem mehrere missbrauchte Frauen ausgepackt hatten.

Der Kompaniefeldwebel bei der Krankenkasse

Wenn ein Mensch in eine Führungsposition befördert wird, dessen Gefühle, Denken, Handeln, aber auch eigene Erwartungen sich stark an autoritären Befehlsstrukturen orientieren, kann das zu einer explosiven Konstellation führen. Das ist in der folgenden Geschichte der Fall, die uns eine Betroffene erzählt hat.

»Als Gesundheitswissenschaftlerin und Diplom-Psychologin bewarb ich mich für eine Stelle in einer wichtigen Abteilung der AOK. Im Vorstellungsgespräch traf ich auf den Bereichsleiter, Herrn Stiefel. Er war um die 60, wirkte aber durchaus jünger. Während des Gesprächs sagte er zu mir: ›Ich bin beeindruckt. Sie haben zwei Hochschulabschlüsse. Ich will Sie unbedingt in meinen Reihen haben!‹ Voller Freude trat ich meine Anstellung an. Doch binnen kürzester Zeit merkte ich, dass mein Vorgesetzter ein ziemlich unangenehmer Mensch sein konnte, wenn man hinter die adrette Fassade blickte.

Herr Stiefel stolzierte tagtäglich betont schneidig durch die Reihen seiner Mitarbeiterschaft, die mit gekrümmten Rücken einen geschäftigen Eindruck abzugeben bemüht war. Wie ein General marschierte er mit militärisch stolz geschwellter Brust entlang der Schreibtischreihen, um sicherzustellen, dass ordentlich gearbeitet und nicht geschwätzt wird. Hin und wieder gab er vor allem zu seiner eigenen Bespaßung Anekdoten zum Besten, häufig aus seiner Militärzeit, denn Herr Stiefel hatte lange Jahre gedient.

Im Großraumbüro konnte er sich sicher sein, dass alle seine Geschichten hören: von ›der guten alten Zeit‹, als er noch Soldat gewesen war; wie er mit seinem Motorrad über Brandenburger Alleen düse; Lästereien über seine Lebenspartnerin. Voller Stolz schilderte er detailliert auch seine Expertise beim Kleidungskauf und beim Einrichten seiner Wohnung.

Herr Stiefel legte größten Wert auf sein Äußeres. Groß und schlank, ein immer noch attraktiver Mann, seine Glatze war stets akkurat poliert. Jeden Tag trug er einen exakt gleich aussehenden schwarzen Anzug und ein weißes Hemd. Nach eigener Aussage kaufte er immer gleich mehrere identische Anzüge und weiße Hemden auf einmal, um immer nach demselben Muster gekleidet zu sein. Vielleicht war diese Angewohnheit ein Überbleibsel aus den Jahren, in denen er Uniform getragen hatte. Seine Wohnung war nach eigener Aussage ebenfalls ausschließlich in Schwarz und Weiß gestaltet.

Die Männer in unserem Team bewunderten Herrn Stiefel. Sein größter Fan trug ebenfalls Glatze sowie jeden Tag einen schwarzen Anzug und ein weißes Hemd. Die Frauen hatten eher Angst vor ihm; manche fanden ihn gleichzeitig aber auch ein bisschen toll.

Schwarz-Weiß-Denken beherrschte auch Herrn Stiefels Sicht auf die Welt. Nach außen hin stellte Herr Stiefel seine Mitarbeiter immer als ›die Guten‹ dar, ja als die Besten überhaupt. Das hinderte ihn allerdings nicht daran, sie intern anzuschreien, runterzuputzen, fertigzumachen und vor anderen Kollegen immer wieder bloßzustellen. Fehler waren nicht erlaubt, Schwächen mussten umgehend abgestellt werden. War jemand abwesend, äußerte Herr Stiefel sich absolut despektierlich über die Person, der er sogleich das Drückeberger-Syndrom unterstellte.

Verhielt sich jemand nicht so, wie er es erwartete, mutierte dieser in Herrn Stiefels Ansehen vom Kameraden und Mitstreiter zum Feind und Verräter. Davor hatten alle ihm Unterstellten eine Heidenangst. Zum Beispiel traute sich niemand, ihn bei seinen Geschichten zu unterbrechen oder gar den Raum zu verlassen. Wenn Herr Stiefel ein hartes Urteil über andere fällte – und das tat er oft und heftig –, durfte man seine Meinung nicht etwa relativieren. Und niemand traute sich, vor ihm Feierabend zu machen. Denn dann gab es ein Donnerwetter vom Feinsten – da drehte Herr Stiefel so richtig auf.

Das Verblüffende ist: Bei alldem war Herr Stiefel ein kluger, kühl kalkulierender Stratege, der für die AOK auf formaler Ebene beste Ergebnisse brachte. Innerhalb des Unternehmens und der Führungsriege wurde er bewundert und gefürchtet zugleich. Niemand wollte sich mit ihm anlegen.

Mich ließ er im ersten halben Jahr weitgehend in Ruhe und beäugte mich erst einmal nur. Ich versuchte, mich dem allgemeinen Verhaltenskodex anzupassen, über seine Witze mitzulachen und so zu tun, als würde mich das Zeug interessieren, das er erzählte. Mit dem Ende meiner Probezeit bekam ich eine ordentliche Leistungsbeurteilung von ihm – die ich nutzte, um mich kurz darauf intern auf eine andere Stelle zu bewerben. Als ihm das zu Ohren kam, wurde ich in sein Büro zitiert. Er spuckte Gift und Galle und schrie mich an: »Welche Natter habe ich da eigentlich an meiner Brust genährt? So hat es noch niemand gewagt, mich zu hintergehen. Es war der größte Fehler meines Lebens, Sie einzustellen. Sie sind das Allerletzte! Scheren Sie sich raus, Sie …«

Es kam, wie es kommen musste: Er verweigerte seine Zustimmung für meinen internen Wechsel in die andere Abteilung. Von Stund an war ich also dazu verdammt, weiter unter ihm arbeiten zu müssen und seinen Ärger gegen mich wegen versuchter »Fahnenflucht« zu ertragen. Zunächst ignorierte er mich demonstrativ, sprach kein Wort mit mir und ließ mir Anweisungen nur durch einen Kollegen mitteilen. Meine Kolleginnen und Kollegen waren übrigens ebenfalls angehalten, mich zu schneiden und keinen Kontakt mit mir zu pflegen. Das war unangenehm. Wichtige Vorgänge in der Abteilung wurden mir vorenthalten, ich flog aus etlichen E-Mail-Verteilern. So ist es, wenn man einen Kompaniefeldwebel als Chef hat und beim Fluchtversuch erwischt wird.

»Beißen, spucken, treten« – Interview mit einem Opfer

Martina Schlunzich arbeitet in einem großen internationalen Konzern, und das ganz oben in der Hierarchie. Man merkt es bereits an der Anzahl der Stockwerke deutlich, die unter ihr liegen: Martina ist einem der Vorstandsmitglieder direkt unterstellt. Das heißt: Sie bekommt den harten Wettbewerb innerhalb der Branche, aber auch unternehmensinterne Querelen und Rangeleien hautnah zu spüren. Sie ist es nämlich, die die Launen ihres Chefs abbekommt, wenn unter den Alphatieren mal wieder die Post abgeht. Je stärker ihr Vorgesetzter unter Druck steht, desto unberechenbarer agiert er. Davon aber lässt sich Martina nicht beeindrucken – oder versucht es zumindest. Wie? Indem sie die Sache auf die »Metaebene« hebt und aus sicherem Abstand betrachtet. Diese tapfere Perspektive nahm sie auch in unserem Interview ein, während sie uns von den Eskapaden ihres Vorgesetzten berichtete.

Topmanager werden oft als Menschen mit zwei Gesichtern beschrieben. Auf der einen Seite sehr charmant, auf der anderen Seite knallhart. Ist das bei Ihrem Chef auch so?

Zwei Gesichter hat er auf jeden Fall. Er kann sehr freundlich sein und Tipps geben, zum Beispiel, wie du dich bei bestimmten Situationen im Unternehmen am besten verhalten kannst. Aber dann kann von jetzt auf gleich einer seiner Ausbrüche kommen, bei denen man eigentlich nur noch den Kopf schütteln kann.

Können Sie vorher erahnen, wann es zu so einem Ausbruch kommt?

Nein, überhaupt nicht. Normalerweise heißt es: »Sofort ins Büro kommen!« Dann kann man sich entweder was anhören, oder aber er drückt dir einfach nur einen Vorgang in die Hand und bittet formgerecht um Erledigung der Aufgabe. Er ist unberechenbar.

Ist er cholerisch?

Ja, er ist schon cholerisch. Ich glaube, der Auslöser ist der Stress, der akut auf ihm lastet.

Er nutzt seine cholerischen Anfälle also, um seinen emotionalen Haushalt in Ordnung zu bringen?

Ja, durchaus. Ich kann das sogar verstehen. Wo soll er seinen Stress denn ablassen? Entweder er nimmt ihn mit nach Hause, oder er lässt ihn im Büro und gibt ihn da an andere weiter. Der Druck, unter dem er steht, ist so extrem, dass er schon eine ganz immense Persönlichkeit sein müsste, um das mit sich selbst auszumachen.

Wie halten Sie das aus?

Ich versuche, das auf eine andere Ebene zu setzen, auf die »Metaebene« sozusagen. Ich sage mir nach jedem seiner Ausbrüche: Er ist also wieder so gewesen. Warum? Weil er unfähig ist, mit Druck umzugehen. Ich denke, er meint es nicht persönlich – genau weiß ich das allerdings nicht –, und versuche, mich innerlich von ihm unabhängig zu machen. Denn im Grunde brauche ich meinen Vorgesetzten nicht. Ich bin auch ohne ihn eine Persönlichkeit, und deswegen ist es mir ziemlich egal, wie er mich behandelt. Trotzdem bleibe ich ihm gegenüber ehrlich. Wenn er von mir ein negatives Feedback haben will, bekommt er das auch. Aber in einem ganz ruhigen Ton. Wenn er vor mir ausrastet, dann bleibe ich extrem cool. Das ist für mich der innerliche Triumph!

Entschuldigt er sich bei Ihnen für seine Ausbrüche?

Nein, nie. Er sagt auch nie »Danke« oder gibt positives Feedback. Er gibt selbst zu, das sei eine Schwäche von ihm. Er könne es einfach nicht. Er ist an der Spitze angekommen, es geht also nicht darum, dass er sich ändert, sondern dass die Leute, die mit ihm zusammenarbeiten, ihn entweder akzeptieren oder gehen. Für ihn ist jeder Mensch ersetzbar.

Wie geht er mit seinen gleichrangigen Kollegen um?

Eine seiner Aussagen war: »Machen Sie es wie im Fußball: beißen, spucken, treten. Und wenn die Fernsehkamera kommt, gebt dem anderen die Hand.« So geht er auch mit seinen gleichrangigen Kollegen um. In der Führungsetage hat man keine Freunde mehr – das gilt meiner Erfahrung nach vor allem für Männer. Dabei sagt man ja immer: Oh Gott, unter Frauen zu arbeiten ist so schrecklich, die sind alle stutenbissig. Wenn ich das noch einmal höre! Da kann ich nur sagen: Schaut euch doch an, wie subtil die Männer das machen. Die sind in den Sitzungen freundlich und gehen zusammen ein Bier trinken, und hintenrum beginnt die Messerstecherei. Das machen Frauen nicht. Frauen agieren offener. Ich bin sicher: Wenn man das fünf oder zehn Jahre lang erlebt hat, wenn man so lange Zeit ein doppeltes Spiel für seinen eigenen Vorteil gespielt hat, kann man kein Vertrauen zu anderen Menschen mehr aufbauen.

Haben Sie eine besondere Strategie entwickelt, mit diesem Menschen umzugehen?

Ich habe mir lange überlegt: Wie soll ich diesem Menschen begegnen? Und meine Lösung war: Ich brauche mir gar keine Gedanken zu machen, denn dieser Mensch ist unberechenbar. Ich bleibe einfach ich selbst. Ich agiere, wie ich zu agieren gewohnt bin. Wir hatten hier einen Mitarbeiter, der sich jede Entscheidung von ihm hat absegnen lassen und alles getan hat, so, wie unser Chef es haben wollte. Und was ist mit ihm passiert? Er wurde von heute auf morgen entlassen und ist, ohne sich zu verabschieden, aus dem Unternehmen entschwunden.

Wer sich ihm anpasst, kommt um?

Du kannst immer untergehen, egal, was du tust! Und deswegen kannst du auch locker bleiben. Ich weiß heute nicht, ob ich am nächsten Tag noch im Unternehmen arbeiten werde. Aber ich habe mich daran gewöhnt. Wenn du dich so unabhängig machst, kannst du so bleiben, wie du bist, und eigentlich ganz cool leben …

Wenn alle Mitarbeiter irrer Chefs eine so sachlich-abgeklärte Haltung einnehmen könnten, würde es vielen Arbeitnehmern in Deutschland sicher besser gehen. Doch um an diesen Punkt zu kommen, muss oft eine Menge passieren. Bei der Bewältigung des schwierigen Alltags mit einem toxischen oder sogar psychopathologischen Chef kann das Wissen über die zugrunde liegenden psychologischen Muster helfen, die Psycho-Chefs als das zu erkennen, was sie sind. Um diese Zusammenhänge und Hintergründe geht es auf den nächsten Seiten.

PSYCHOPATHEN ALS CHEFS – NICHTS FÜR SCHWACHE NERVEN

Wer sich aktiv dem Boxsport verschreibt, darf sich nicht wundern, wenn er nicht nur austeilt, sondern gelegentlich auch schwere Schläge einstecken und verkraften muss. Ebenso klar ist: Wer kein Blut sehen kann, sollte nicht Chirurg werden. Aber diese einfache Logik greift in der Realität der Arbeitswelt nicht immer. So versuchen zum Beispiel Menschen, die in ihrer frühesten Kindheit Traumata und schwere Defizite erleben mussten, unter denen sie ein (Berufs-)Leben lang leiden, diese schlecht verheilten Wunden dadurch zu kompensieren, indem sie anderen das antun, was ihnen selbst widerfahren ist. In der Psychologie nennen wir solche Phänomene zum Beispiel das »Racheprinzip« oder den »Passiv-Aktiv-Umkehrversuch«.

Genau solche Hintergründe stecken oft hinter dem Verhalten von psychopathischen Chefs. In einer Führungsposition mit Macht ausgestattet, entfalten sie so eine besonders toxische Wirkung auf ihre Mitarbeiterinnen und Mitarbeiter.

Macht als Kompensation

Als Hintergrund für das Streben nach Macht sah Alfred Adler, Schüler des Psychoanalyse-Begründers Sigmund Freud, das

Gefühl von Minderwertigkeit – die Grundsituation eines jeden Kindes. Schon wegen seiner Kleinheit und Schwäche muss sich das Kind im Vergleich zu seiner erwachsenen Umwelt als ohnmächtig erleben. Die psycho-physische Entwicklung stellt den Versuch dar, dieses Minderwertigkeits- und Unterlegenheitsgefühl zu überwinden.

Bei einer krankhaft gestörten Entwicklung droht die Gefahr, dass das Minderwertigkeitsgefühl vertieft wird und es zu einer kompensatorischen Gegenwehr kommt – dem Streben nach Macht. Nach Adler gilt: je größer der Minderwertigkeitskomplex, desto stärker der Wille zur Macht. In der Konsequenz läuft das oft auf eine entsprechende Berufswahl hinaus: Politiker, Manager, Bischof oder Offizier ...

Überhöhte Ansprüche an die eigene Person, Größen- und Allmachtsfantasien – alles Kennzeichen einer Persönlichkeitsstörung und Überkompensation von tiefen Selbstwertzweifeln – führen häufig zu einem ausgeprägten Macht- und Leistungsstreben. Da das tief liegende Gefühl von Minderwertigkeit, Unzulänglichkeit und Unzufriedenheit auch durch die Droge Macht nur kurzzeitig betäubt werden kann, entsteht der zwanghafte Wunsch, die Dosis zu erhöhen, also ein immer stärkeres Machtstreben.

In der Familie entscheidet sich aufgrund der dort herrschenden sozialen und pädagogischen Bedingungen für das Kind, ob es zukünftig zu den Mächtigen oder Ohnmächtigen gehört. Hier werden die Weichen für künftige Gewinner- oder Verliererrollen gestellt. Schon in jungen Jahren entscheidet sich also, ob man gehemmt oder hemdsärmelig durch die Welt läuft und wie das eigene Welt- und Menschenbild später aussieht.

Hat ein Mensch ein sicheres Gefühl dafür, wer er ist und was er in seinem Leben verwirklichen möchte, verfügt er in der Regel über ein stabiles, gut entwickeltes Selbstwertgefühl. Gelingt es in der Kindheit nicht, dieses stabile Selbstwertgefühl, also eine sichere Ich-Identität aufzubauen, kann es später im Erwachsenen- und Berufsleben zu dem Versuch kommen, Identität durch Macht zu ersetzen. Diese Bemühung ist jedoch früher oder später zum Scheitern verurteilt.

Machtstreben kann also auch als Versuch angesehen werden, eine als Kind massiv erlebte und schwer erlittene Fremdbestimmung im späteren Berufsleben abzuschütteln, indem man nun seinerseits über andere Menschen triumphierend bestimmt – das steckt hinter der sogenannten Passiv-Aktiv-Umkehrung.

Warum Psychopathen so häufig Chef werden

Führungspositionen üben auf Psychopathen eine magnetische, fast schon magische Anziehungskraft aus, vor allem in Berufen und Positionen mit großer Machtdynamik und starker Hierarchie. Offensichtlich können sie sich dort bestens erfolgreich bewegen und hervorragend arbeiten, ja sogar teilweise beeindruckende Leistung zeigen.

Und so ist es kein Wunder, dass es zahlreiche Überschneidungen bei den Charaktereigenschaften von Psychopathen und Vorgesetzten gibt. Dazu gehören absolute Selbstüberzeugtheit, erschreckende Furchtlosigkeit, die Bereitschaft, hemmungslos zu lügen, andere zu schikanieren und zu manipulieren, das knallharte Durchsetzen von Entscheidungen gegen Widerstände, Ignoranz gegenüber Gefühlen und vor allem die Selbstverständlichkeit, mit der man sich selbst stets an die erste Stelle setzt. Vom Chefsessel aus fällt es Psychopathen einfach leichter, ihre Machtgelüste auszuleben, ohne größere Risiken einzugehen, Widerstände befürchten oder gar mit negativen Konsequenzen für sich rechnen zu müssen.

Je höher die Positionen, desto mehr Psychopathen

Natürlich ist nicht jeder Chef ein Psychopath in dem Sinne, wie wir den Begriff heute umgangssprachlich verwenden. Viele Vorgesetzte erfüllen eher die Kriterien für die leichtere Form, die man als Neurose bezeichnet. Schon so ein »nur« neurotisch entgleister Chef kann einem durchaus das Arbeitsleben zur Hölle machen. Aber es finden sich in den oberen Etagen eben auch außergewöhnlich viele extrem unangenehme oder gar wirklich pathologisch persönlichkeitsgestörte Chefs.

Die Wahrscheinlichkeit ist also gar nicht so gering, dass ein Psychopath in Ihrer Firma sitzt – und zwar in einer leitenden Position, wenn nicht sogar an der Unternehmensspitze! Denn die magnetische Wirkung des Chefsessels auf Psychopathen zeigt einen eindeutigen Effekt: Je höher die Hierarchiestufe, desto höher ist der Anteil der Psychopathen, also von Menschen mit extremen Persönlichkeits-Akzentuierungen. In den Chefetagen ist er sechsmal höher als im Bevölkerungsdurchschnitt.[9] Das haben die Psychopathie-Forscher Paul Babiak und Robert Hare in einer Untersuchung von über 200 Führungskräften aus sieben amerikanischen Konzernen herausgefunden. Sie befragten diese ausführlich zu Verhaltensauffälligkeiten und verglichen die Ergebnisse mit einer Bevölkerungs-Kontrollgruppe.[10]

Aber auch der Anteil von »akzentuierten Persönlichkeiten« unter Managern unterhalb der obersten Ebene ist überproportional hoch. Das bestätigen Experten wie der Psychologe und Psychiater Gerhard Dammann.[11] Einige Untersuchungen sprechen von weit über 20 Prozent der Führungskräfte, die übersteigerte, also akzentuierte Persönlichkeitsmerkmale aufweisen. Insgesamt können wir davon ausgehen, dass etwa ein

Viertel aller Führungskräfte deutlich bis schwer gestört und klar persönlichkeits- und verhaltensauffällig ist.

Berufe mit dem höchsten Anteil an Psychopathen

Der britische Psychologe Kevin Dutton ging noch weiter ins Detail: Er testete in einer Studie, dem »Great British Psychopath Survey«[12], wie stark Merkmale von Psychopathen in verschiedenen Berufsgruppen vertreten sind. Seine Top 10 der Berufe mit dem höchsten Anteil an Psychopathen sehen – für uns wenig überraschend – CEOs und Geschäftsführer an der Spitze.

1. Platz: CEO und Geschäftsführer
Aggressivität, Selbstdarstellung, Ich-Zentrierung, manipulatives Verhalten und Berechnung: Diese Eigenschaften von Psychopathen sind bei Topmanagern und Geschäftsführern am häufigsten vertreten.

2. Platz: Anwälte
Viele Anwälte lieben den Auftritt im Gerichtsaal, weil sie sich dort selbst inszenieren können. Auch wenn es dabei meist nur um sie selbst geht: Weil ein Psychopath es hasst, zu verlieren, will er jeden Fall zugunsten seines Mandanten entscheiden.

3. Platz: Medienfachleute
Vor allem mit neuen Medien wie sozialen Netzwerken kann man Menschen relativ leicht manipulieren und ausnutzen. Eine wunderbare Spielwiese für Psychopathen.

4. Platz: Verkäufer
Verkaufen mündet häufig in Strategien, potenzielle Kunden zu manipulieren. Psychopathen können sich hier erfolgreich ausleben, ganz besonders in Strukturvertrieben.

5. Platz: Chirurgen
Jeder kennt das Bild, wie die »Halbgötter in Weiß« bei der Visite durch die Zimmer stolzieren – gefolgt von ihrer ehrfürchtigen oder gar ängstlichen Entourage. Übersteigertes Selbstbewusstsein und mangelnde Empathie können manchmal sogar von Vorteil sein, gerade im OP, wo es einen kühlen Kopf zu bewahren gilt.

6. Platz: Journalisten
Beim Journalismus geht es heute vor allem um Aufmerksamkeit. Die mediale Öffentlichkeit, die Möglichkeit zur Selbstinszenierung vor der Kamera und die Chance, andere zu beeinflussen, machen diesen Job für Psychopathen attraktiv.

7. Platz: Polizisten
Psychopathen üben gerne Macht aus. Und Polizisten haben – im Kleinen – fast jeden Tag die Möglichkeit dazu. Laut Duttons Studie handeln viele Polizisten egoistisch – und verfügen außergewöhnlich häufig über psychopathische Charaktermerkmale.

8. Platz: Geistliche
Auch Pfarrer und Priester verfügen über Macht, die die Psychopathen unter ihnen leider hemmungslos ausnutzen – so zeigen es unter anderem die immer wieder ans Tageslicht kommenden Missbrauchsfälle in der Kirche.

9. Platz: Köche
Man sagt: In der Küche herrscht ein absolut strenges Regime. Befehlen, schikanieren und anschreien gehört in vielen Restaurants zum normalen Umgangston. Alles Dinge, die ein Psychopath liebt.

10. Platz: Beamte
Auch im öffentlichen Dienst tummeln sich vergleichsweise viel Psychopathen. Die meisten von ihnen üben auf eher subtile und manipulative Weise Macht aus.

Berühmte Leader mit psychopathischen Zügen

Dutton stellt uns in seiner Studie auch einige berühmte Führungspersonen vor, die Ihnen bekannt sein dürften. Die meisten stehen ganz oben an der Spitze ihrer Organisation, zum Beispiel:

— Steve Jobs, der verstorbene Apple-Chef: Dieser habe einige psychopathische Merkmale aufgewiesen, darunter magisches Charisma, aber gleichzeitig auch unbekümmerte Rücksichtslosigkeit.

— Dominique Strauss-Kahn, der ehemalige geschäftsführende Direktor des Internationalen Währungsfonds: Er musste seine Karriere aufgrund diverser justiziabler Skandale beenden. Sowohl die Merkmale Impulsivität, geringe Verhaltenssteuerung als auch promiskuitives Sexualverhalten sind Charaktermerkmale, die Psychopathen zugeschrieben werden.

— Richard Fuld, der ehemalige Chef der berüchtigten US-Bank Lehman Brothers: Fuld war der Prototyp eines erfolgreichen Psychopathen: skrupellos, selbstherrlich, verbal extrem aggressiv – und verantwortlich für den 600-Milliarden-Dollar-Bankrott, der 2008 eine weltweite Wirtschaftskrise auslöste.

— Neil Armstrong, der erste Mensch auf dem Mond: Der Astronaut war zwar kein CEO. Dennoch könnte er als Paradebeispiel eines Psychopathen gelten, weil er stets eiskalt und fokussiert war. Als er den Mond betrat, soll laut Kontrollzentrum in Houston bei ihm kein erhöhter Herzschlag feststellbar gewesen sein.[13]

Die Politik: Spielwiese für Narzissten und Egomanen

Ein anderes Feld, in dem sich zahlreiche Psychopathen tummeln, geht in der Studie von Kevin Dutton etwas unter: die Politik. Wahrscheinlich ist es Ihnen nicht entgangen: Ein neuer Herrschertypus verändert derzeit die Welt und beschert uns dabei sehr unliebsame Déjà-vus. Ob Diktator oder demokratisch gewählt: Kim Jong-un, Donald Trump, Wladimir Putin, Xi Jinping, Syriens Präsident Baschar al-Assad oder Recep Tayyip Erdoğan haben die politische Bühne und das Spektrum der Machtausübung neu vermessen. Trotz des Wahlversprechens, dem ganzen Volk zu dienen, werden Teile dieses Volkes ausgegrenzt, ein autoritärer Politikstil etabliert und die Regeln nationaler und internationaler Politik neu formuliert. Einst gehörte so ein Regierungsstil zu den typischen Merkmalen autoritärer Herrscher. Mit Donald Trump ist dieser egomanisch-narzisstische Stil auch in der westlichen Kultur und in einer der ältesten Demokratien angekommen und wird offensichtlich von vielen akzeptiert.

Als Donald Trump am 6. Januar 2021 seine Anhänger zum »Sturm auf das Kapitol« aufrief, war dies der Höhepunkt einer langen Kette von Lügen, Wahnvorstellungen und selbstgerechten Statements des ehemaligen US-Präsidenten während seiner Amtszeit: Nur seine »Wahrheit« zählt für ihn. Er fühlte sich im Recht – schließlich konnte es seiner Wahrnehmung nach nicht sein, dass er, Trump, die vorangegangene Präsidentschaftswahl verloren hatte. Also musste sie »gestohlen« worden sein. Solche »alternativen Fakten« – ein Begriff, den Trumps ehemalige Beraterin Kellyanne Conway bereits bei seiner Amtseinführung prägte – waren ein Kennzeichen von Trumps Politikstil, der sich nicht um

Fakten scherte und ganz offen seine eigenen Interessen verfolgte.

Um zu erkennen, dass Trump ein Narzisst ist, der sich als Nabel der Welt sieht, braucht man kein Psychologiestudium. Der bekannte und hoch angesehene amerikanische Psychologe John Gartner hat sich eingehend mit Trumps Persönlichkeitsstörungen befasst. Sein Urteil: Trump sei ein »maligner Narzisst«[14], dessen »mentale Störungen« ihn unerbittlich dazu drängten, anderen wehzutun – auch seinen eigenen Unterstützern. Sadismus und Gewalttätigkeit seien zentrale Merkmale von Trumps narzisstischem Charakter. Er genieße es, Leid bei anderen hervorzurufen.

Gartner geht so weit, zu sagen, dass die Toten (über eine Million) in den USA während der Corona-Pandemie nicht nur eine Folge von Trumps falscher Politik seien, sondern auch ein Ergebnis seiner »mentalen Störung«. Trump ignorierte ständig den Rat von Experten, tat die Pandemie lange als nicht existent ab, ergriff keine oder falsche Maßnahmen und äußerte sogar vor laufenden Kameras die Vermutung, dass das Injizieren von Desinfektionsmitteln das Coronavirus töten könne. Bei Trump treten, so Gartner, verschiedene pathologische Muster gleichzeitig auf:

— Wenn Trump Dinge sagt wie »Ich habe die totale Macht«, ist das ein Ausdruck von Grandiosität, wie Narzissten sie typischerweise an den Tag legen.
— Behauptet Trump, »Ich habe alles unter Kontrolle«, sei das ein Zeichen für Paranoia, die alles Böse nach außen projiziert. Die Bösen, das sind immer die anderen.
— Trump dreht Fakten stets so, wie er sie gerade haben will. Auch widerspricht er sich häufig und findet nichts Problematisches dabei. Dies sei ebenfalls ein typisches Verhalten von »malignen Narzissten«.

— Hinzu komme, dass Trump auch sadistisch veranlagt sei. Er genieße es, andere zu übervorteilen und zu erniedrigen.

Während Donald Trumps psychopathische Züge in der Öffentlichkeit deutlich sichtbar war(n)en, war Wladimir Putin lange Zeit schwerer zu durchschauen. Doch auch bei ihm scheinen mehrere mentale Störungen gleichzeitig aufzutreten:

— Putins machohafter Narzissmus: Wir erinnern uns an Fotos mit freiem Oberkörper auf dem Rücken eines Pferdes oder beim Angeln, seine Inszenierung als Sportler wie beim Judo oder Eishockey.
— Der Befehl zum Angriff auf die Ukraine zeigte seinen Hang zum Größenwahn – Putin will »Bleibendes«, »Großes« schaffen und hinterlassen, in die Geschichtsbücher eingehen, das Rad der Geschichte zurückdrehen.
— Putins zwanghafter, paranoider Charakter wird deutlich, wenn er von westlichen Verschwörungen redet. Seine Angst, dass Russland »umzingelt« wird, sowie seine Furcht vor mündigen Bürgern sind notorisch. Kritiker werden eiskalt umgebracht (wie beim Mord im Berliner Tiergarten) oder langjährig inhaftiert (wie Alexei Nawalny).
— Diese Angst führt zu einem tyrannischen, autoritären Verhalten gegenüber allen, ob Gegnern oder Verbündeten. Als Putin kurz vor der Invasion in die Ukraine seinen Auslandsgeheimdienstchef Sergei Naryschkin vor der Weltöffentlichkeit abkanzelte, spürte man die sadistische Lust an der eigenen Macht.
— Auch der scheinbar zufällige Auftritt vor laufenden Fernsehkameras als Hundefreund beim Besuch der damaligen Bundeskanzlerin Angela Merkel war eine bewusst inszenierte sadistische Aktion – wusste Putin

doch genau, dass diese unter einer Hundephobie leidet. Entsprechend saß die von den meisten Amtskollegen rund um die Welt sehr geschätzte Frau ziemlich unentspannt und mit deutlich verunsichertem Gesichtsausdruck in ihrem Sessel. Diese öffentliche Ohrfeige wird sie Putin nicht vergessen ...

Doch nicht nur auf der Ebene der mächtigen Staatslenker sehen wir Psychopathen und Menschen mit deutlich wahrnehmbaren Persönlichkeitsstörungen. In der Regional- und Lokalpolitik, auf der Straße bei Demonstrationen – überall gibt es diese verbissenen Kritiker, die Totalleugner oder die selbstverliebten sogenannten Querdenker. Ähnlich agieren andere rechtsgerichtete Gruppen wie die Reichsbürger oder auch die auf den ersten Blick unscheinbaren Betreiber von Kleinunternehmern aus der ultrarechten Szene, die auf die Totalablösung (am besten die Beseitigung) der herrschenden Demokratie setzen. Die Palette der sich auffällig verhaltenden Vertreter dieser Richtungen ist breit gefächert. Nicht alle sind Chefs oder leitende Angestellte mit Personalverantwortung, aber viele von ihnen verhalten sich so. Sie bewegen sich auf einem Spektrum von autoritären über schizoide bis hin zu zwanghaften Verhaltensmustern und organisieren eine aggressiv aufgeladene, vor allem laute Stimmungsmache auf Straßendemos, bisweilen getarnt als zufällige »Spaziergänger«.

Viele dieser Menschen sind gutgläubig, manche vielleicht auch sehr naiv. Andere besetzen gerne schon aus Prinzip Contra-Positionen, sind misstrauisch, unkooperativ und gegen alles, was aus ihrer Sicht »von denen da oben« kommt. Sie sind sich sicher, dass böse Mächte sich hinter all dem verbergen, was uns aktuell beschäftigt und bisweilen stark in unser zuvor recht angenehmes Leben eingreift. Mit ihrer Hetze versuchen

Teile dieser Querulanten und Querdenker verunsicherte Bürgerseelen einzufangen und politisch für ihre neuen Ziele zu instrumentalisieren.

Zugegeben, die Zeiten sind schwierig; es gibt einiges auszuhalten, was neu für viele von uns ist. Erklärungsmodelle, die in die verunsicherte Stimmung hinein greifen sollen, müssen möglichst einfach gestrickt sein, wenn möglichst viele mitdemonstrieren sollen. Da bleibt wenig Spielraum für intellektuelle oder gar wissenschaftliche Auseinandersetzungen. Und so bewegt sich ein kleiner, aber unüberseh- und -hörbarer Teil der Bürgerschaft in der Gefahr, sich in schizoiden bis zwanghaften Persönlichkeitsstörungen zu verfangen. Nicht nur, aber auch bei Menschen mit Führungsverantwortung. Diese schalten dann zum Beispiel Stellenanzeigen speziell für Impfgegner, verhindern durch Ausgrenzung im Betrieb, dass Mitarbeiter Anti-Covid-Regeln befolgen, schaffen ein Arbeitsumfeld, das an Sekten erinnert – und behaupten dabei noch, es ginge ihnen um Freiheit. Hoffentlich ist Ihr Chef keiner von denen ...

Je höher der Posten, desto positiver die Selbstwahrnehmung

Die meisten Psychopathen halten sich für geborene Chefs – Selbstkritik kennen sie nicht. Aber auch wer als einfacher Angestellter noch ganz »normal« war, verliert mit jedem Schritt nach oben auf der Karriereleiter unter Umständen nach und nach die Fähigkeit, sich selbst kritisch zu hinterfragen. Der Wirtschafts- und Personalpsychologe Rüdiger Hossiep hat dies in einer Untersuchung festgestellt. Er bat über 500 Topmanager aus großen deutschen Unternehmen mithilfe eines Fragebogens, sich selbst zu beschreiben. Gleichzeitig hielt er 3500 Mitarbeiter aus denselben Unternehmen an, ihre Chefs einzuschätzen. Während die Mitarbeiter ihre Vorgesetzten durchaus unterschiedlich beurteilten, mal besser und mal schlechter, gab es bei der Selbstwahrnehmung der Topmanager wenige Unterschiede: Die Chefs sahen sich durch die Bank weg selbst extrem positiv. Je höher die Position der Befragten, desto positiver wurde das Bild, das sie von sich selbst zeichneten.[15]

Daran ändert sich zum Beispiel bei erfolgsverwöhnten Egomanen auch dann nichts, wenn die Probleme für alle anderen längst mehr als offensichtlich sind. So war es auch bei dem Chef eines gemeinnützigen Vereins, von dem uns einer seiner Mitarbeiter in der folgenden Geschichte berichtet.

Der Zweck heiligt die Mittel

Ich bin, nein: Ich war in einer gehobenen Position eines gemeinnützigen christlich-sozialpädagogischen Vereins mit insgesamt über 800 Mitarbeitern tätig, der sich für Tausende Betroffene von Kindertagesstätten-Kindern über Schüler an Offenen Ganztagsschulen und Heimkinder bis hin zu Bewohnern von betreuten Senioren-Wohnkomplexen engagiert. Eine Einrichtung, die nur »gute Werke« vollbringt, gemeinnützlich-mildtätig jährlich etwa 50 Millionen Euro umsetzt, jede Menge eigene Immobilien besitzt und einen Fuhrpark von über 100 Fahrzeugen unterhält. Dazu gehören auch ein luxuriöses Wohnmobil und ein Segelschiff mit acht Schlafplätzen, also keine kleine Jolle – beides zur freien Verfügung unseres obersten Chefs. Zur Küste sind es von der Zentrale aus übrigens an die 200 Kilometer.

Unser Hauptgeschäftsführer geht auf die achtzig zu. Sein Jahreseinkommen liegt bei um die 200 000 Euro. Jede Überstunde lässt er sich auf einem Sonderkonto gutschreiben, das zur Auszahlung kommen muss, wenn er den Verein verlässt. Aktuell kommen da jetzt annähernd zwei Jahresgehälter zusammen. Übernommen hat er die Organisation in den frühen 70er-Jahren und ist jetzt seit rund 50 Jahren mit dabei.

Er kann einfach gar nicht anders, als sich in alles einzumischen, Mitarbeiter immer wieder mal aufzumischen und seine Privatinteressen gut zu vermischen mit dem, was so ein Sozialkonzern alles anzubieten hat, wenn er willfährige Mitarbeiter hat. Und die weiß er mit Bedacht auszuwählen, zu erproben und sich mit Lob und Strafe gefügig zu machen. Jeder, der ihm, dem Herrscher des Gute-Werke-Konzerns, im Wege steht und Bedenken oder Kritik äußert, muss gehen.

Die formelle Ermächtigung ist natürlich gut organisiert: Der tendenziell senile, aber dafür ehrenamtliche Vorstand hat zehn Mitglieder. Acht davon sind zwischen dem siebenten und neunten Lebensjahrzehnt und freuen sich sehr über die vier Treffen im Jahr. Da werden sie bei bester Speis und Trank, verbunden mit einem netten Rahmenprogramm, verwöhnt und bei Laune gehalten – und dürfen dafür stets alles abnicken, was der Hauptgeschäftsführer ihnen serviert.

Nun kam aber kürzlich die schlechte Botschaft, dass das Land (Stichwort: Verwendung der Mittel) und das Finanzamt (Gemeinnützigkeitsprüfung) beim Verein vorstellig werden wollten, um zu prüfen. Und da erinnerte man sich an der Spitze an gewisse Ausgaben, die »wohnmöglich und segelmäßig« vielleicht doch schwer zu erklären sein könnten. Flugs mauserte sich die schon immer vorhandene paranoide Grundstimmung zu einer bösartigen Hysterie. Die Lebenspartnerin des Hauptgeschäftsführers, praktischerweise auch die Oberbuchhalterin des Vereins, musste einige Ausgaben auf dem Papier hin und her schieben, deren Anschaffung jedoch der ahnungslose Schatzmeister (Mitglied des ehrenamtlichen Vorstands) mitunterzeichnet hatte.

Der Hauptgeschäftsführer verwies auf sein Lebenswerk und

seine Leistung, jeglichen Amtsmissbrauch oder Veruntreuungsvorwurf aber weit von sich. Der Vorschlag einer Innenrevision wurde von ihm kategorisch abgelehnt. Stattdessen wurde der ehrenamtliche Vorstand mit dem Hinweis auf seine Haftbarkeit unter Druck gesetzt. Auf diese Weise wurde die Freigabe erwirkt, Steuerberater, Wirtschaftsprüfer und Fachanwälte zu mobilisieren, die dem Werk der milden Taten einen guten Leumund organisierten und dabei um die 100 000 Euro Kosten verursachten.

Nun brauchte es nur noch ein Bauernopfer. Raten Sie mal, wer dafür hinhalten durfte. Danach ging alles wie gewohnt und in aller Gemütlichkeit weiter, als wäre nichts gewesen.

Was Macht mit Menschen macht

Das Muster ist relativ universell: Wer in Führungspositionen gelangt und Macht ausübt, verändert sich dabei. Schon zu Beginn der 1970er-Jahre konnte der amerikanische Sozialpsychologe David Kipnis in verschiedenen Experimenten nachweisen, dass die Ausübung von Macht ganz typische Persönlichkeits- und Verhaltensänderungen bewirkt.[16] Neben einer suchtartigen Tendenz nach weiterer Machtvermehrung wird die Bedeutung der von der Machtausübung Betroffenen ab-, die eigene dagegen aufgewertet.

Zu diesem Ergebnis kommt auch die Untersuchung der Amerikanerin Dana Carney[17] von der Berkeley Haas Business School. Den Teilnehmern ihres Experiments, die dafür in die Rolle einer Führungskraft schlüpfen durften, bereitete es keinerlei emotionale, physiologische oder kognitive Probleme, zu flunkern. Sie konnten sozusagen lügen, ohne rot zu werden.

Auch einige weitere wissenschaftliche Untersuchungen des Verhaltens von Führungskräften lieferten aufschlussreiche Ergebnisse, die uns verstehen helfen, wie Psychopathen im Chefsessel ticken.

Das Keks-Experiment

Die US-Psychologin Deborah Gruenfeld von der Stanford-Universität zeigte bereits 2003 in faszinierenden Experimenten, wie sich das Verhalten von Menschen verändert, wenn ihnen – selbst in geringer Dosis – Macht und Einfluss verliehen werden. Drei bedeutsame Verhaltensänderungen konnte die Forscherin nachweisen:

1. Die so Ermächtigten fokussierten sich stärker auf ihre eigenen Bedürfnisse.
2. Sie interessierten sich deutlich weniger für ihre Untergebenen.
3. Sie hielten sich selbst kaum noch an die geltenden Regeln, deren Einhaltung sie aber von ihren Untergebenen wie selbstverständlich erwarteten.

Berühmt-berüchtigt ist Gruenfelds entlarvendes Keks-Experiment. Dabei wurden drei Gruppen zu je drei Personen gebildet, die über aktuelle Themen kontrovers diskutieren sollten. Einer in jeder Gruppe wurde per Los als »Beobachter« ausgewählt und dazu bestimmt, die vorgetragenen Argumente seiner beiden Diskutanten am Ende zu beurteilen. Diese angeblich mit Verantwortung ausgestattete besondere Beobachtungs- und Beurteilungsaufgabe versetzte den Ausgewählten in eine herausgehobene, von den anderen klar zu unterscheidende, nämlich mächtigere Position. In der Abschlussrunde gab es für jedes Trio einen Teller mit fünf Keksen. Die jeweils zufällig ausgewählten Beobachter und Beurteiler griffen häufiger und ungenierter zu, zeigten schlechtere Manieren wie Kauen mit offenem Mund und verursachten mehr Krümel. Allein die Verleihung dieser temporären »Macht« von geringem Umfang reichte also aus, um ihr Verhalten zu verändern, ihre Manieren über Bord zu werfen und sich wie selbstverständlich einen größeren Anteil an Keksen zuzugestehen als den anderen Gruppenmitgliedern.

Der E-Test

Einen anderen Test zu den Auswirkungen von Macht führte der Psychologe und ehemalige Professor für Management und Organisationen an der Kellogg School of Management, Adam Galinsky, mit einigen Kollegen durch: den »E-Test«.[18] Er teilte einen Personenkreis in zwei Gruppen auf. Die einen sollten sich Situationen vorstellen, in denen sie sich als besonders mächtig empfanden. Die anderen dagegen bekamen die Aufgabe, sich Situationen in Erinnerung zu rufen, in denen sie sich hilf- und machtlos erlebt hatten. Anschließend sollte jeder Teilnehmer sich den Buchstaben »E« auf seine Stirn schreiben.

Was passierte? Wer sich mächtig fühlte, schrieb das »E« meist in der eigenen Blickrichtung auf seine Stirn. Wer sich machtlos vorkam, schrieb den Buchstaben spiegelverkehrt. Also so, dass Leute ihn lesen konnten, die dem Schreibenden gegenübersaßen. Man mag das Ganze als Party-Gag abtun, aber der E-Test ist nicht völlig abwegig: Er hat aufgezeigt, dass Menschen, die sich mächtig fühlen, eher ichbezogen die eigene Perspektive einnehmen, während sich diejenigen, die sich als machtlos wahrnehmen, eher an der Perspektive von anderen orientieren.

Warum mehr Männer Psychopathen sind

Bestimmt ist Ihnen schon aufgefallen, dass wir in diesem Buch meist von Psychopathen und Chefs schreiben, also in der männlichen Form. Das ist kein Zufall, und auch keine gender-ignorante Absicht. Natürlich gibt es auch Psychopathinnen unter den Chefinnen und berüchtigte Frauen in Führungspositionen. Zu Letzteren zählt zum Beispiel die als eiskalt und skrupellos geltende Chefin der amerikanischen Modezeitschrift *Vogue*, Anna Wintour, deren Alter Ego im Film *Der Teufel trägt Prada* von Meryl Streep verkörpert wurde. Fakt ist jedoch: Es gibt viel weniger Frauen in Führungspositionen als Männer. So waren noch 2019 nicht einmal zehn Prozent der Vorstandsmitglieder von an der Börse gelisteten deutschen Unternehmen weiblich.[19]

Studien zufolge gibt es in der Gesamtbevölkerung weniger Psychopathinnen als Psychopathen. So wurden bei einer Untersuchung unter weiblichen Gefängnisinsassen deutlich weniger Psychopathinnen identifiziert als unter männlichen (11 bis 17 Prozent vs. 25 bis 30 Prozent).[20]

Es gibt allerdings noch eine andere Erklärung für den auffallend geringen Anteil: Psychopathische Frauen werden möglicherweise seltener erfasst als Männer – weil sich bei ihnen Psychopathie anders äußert. In diesem Buch erzählen wir Ihnen gut 58 Geschichten von neurotisch ziemlich durchgeknallten bis waschecht psychopathischen Chefs. 54 der beschriebenen Führungskräfte sind männlichen, sieben weiblichen Geschlechts – eine Relation von etwa neun zu eins, die uns unserer Erfahrung nach relativ repräsentativ erscheint.

Psychopathinnen sind weniger aggressiv

So treten Frauen mit starken Persönlichkeitsstörungen seltener und weniger aggressiv auf als ihre männlichen Pendants. Das stellte auch der Psychologe Kevin Dutton in der schon zitierten Studie mit dem Titel *The Great British Psychopath Survey*[21] fest. Als ursächlich dafür wird unter anderem die unterschiedliche Hirnstruktur von Männern und Frauen gesehen, aber auch hormonelle Unterschiede wie beispielsweise die Testosteronkonzentration. Doch auch ohne offensichtliche Aggressivität können Psychopathinnen andere manipulieren, ausbeuten und ungerecht behandeln – teilweise vielleicht sogar noch besser als Männer, weil sie versteckter und subtiler vorgehen.

Trotzdem finden sich immer noch wenige Frauen in Führungspositionen. Eine von der Wissenschaftlerin Emily Grijalva geleitete Studie zum Thema Narzissmus stellte fest, dass Männer ein größeres Durchsetzungsvermögen und Machtstreben verinnerlicht haben als Frauen.[22] Die Forscherin geht davon aus, dass Frauen ihren Narzissmus eher unterdrücken oder ganz anders ausleben und deswegen auch weniger oft den Kriterien entsprechen, die Führungskräften zugeschrieben werden.

Der Teufelskreis männlicher Dominanz

Grijalva ist der Meinung, dass Narzissmus und Machtstreben auch durch Stereotypen entstehen und wachsen können: »Individuen tendieren dazu, Geschlechterrollen in jungen Jahren zu beobachten und zu lernen, und sehen sich mit Widerständen konfrontiert, wenn sie von gesellschaftlichen Normen abweichen.« Weiter stellt sie fest: »Vor allem Frauen werden oft hart kritisiert, wenn sie aggressiv oder autoritär sind, was dazu führt, dass die Frauen mehr als Männer den Druck verspüren, narzisstisches Verhalten zu unterdrücken.«

Ein Teufelskreis: Männer erfahren, dass fast alle Bosse Männer sind, die zum Teil übertrieben selbstbewusst auftreten. Sie verhalten sich entsprechend und werden dann ebenfalls Chefs. Ein solches Auftreten wird bei Männern als Durchsetzungsstärke und damit als Kompetenz interpretiert. Treten Frauen extrem selbstbewusst auf, wird ihr Verhalten dagegen meist sehr kritisch gesehen.

Ein Phänomen, das nicht nur auf Durchsetzungsstärke beschränkt bleibt. Die Managementprofessorin Leah D. Sheppard untersuchte die Auswirkungen von Attraktivität auf die berufliche Laufbahn. Das Ergebnis: Schönheit schadet dem Ansehen von Frauen. Sie gelten dann als »weniger aufrichtig« und »weniger vertrauenswürdig«. Bei Männern wurde dieses Phänomen nicht festgestellt – zum Teil gab es sogar den gegenteiligen Effekt.[23]

Bei Männern wird also extrem dominantes Verhalten – übrigens nicht nur in der Arbeitswelt – häufiger belohnt, weil es dem gesellschaftlichen Status quo entspricht und eher als »normal« betrachtet wird. Der Sieger setzt sich gegebenenfalls mit seinen Ellenbogen und noch ganz anderen Waffen durch. Die Sieger*in* dagegen tut dies auf die raffiniertere, diplomatische, oft auch kaschierte und scheinbar sanfte Weise. Dazu können sogar Tränen gehören. Jungen dagegen weinen einfach nicht – und bekommen das auch frühzeitig so beigebracht.

Was schlechte Chefs anrichten

Leid ist schlecht für die Motivation

Nur jeder Zweite in Deutschland geht gern zur Arbeit, so das Ergebnis einer repräsentativen Untersuchung. Im internationalen Vergleich sind die Angestellten in Deutschland damit Schlusslicht.[24] Und der Hauptgrund für das Unbehagen, das viele jeden Morgen auf dem Weg zum Arbeitsplatz empfinden, ist der eigene Vorgesetzte.

Den meisten Chefs fehlt es an Empathie und Verständnis für die Wünsche und Probleme ihrer Mitarbeiter. Und die Probleme nehmen in der gegenwärtigen Phase der digitalen Transformation zu, wo an jeden immer wieder neue und noch mehr Anforderungen gestellt werden. Die Arbeitsverdichtung wird weiter vorangetrieben, die Zitrone Arbeitnehmer immer stärker ausgepresst. Eine Studie des Marktforschungsinstituts YouGov[25] hat ergeben, dass rund 80 Prozent der Arbeitnehmer in Deutschland die Folgen des immer stressiger werdenden Arbeitsalltags spüren. Anspannung, innere Unruhe und Schlafstörungen sind die Folge.[26]

Dieses Thema wird in den Unternehmen nicht gern angesprochen. 42 Prozent der Angestellten beklagen, dass sich die Führungskräfte für das mentale Wohlbefinden ihrer Mitarbeiter nicht interessieren. Gerade die Psychopathen unter den Chefs sind nicht in der Lage, Verständnis für die Sorgen anderer aufzubringen – viele sehen ihre Mitarbeiter eher gern leiden und drangsalieren sie noch zusätzlich.

In der Konsequenz sinkt die Arbeitsmotivation in den Keller. Der Sinn, die Identifikation und der Spaß an der Arbeit gehen völlig verloren. Die logische Folge ist, dass auch das Betriebsklima in psychopathengeführten Teams oder Unternehmen unter null rutscht. Die psychische Belastung nimmt gleichzeitig extrem zu – eine Entwicklung, die nicht ohne Auswirkungen bleibt.

Bitte schreiben Sie uns, was Sie diesbezüglich erlebt haben (info@irre-chefs.de).

Nachgewiesen: Schlechte Chefs machen krank

Es ist eine schockierende Zahl: Vor der Pandemie hatte fast die Hälfte der Beschäftigten in Deutschland (44 Prozent) Angst vor ihren Vorgesetzten, so das Ergebnis einer Umfrage des Deutschen Gewerkschaftsbundes (DGB).[27] Sie trauen sich nicht, Probleme gegenüber Vorgesetzten oder der Geschäftsführung anzusprechen. In der Studie heißt es: »Während ein gutes Klima Motivation und Wohlbefinden fördert, führen mangelnde Wertschätzung und destruktives Führungsverhalten häufig zu Stress und Gesundheitsproblemen.« Die Zahl war zwar während der Corona-Pandemie rückläufig, aber mit 38 Prozent trotzdem erschreckend hoch.[28]

Schlechte Chefs machen also krank – so belegte es auch der Fehlzeiten-Report 2018 des Wissenschaftlichen Instituts der AOK. »Wer sich von den Vorgesetzten wertgeschätzt fühlt und die eigene Arbeit als sinnstiftend empfindet, fehlte durchschnittlich 9,4 Arbeitstage pro Jahr. Wenn das nicht der Fall ist, ist die Anzahl mit knapp 20 krankheitsbedingten Fehltagen mehr als doppelt so hoch.« Martin Litsch, Vorstandsvorsitzender des AOK-Bundesverbandes, erklärt dazu: »Führungskräfte haben im Unternehmen einen wichtigen Einfluss auf das Betriebsklima, das Wohlbefinden ihrer Mitarbeiterinnen und Mitarbeiter und damit auch auf die Fehlzeiten im Unternehmen.«[29] Ist das Verhältnis zwischen Vorgesetzten und Mitarbeitern schlecht, verdoppelt sich also die Anzahl an Fehltagen.

Daraus lässt sich schließen: Nichts bestimmt das Wohlbefinden am Arbeitsplatz so stark wie das Verhältnis zum Vorgesetzten. Beim VW-Konzern versetzte man vor einigen Jahren Vorgesetzte, in deren Abteilung eine hohe Krankheitsrate herrschte, und teilte ihnen eine andere Mitarbeitergruppe zu, die bisher eine durchschnittlich niedrige Anzahl von Fehltagen aufwies. Es dauerte nicht lange, bis sich auch bei dieser Gruppe unter dem neuen Vorgesetzten die Fehltage häuften. Und bei der Gruppe mit den hohen Fehltagen gingen die Fehltage mit dem neuen Vorgesetzten deutlich zurück.[30]

Der Theologe und Bürgerrechtler Friedrich Schorlemmer hat einmal gesagt: »Der Fisch stinkt vom Kopf.« Auf der einen Seite sind die Führenden für die Wirtschaftlichkeit des Unternehmens verantwortlich, auf der anderen Seite aber haben sie auch eine Fürsorgepflicht gegenüber ihren Mitarbeitern. Werden sie dieser nicht gerecht, gehen Menschen dabei kaputt. Chefs haben heute immer höhere Erwartungen an ihre Mitarbeiter. Dennoch dürfe der Profit »nicht wichtiger sein als die Menschen«, so Schorlemmer.[31]

Dass man es in vielen Unternehmen mit der Fürsorgepflicht nicht so genau nimmt, zeigt die folgende tragische Geschichte, die uns ein Angestellter eines Mittelständlers erzählt hat.

»Sie Idiot, Sie depperter Dummbeutel, Sie sind ein Totalversager! Aus meinen Augen, raus, raus, raus!«, schrie der Leiter der Kommunikationsabteilung seinen Mitarbeiter an – einen gestandenen Ingenieur um die 40, der seit über zehn Jahren im Unternehmen war. Anschreien ist vielleicht untertrieben: Er brüllte aus Leibeskräften, und sein hochroter Kopf schien dabei fast zu platzen. Wäre irgendein Gegenstand in der Nähe gewesen, hätte er damit wohl nach unserem Kollegen geworfen. Vor den Augen und Ohren der Abteilungskollegen!

Nun, so kannten wir ihn, leider, unseren Boss. Ich war Mitarbeiter in der Abteilung Kommunikation in einem größeren mittelständischen Dienstleistungsunternehmen für Steuerberater mit über 1000 Mitarbeitern. Unser Chef war ein tyrannischer Brüllaffe, ein schlimmer sadistischer Choleriker, der immer wieder

Anlässe suchte, um sich tierisch aufzuregen. Dann ließ er die Sau raus und mindestens verbal die Fetzen fliegen. Geradezu süchtig schien er danach zu sein. Ein- bis zweimal die Woche musste er einen von uns vor versammelter Mannschaft zur Schnecke machen, demütigen, verbal verprügeln. Selbst bei wirklichen Kleinigkeiten, die nicht der Rede wert waren, plusterte er sich auf, tobte, schrie, setzte Tiraden von schlimmsten Schimpfworten und Drohungen ab und verschwand dann in seinem Büro. Ständig verstieß er gegen alle Kommunikations- und Anstandsregeln, und das in seiner Position!

Nachdem ich selbst mehrfach an der Reihe gewesen war und er mich schon des Öfteren aufs Übelste beschimpft hatte, bin ich zur Unternehmensleitung gegangen und habe mich beschwert. Ich wurde beschwichtigt und getröstet, aber nichts änderte sich. Bei der nächsten grundlosen Totalentgleisung ging ich wieder zur Geschäftsleitung. Man hörte sich meine Schilderung an, bedauerte das Vorkommnis und fand milde Worte: »Herr X, wie lange sind Sie jetzt bei uns? Sie kennen doch Ihren Vorgesetzten, der ist nun mal so. Da kann man nichts machen. Der meint das gar nicht so.«

Nicht nur diese beiden Male habe ich mich an oberster Stelle über die unmenschliche Behandlung durch den Leiter der Abteilung beschwert. Sogar meine Kündigung habe ich angeboten. Konsequenzen für meinen Chef hatte das nicht. Ich verstehe bis heute nicht, warum er von der obersten Leitung immer wieder gedeckt und geschützt wurde. Noch seltsamer war jedoch: Nach jeder Beschwerde bekam ich ungefragt eine sehr ordentliche Gehaltserhöhung. Ein Mitglied der Unternehmensleitung bemerkte einmal süffisant nebenbei, dass mein Gehalt ja nun einen höheren Schmerzensbonus beinhalte.

So ertrug ich die unmenschliche Behandlung durch meinen Vorgesetzten noch eine Weile länger – allerdings nur bis zu einem schrecklichen Ereignis. Ein Kollege wurde nach einer völlig aus der Luft gegriffenen Beschuldigung durch diesen Leiter gekündigt – und wenige Tage später nahm er sich das Leben. In seinem Abschiedsbrief ließ er keinen Zweifel daran, was und wer ihn dazu veranlasst hatte.

Ich war natürlich schockiert. Doch die Unternehmensleitung ließ selbst das noch kalt. Sie reagierte nicht. Wer weiß, welche Abhängigkeiten da bestanden. Da wurde mir bewusst: Dieser Mann geht buchstäblich über Leichen. Und er wird es weiterhin tun. Da war der Punkt für mich endgültig erreicht, das Weite zu suchen und zu kündigen. Heute weiß ich, ich hätte diesen Job schon früher aufgeben und nicht wegen des Geldes so lange durchhalten sollen.

Negative Effekte für das Unternehmen

Auch wenn einige der Psychopathen-Typen, wie zum Beispiel Narzissten oder Egomanen, zunächst oft für gute Führungskräfte gehalten werden, so sinken auf lange Sicht meist die Leistungen der Abteilungen, die von ihnen geführt werden. Das hat eine Studie der Universität Amsterdam ergeben. Ihre manipulative und eigennützige Art, ihre Regelverstöße und Lügen kommen mit der Zeit zum Vorschein – genauso wie ihre fehlende Bereitschaft, Verantwortung für Fehler zu übernehmen. Und wer den Psychopathen auf dem Chefsessel erst einmal für sich entlarvt hat, ist kaum noch bereit, sich für seine Firma den Hintern aufzureißen und die Extra-Meile zu gehen, die es braucht, um ein Unternehmen erfolgreich werden zu lassen. Irgendwann hat jeder Mitarbeiter eines Psychopathen die Erfahrung gemacht, dass der Chef Erfolge an sich reißt, während er die Fehler und Misserfolge anderen in die Schuhe schiebt. Die Konsequenz: Das Vertrauen schwindet, und die Kluft zwischen oben und unten wird immer größer.

Psychopathen schädigen ihr Unternehmen aber nicht nur, weil sie ihre Mitarbeiter schlecht und ungerecht behandeln und für ein miserables Betriebsklima verantwortlich sind. Psychopathen handeln ausschließlich in ihrem eigenen Interesse. Deckt sich das mit den Interessen des Unternehmens, mag es eine gewisse Zeit lang funktionieren. Der Psycho-Manager holt oft den bestmöglichen Deal für sein Unternehmen heraus, wenn dadurch seine Provision steigt. Er sorgt gerne und mit großem Einsatz für Umsatz- und Gewinnsteigerungen, wenn seine Boni daran gekoppelt sind. Bekommt ein Psychopath aber den Hals nicht voll genug und wird von seiner Gier übermannt, driften Eigeninteresse und Unternehmensinteresse schnell auseinander. So gehen Psychopathen relativ häufig hochriskante Geschäfte ein. Geht das gut, bekommen sie Anerkennung und profitieren auch finanziell. Geht es nicht gut, treiben sie im schlimmsten Fall das Unternehmen in den Ruin – und manchmal sogar die globale Ökonomie. Dazu kam es im Fall von Lehmann-Manager Richard Fuld, wegen seiner extremen Wutausbrüche auch »Gorilla« genannt.

Auch ihre Sucht, ständig im Rampenlicht zu stehen, kann Psychopathen dazu bringen, ins Risiko zu gehen und die Unternehmensinteressen hintanzustellen. Wer einen riskanten Kurs fährt und zum Beispiel in kürzester Zeit einen ganzen Konzern umkrempelt, wird attraktiv für die Presse. Über solche Chefs wird geschrieben und diskutiert, und das schmeichelt vielen Psychopathen.

Was aber, wenn die Risikostrategie eines Psychopathen in die Hose geht? Dann sucht er die Verantwortung dafür nicht bei sich, sondern bei anderen. Machen Psychopathen Fehler, sehen sie diese entweder nicht – oder sind nicht in der Lage, sie sich einzugestehen, und versuchen, sie zu vertuschen.

Die Tendenz zur Verdrängung und Leugnung schlägt sich

übrigens auch in »Cent und Euro« nieder. Einer Studie der Wirtschaftsprüfungsgesellschaft KPMG zufolge entsteht den Unternehmen in Deutschland jährlich ein Schaden von schätzungsweise 100 Millionen Euro durch wirtschaftskriminelle Handlungen, die vor allem von den Psychopathen in Nadelstreifen begangen werden.[32] Weltweit sollen die Unternehmensverluste durch betrügerisches Verhalten von Führungskräften sogar rund 42 Milliarden US-Dollar betragen.[33]

Wen die kriminelle Energie von Psychopathen gefährdet

Wenn Unternehmen oder Organisationen bei der Auswahl ihrer Führungskräfte nicht kritisch genug sind, gehen sie damit ein erhebliches Risiko ein. Psychopathische Chefs laufen in besonderem Maße Gefahr, wirtschaftskriminellen Versuchungen zu erliegen. Im Gegensatz zu anderen ist bei ihnen die Hemmschwelle oft niedriger, finanzielle Transaktionen mit hohem Risiko eiskalt durchzuziehen – zum Schaden von Unternehmen, Mitarbeitern, Investoren und Kunden. Das fängt beim Chef des kleinen Handwerksbetriebs an, der Steuern und Sozialabgaben hinterzieht – und geht bis zum Vorstand des Großunternehmens, der Bilanzen fälscht, Kapitaleinlagen bei fernöstlichen Banken mittels gefakter Papiere erfindet oder Kontrolleure bezirzt oder vielleicht sogar auch besticht.

Narzissten, Egomanen und Tyrannen sind stärker gefährdet und unterliegen eher der Versuchung, (wirtschafts-)kriminell zu entgleisen, als zum Beispiel depressive, zwanghafte oder phobische Führende.

Auch schizoide Chefs verfügen sicherlich über das geistige Potenzial und oft insbesondere über das zahlenverständige Know-how, um raffinierte betrügerische Manipulationen zu inszenieren. Aber sie können nur schlecht mit anderen Menschen kooperieren. Größere Gaunereien brauchen immer ein paar Mittäter; sie sind nie reine *one man shows*. Zudem müssen ihre Lenker die Opfer durch ihre Ausstrahlung gewinnen – sei es durch ihr Auftreten, ihre ansteckende Begeisterungsfähigkeit oder eine beeindruckende Kompetenz-Ausstrahlung. Damit tut sich dieser Typus, im Gegenteil zum Beispiel zum Narzissten, schwer.

DAS WAFFENARSENAL PSYCHOPATHISCHER CHEFS

Es gibt nicht nur ganz unterschiedliche psychopathische Chef-Typen; sie benutzen auch unterschiedliche Waffen im täglichen Kampf um ihren Erfolg, Macht, Geld und Anerkennung. Jede dieser Waffen ist dazu geeignet, andere zu unterwerfen, gefügig zu halten, zu quälen und bei vermeintlichem Ungehorsam abzustrafen. Während es zu Zeiten der mittelalterlichen Inquisition brutale Bestrafungsrituale gab – von der Daumenschraube bis zum Blenden mit dem glühenden Eisen –, haben wir es heutzutage in der Arbeitswelt mit vor allem psychologischen Foltermethoden zu tun.

Sie denken, wir übertreiben? Das Waffenarsenal der Chefs ist erschreckend vielseitig. Es gibt eine Menge direkter sowie subtiler, handlungsorientierter wie verbaler Methoden, die zum Einsatz kommen, wenn Psychopathen auf ihre Opfer losgehen. Einige der Folterinstrumente haben Sie schon in den Beispielgeschichten kennengelernt. Manche kennen Sie vielleicht selbst aus leidvoller Erfahrung. Sie reichen von Kontakt- und Informationsverweigerung über die Verbreitung übler Gerüchte, Attacken auf das Ansehen und die Persönlichkeit bis hin zur Androhung von Konsequenzen wie der Kündigung und sogar die Anwendung von Psychoterror bis hin zu angedrohter körperlicher Gewalt. Ja, Sie haben richtig gelesen, auch körperliche Gewalt ist in manchen Unternehmen im Spiel – nicht etwa nur im »Milieu« oder einem anderen Bereich der Schattenwirtschaft. Auch im Topmanagement von Konzernen kommt es zu veritablen Drohungen und dann leider auch zu deren konsequenter Umsetzung.

So wurde uns von einem Geschäftsführer berichtet, der im Rahmen von Verhandlungen mit dem Betriebsrat verbal extrem ausfällig wurde. Als ein vom Betriebsrat hinzugezogener Sachverständiger die Realisierbarkeit von Planungen des Geschäftsführers anzweifelte, sprang dieser auf und schrie unbeherrscht: »Sie mögen ja für vieles ein Sachverständiger sein, aber hiervon haben Sie überhaupt keine Ahnung! Wenn Sie weitersprechen, gehen wir beide vor die Tür!«

Sich solcherlei Methoden zu bedienen, verleiht Psycho-Chefs die Macht, andere in ihrer Möglichkeit zu beschneiden, sich frei und kritisch zu äußern, wenn nicht gar ganz mundtot zu machen. Ein Blick nach Russland offenbart ein viel diskutiertes, prominentes Beispiel der jüngeren Zeit: Der Umgang mit Alexei Anatoljewitsch Nawalny, russischer Rechtsanwalt und oppositioneller Dissident, ist nur ein Beispiel von vielen. Unter Zuhilfenahme von Drohszenarien disziplinieren, manipulieren, schikanieren und demütigen despotische Chefs ihre Mitarbeiter, um eigene Interessen hemmungslos durchsetzen zu können.

So unterschiedlich die Methoden und Vorgehensweisen auch sind, sie lassen sich vier Kategorien zuordnen:

1. Einschüchtern, erpressen und terrorisieren
2. Isolieren, ausgrenzen und kaltstellen
3. Täuschen, lügen und betrügen
4. Benachteiligen, ungerecht behandeln und ausbeuten

Die meisten Handlungen von psychopathischen Chefs sind einer dieser vier Kategorien zuzuordnen oder stellen eine Kombination aus mehreren dar.

So können die Machiavellisten, die andere in ihrem Sinne manipulieren, dies auf verschiedene Weisen tun: Manipulieren kann man, indem man lügt, indem man andere erpresst oder ausgrenzt und dadurch psychischen Druck und Angst aufbaut. Manipulation kann auch bedeuten, dass man andere ungerecht behandelt und ihnen eine Falle stellt, um sie dann öffentlich der Dummheit oder groben Fahrlässigkeit zu beschuldigen.

Die Methoden können simpel sein, in ihrer Wirkung jedoch trotzdem fatal. Ein Beispiel gefällig? Führungskraft A möchte Mitarbeiter B loswerden. Deshalb geht Führungskraft A zu Mitarbeiter C und fragt diesen, was denn Mitarbeiter B konkret im Team leiste – er sehe dies nämlich nicht. Mitarbeiter C fühlt sich überrumpelt und beichtet Mitarbeiter B, zu dem er ein gutes Verhältnis hat, dass Führungskraft A bei ihm vorstellig wurde. Mitarbeiter B fühlt sich gemobbt und beginnt, wie für Mobbingopfer typisch, an sich zu zweifeln. So macht er erst kleinere und, nachdem er im weiteren Verlauf von Führungskraft A scharf darauf angesprochen wird, zunehmend größere Fehler, weil der psychische Druck ihm zusetzt. Er zweifelt immer mehr an sich und verlässt am Ende das Unternehmen – Führungskraft A hat ihr Ziel erreicht. Das ist das Tückische an den geschickteren unter den Psychopathen: Sie können andere in den Wahnsinn treiben und Existenzen zerstören, ohne sich auf dem Papier etwas zuschulden kommen zu lassen.

Einschüchtern, erpressen und terrorisieren

Unter Druck setzen, drohen, quälen, einschüchtern, erpressen, terrorisieren – Psychopathen in Führungspositionen verstehen es, auf vielfältige Weise Angst zu erzeugen, damit die Mitarbeiter nach ihrer Pfeife tanzen. Ihre Opfer haben Angst vor dem Verlust des Arbeitsplatzes oder vor Statusverlust. Sie fürchten sich davor, bloßgestellt und lächerlich gemacht zu werden. Andere ängstigt die Vorstellung, heftig angegangen zu werden, verbal oder sogar mit körperlicher Gewalt oder der Androhung derselben. Was auch immer geeignet sein mag, einen bestimmten Mitarbeiter in die Enge zu treiben: Ein Psychopath hat ein besonders feines Gespür dafür.

Viele der Klienten, die uns in Beratungsgesprächen von ihren Vorgesetzten berichten, haben Angst. Einige von ihnen so sehr, dass sie es vorziehen, freiwillig zu kündigen. Andere müssen sich in psychologische Behandlung geben. Einige schaffen es, ihre Angst zu unterdrücken oder zu überspielen, sodass sie von ihrem Umfeld nicht bemerkt wird – was auf lange Sicht ebenfalls gefährlich werden kann. Ein solcher Fall liegt im folgenden Beispiel vor, das wir im O-Ton wiedergeben. Zur Verfügung gestellt wurde es uns von einer berufserfahrenen, promovierten Geisteswissenschaftlerin in einer halbstaatlichen Institution.

»Du weißt, ich sitze am längeren Hebel«

Mich beschäftigt, was ich wohl schreiben könnte über einen Mann, der nach Feierabend durch die Büros geht, um die Papierkörbe seiner Mitarbeiter nach Informationen zu durchsuchen, die er im passenden Moment gegen sie ausspielen könnte. Ein Mann, der Sachverhalte erfindet, Lügen verbreitet, Gerüchte streut. Ich bin zu dem Schluss gekommen, dass ich nichts schreiben werde. Zugegeben, aus Angst. Da gibt es die Redensart: »Man trifft sich immer zweimal im Leben.« Und deswegen – nein! Solange mich der Mann sozusagen in der Hand hat – nein! Womöglich bekommt er meine Zeilen zu lesen, bringt sie mit mir in Verbindung, und ich bin raus. Egal, welches Beispiel, ich verrate kein einziges.

Man mag denken, meine Zeilen sagen mehr über mich als über meinen Chef aus. Sicher tun sie das auch, Spekulationen erlaubt. Aber auf der anderen Seite sehe ich viele ehemalige Mitarbeiter, die nicht mehr da sind. Die, die ihm nicht nach dem Munde redeten, die eine eigene Meinung vertreten hatten, die seine Intrigen nicht hinnehmen.

Das Perfide an seinem Herrschaftssystem ist: Wer sein Regime duldet, um nicht rauszufliegen, hängt am Fliegenfänger. Man kann das auch Erpressung nennen. »Wenn du mich verrätst, bist du weg vom Fenster. Ich weiß, welche Leichen du im Keller hast. Im Zweifel wird man mir glauben, nicht dir. Du weißt, ich sitze am längeren Hebel.«

Diesen Mann umgibt ein Klima der Angst. Und deswegen gibt es auch kein Gerede, gar nichts. Als würde es den Chef und seine Machtspiele gar nicht geben. Alle sind stumm. Zumindest wenn es um ihn geht. Dagegen lautet ansonsten jeder zweite Satz: »Ist gut, das werde ich mit Herrn X besprechen. Ist gut, ich gebe das dann so weiter. Ist gut, ich werde Herrn X informieren.« In allen Variationen.

In meiner Position kenne ich andere Abteilungen. Ich kann direkt vergleichen. Die Kollegen dort sind offen! Es sind Kollegen, die sich über ihren Vorgesetzen auch mal »auskotzen«, die laut lästern und die auch hin und wieder – sagen wir es ruhig – Mist erzählen. Aber die sich trauen, alles laut auszusprechen, was sie bewegt. So ist das eben.

Ich aber bleibe stumm. Punkt!

Am langen Arm verhungert

Eine andere Methode, Druck aufzubauen, hat der Chef im nächsten Beispiel entwickelt. Er hält seinem Mitarbeiter den »Wurstzipfel« vor die Nase, um ihn anzutreiben. Außerdem ist er unberechenbar, trifft willkürliche Aussagen und Entscheidungen und lässt den Untergebenen nie zur Ruhe kommen. Ein ständiges Spiel mit der Angst. Wie bei einer Katze, die mit der Maus spielt – und doch ist klar, dass es am Ende kein Entrinnen gibt. Die Katze gewinnt immer, die Maus überlebt nie. Klaus berichtet, was er erlebt hat.

Als ich meine zunächst auf zwei Jahre befristete Tätigkeit als Referent im öffentlichen Dienst aufnahm, war mein Vorgesetzter bereits seit zehn Jahren Leiter der Bildungseinrichtung. Schon kurz nachdem ich angefangen hatte, ließ er durchblicken, dass er selbst eigentlich auf eine Versetzung auf eine andere, höhere Position innerhalb des Unternehmens gehofft hatte. Stattdessen war sein bisheriger Stellvertreter versetzt worden. Dessen vakante Stelle hatte ich übernehmen dürfen – rückblickend ein heikles Erbe. Damals erschien mir das als ein großes Glück, ich war gerade mit meiner Promotion fertig, mein Engagement in der Uni endete.

Ich wunderte mich, warum er mir das erzählte, dachte mir aber nichts dabei. Ich war ja glücklich und zufrieden, denn ich hatte einen neuen Job.

Zunächst verlief die Zusammenarbeit zwischen meinem Chef und mir recht gut. Von Anfang an wollte ich durch gute Leistungen und Engagement mein Interesse an meiner Entfristung signalisieren. Und mein Vorgesetzter beurteilte meine Leistungen während der Probezeit auch in jeder Hinsicht positiv.

Doch dann ging es los: Meine engagierte Arbeitsweise missfiel ihm zunehmend. Einmal sagte er: »Du musst keinen Rekord aufstellen, wir arbeiten hier nicht im Akkord. Gib nicht immer 120 Prozent, damit machst du es deinen Kollegen nur schwerer.« Bei anderer Gelegenheit warf er mir plötzlich vor, für bestimmte Aufgaben zu viel Zeit zu benötigen. »Daran musst du arbeiten, Klaus. So geht das nicht. Denk nur nicht, dass die Entfristung deines Vertrags schon sicher ist.«

Das passte irgendwie alles nicht zusammen.

In einem Mitarbeitergespräch hagelte es dann ausschließlich – teilweise sogar sehr unsachliche – Kritik. Nachdem ich auf eine entsprechende Frage meine Stärken aus eigener Sicht genannt hatte, versuchte mein Vorgesetzter, jede dieser Stärken zu widerlegen. So wurde aus meiner Aussage »Ich bin vielseitig interessiert« ein »Ja, du bist vielseitig interessiert, aber du solltest dich für noch mehr Themen interessieren«. Außerdem warf mir mein Chef vor, dass er viel Zeit in meine Einarbeitung investiert habe. Dass dies zu seinen Aufgaben als Einrichtungsleiter gehörte, blendete er wohl bewusst aus. Manche Äußerungen meines Vorgesetzten hinsichtlich meiner Arbeitsleistung empfand ich als unfair und demotivierend. Besonders bitter war für mich die Gesamtbeurteilung: »Zum jetzigen Zeitpunkt bin ich noch unentschlossen, ob ich mich für deine Weiterbeschäftigung aussprechen soll.« Eine Entscheidung wollte er sechs Monate später treffen. Bis dahin sollte ich zeigen, dass ich es »wert« bin, weiter beschäftigt zu werden.

Also riss ich mir förmlich den Allerwertesten auf. Doch am Ende hat das alles nichts genutzt. Mein Chef verweigerte mir, ohne mit der Wimper zu zucken, eine unbefristete Festanstellung, und ich stand mit Ablauf meines Arbeitsvertrags wieder auf der Straße. Natürlich habe ich mich tierisch aufgeregt und mir gedacht: Verdammter Mist, jetzt habe ich mich für nichts und wieder nichts ins Zeug gelegt. Alles gegeben und nichts erreicht!

Im Nachhinein betrachtet, bin ich wohl gerade an meinem Engagement gescheitert. Der Chef wollte nicht noch einen Stellvertreter, der durch Leistung auffällt und ihm dadurch bei der Beförderung wieder vorgezogen wird. Meine Bemühungen waren also von Anfang an umsonst gewesen: In seinem Machtbereich hatte ich nie eine Karrierechance gehabt. Wie konnte ich nur so naiv sein!

Isolieren, ausgrenzen und kaltstellen

Der Mensch ist ein soziales Wesen. Und wer von anderen Menschen ausgegrenzt wird, leidet. Das beginnt schon im Kindergarten und in der Schule. Auf dem Pausenhof stehen die Grüppchen mit den »coolen« Leuten herum, andere dürfen sich nicht dazustellen. Wer nicht dazugehört, kann sich schnell schrecklich einsam und schmerzlich isoliert fühlen.

Auch im Berufsleben ist der gute Kontakt zu anderen enorm wichtig. Meinungsaustausch und konstruktives Feedback sind notwendige Voraussetzungen, um berufliche Probleme erfolgreich lösen zu können. Small Talk im Büro und Treffen in der Kaffeeküche sind der soziale Kitt, der die Menschen bei der Arbeit zusammenschweißt. Wer daran nicht teilnehmen kann oder darf, wird zum Außenseiter, vereinsamt und ist irgendwann komplett abgeschrieben. Das wissen die psychopathischen Chefs und setzen Ausgrenzung gegen Mitarbeiter gezielt ein, um sie kaltzustellen, in Selbstzweifel zu stürzen und schlussendlich loszuwerden.

Isolation ist ein sehr wirkungsvolles Bestrafungsinstrument: Die so betroffene Zielperson ist auf sich allein gestellt. Ihre Umgebung verhält sich abweisend und unfreundlich bis offen feindlich. Unter solchen Umständen kann kaum jemand seine normale Leistung abrufen. Die Ausgrenzung zerrt an den Nerven. Sie fördert Fehler und Unsicherheit – denn der Betroffene kann sich oftmals nicht wirklich erklären, warum das alles geschieht.

Die Anzeichen für Ausgrenzung sind vielfältig. Typisch sind zum Beispiel die folgenden Indikatoren:

— Der Vorgesetzte ist nicht mehr erreichbar (Begründung: leider kein Termin frei).
— Eine Strafversetzung in einen Raum weitab von den übrigen – insbesondere von für die Zielperson wichtigen – Kollegen erfolgt.
— Der Betroffene wird von Arbeitskollegen und Führenden ignoriert und wie Luft behandelt (meist wurden ihnen das indirekt nahegelegt).
— Die Zielperson wird vom üblichen Informationsfluss ausgeschlossen und hat so Schwierigkeiten, ihre Arbeit normal zu erledigen.
— Bei der Verteilung von Aufgaben wird das Opfer entweder übergangen oder bekommt gezielt undankbare oder unmögliche Aufgaben zugeteilt.

Wie im Kindergarten kann auch im Berufsleben das Ausgrenzen ganz klein anfangen. Manche Kollegen werden in der Mittagspause demonstrativ nicht mit in die Kantine oder zum Lunch in ein kleines Restaurant in unmittelbarer Nähe mitgenommen, wo dann informelle Kontakte intensiviert und Strippen gezogen werden. So weit, so fast noch normal. Wenn aber Vorgesetzte einige ihrer Mitarbeiter ausgrenzen, dann ist das doch schon etwas anderes und deutlich vernichtender als unter Kollegen. Meistens grenzen Chefs sehr gezielt mit voller Absicht aus. Auch das kann ganz unscheinbar beginnen.

Ausgrenzung hat viele Facetten

Ein Abteilungsleiter in der Finanzbranche dreht seine morgendliche Runde und gibt allen Mitarbeitern die Hand, nur einer Kollegin nicht. Warum? Weil sie kein teures Kostüm trägt wie alle anderen, sondern Bluse und Rock von H&M. Das empfindet der Chef als peinlich, und deswegen ignoriert er die Kollegin völlig, als wäre sie gar nicht im Raum. Er nimmt es persönlich, dass in *seiner* Abteilung (ohne Kundenkontakt!) jemand den unausgesprochenen Dresscode nicht befolgt.

Oft werden solche diskriminierenden Verhaltensweisen verharmlost und als Macken abgetan, nach dem Motto: »Der Chef ist eben ein komischer Typ.« Wie ernst die Lage wirklich ist, wird erst deutlich, wenn die Ausgrenzung zu einem Dauerzustand wird. Wie bei Maria. Seit einiger Zeit kommt sie in der Projektgruppe nicht mehr zu Wort. Vor allem ihr Kollege Maik unterbricht sie jedes Mal, wenn sie beim Meeting etwas sagen will. Der Projektleiter Hanno unterbindet die Unterbrechungen jedoch nicht, im Gegenteil: Er würgt sie selbst immer häufiger ab oder ignoriert ihre Wortmeldungen. Maria hat mehrfach versucht, die Probleme anzusprechen – vergeblich. Ihre Kollegen haben nur mit den Schultern gezuckt. Chef Hanno verbat sich sogar weitere Kritik. Maria kann sich das alles nicht erklären.

Karl-Heinz macht in seiner Firma eine andere Erfahrung: Sobald er sich den Kollegen nähert, verstummen seit einiger Zeit alle Gespräche. Sein »Guten Morgen!« findet keinen Widerhall. Wann ist er das letzte Mal gemeinsam mit den anderen zum Mittag gegangen? Das muss schon lange her sein. Und warum hat nie jemand Zeit, wenn Karl-Heinz versucht, ins Gespräch zu kommen? Zu guter Letzt wurde er aus dem Großraumbüro in ein Einzelzimmer versetzt, das eher eine Kammer ohne Fenster ist – gleich neben den Toiletten. Dass er sich das bieten lassen muss, obwohl er schon seit 30 Jahren in der Firma arbeitet und immer loyal war! Was ist da nur los?

Ausgrenzung hat viele Facetten und kommt in der Arbeitswelt leider sehr, sehr häufig vor. Bei Psychopathen kann schon eine Kleinigkeit der Anlass sein, um eine Ausgrenzungskampagne gegen bestimmte Mitarbeiter in Gang zu setzen. Betroffene kommen dann auf eine Art schwarze Liste und werden systematisch kaltgestellt. Da gibt es keine Bereitschaft, sich mit dem Betroffenen auseinanderzusetzen, den Dialog aufzunehmen, eventuelle Missverständnisse zu beseitigen, zu vergeben und zu vergessen, irgendwie neu anzufangen. Im Gegenteil, da wird »nachgetreten«, die Daumenschrauben werden noch fester angezogen. Genau das ist es, was für die Betroffenen oft am schwersten zu verdauen ist – egal, was sie versuchen, sie rennen plötzlich gegen eine Betonwand. Einen solchen Zustand halten die wenigsten Menschen lange aus.

Ab ins Verlies

Die Wirtschaftsingenieurin Sabine (Anfang 40) bekam es mit einer besonders gefährlichen Chefin zu tun, die sie mehrfach an ihre Grenzen brachte. Sabine arbeitet seit über zehn Jahren erfolgreich als Trainerin für einen weltweit agierenden Gesundheitskonzern. Ihr Job ist verbunden mit vielen Flugreisen und Auslandsaufenthalten. Die sprachtalentierte, kluge und sozialkompetente Frau bekommt stets positives Feedback von Trainingsteilnehmern und ihrem Chef. Sie ist glücklich, lebt für ihren Beruf, ist Single und widmet sich ihren Aufgaben mit sehr viel Hingabe. Dafür wird sie auch gut bezahlt.

Als ihr Chef jedoch in den Ruhestand geht, ändert sich die Situation – zunächst schleichend, dann immer schneller. Auf einmal wirft die neue Vorgesetzte ihr vermeintliche Fehler vor, ihre Trainings kommen nicht mehr so gut an oder werden angeblich plötzlich nicht mehr gebraucht, sie fällt zunehmend in Ungnade. Irgendwann ist es eindeutig: Die neue Chefin möchte sie loswerden. Sabine bekommt ein passables Abfindungsangebot, will dies aber nicht annehmen. Stattdessen will sie wissen, was man ihr eigentlich vorwirft.

Anfangs gibt es während dieser Entwicklung noch Gesprächskontakte zwischen ihr und ihrer neuen Chefin. Doch dann lehnt diese weitere Auseinandersetzungen ab und teilt ihr ein völlig anderes Aufgabengebiet zu. Sabine wird nicht mehr in die weite Welt geschickt und führt keine internationalen Trainings durch. Dafür bekommt sie ein Arbeitszimmer im Archivkeller zugewiesen. Dort arbeitet sie allein in einem kleinen, von grellen Neonröhren beleuchteten Raum ohne Fenster. Es gibt einen Schreibtisch, aber weder Telefon noch PC. Die neue Aufgabe der erfahrenen, hoch qualifizierten Trainerin: die Akten zu Fortbildungsmaßnahmen der letzten zehn Jahre durchzusehen und neu zu sortieren – und zwar für über 50 Länder, in denen der Konzern tätig ist. Eine Sisyphos-Aufgabe ohne jeglichen Sinn. Sabine hält das vier Wochen durch, dann fällt sie in eine schwere Depression. Klinikaufenthalt und Reha sind die Folge. Nach einem halben Jahr kehrt sie wieder zurück und »darf« im Archiv unter genau denselben Bedingungen weiterarbeiten.

Schon hier ist niemandem mehr im Umfeld von Sabine verständlich, warum sie sich das antut, und vor allem, warum sie sich nicht angemessen zur Wehr setzt. Aber nein, Sabine hält stoisch einige weitere Monate stand. Dann hat ihre Resilienz ihre Grenzen erreicht: Sie unternimmt einen Suizidversuch.

Nach einem weiteren Klinikaufenthalt und einer längeren Reha-Maßnahme schalten sich ihre engsten Freunde vehementer ein. Sie reden Sabine lange ins Gewissen, sich nicht zur Märtyre-

rin zu machen, endlich mit ihrem Selbstzerstörungsprogramm aufzuhören und sich einfach einen anderen Job zu suchen. Ohne Erfolg. Sabine zeigt sich stur und beratungsresistent. Trotz guter Prozessaussichten nimmt sie sich nicht einmal einen Anwalt. Quasi freiwillig geht sie erneut zurück in ihr Gefängnis und arbeitet in ihrem isolierten Kellerjob weiter ...

Inzwischen sieht Sabine mindestens zehn Jahre älter aus, als sie ist. Sie nimmt permanent Medikamente und weiß schon gar nicht mehr, was sie mehr fürchtet: die nächste gesundheitliche Episode oder weitere Schikanen der Chefin.

Als diese schließlich befördert wird, tritt eines Tages ein neuer Chef in Sabines Verlies. »Was machen Sie eigentlich hier?«, will er als Erstes von ihr wissen. Sabine wird nach mehr als drei unerträglich schweren Jahren tatsächlich aus der Isolationshaft in ihrem Verlies befreit. Sie bekommt ein neues Arbeitsgebiet und wird endlich wieder wie ein Mensch behandelt.

Die Beweggründe ihrer ehemaligen Chefin für das schreckliche Verhalten ihr gegenüber kennt Sabine bis heute nicht. Keiner ihrer Freunde oder anderen Personen in Sabines Umgebung versteht, warum sie sich das alles hat antun lassen. Warum sie das Martyrium stoisch beinahe bis in den Tod ertrug und nichts dagegen wirklich unternommen hat, kann niemand nachvollziehen. Auch wenn sie jetzt wieder in einer besseren Arbeitssituation ist, bleibt es ihrem Umfeld ein Rätsel, wie all das passieren konnte. Und noch etwas bleibt: die Befürchtung, dass Sabine sich auch in Zukunft nicht wehren wird, wenn ihr Unrecht widerfährt.

Das fünfte Rad am Wagen

Eine andere Geschichte bekamen wir von einem gestandenen Manager erzählt, der sich selbst nie hatte vorstellen können, einmal so kleingemacht zu werden, wie er es bei seiner Tätigkeit für eine Tochterfirma des Konzerns im Ausland erlebte.

Seit drei Jahren arbeite ich als Entsendeter in einer Tochtergesellschaft meiner Firma in Oslo. Dort verantworte ich das Controlling als Teil des nationalen Managements. Wir sind ein internationales Team, aber die meisten Mitarbeiter sind Norweger, so wie mein Chef Gunnar. Er ist ein eloquenter, schlagfertiger Präsentator, ein Showman, ein exzellenter Unterhalter und Gastgeber bei geschäftlichen Anlässen und dank dieser Qualitäten über alle Hierarchie-Ebenen hinweg sehr beliebt. Als ich neu nach Oslo kam, war er auch zunächst sehr nett und hilfsbereit. Ich dachte echt, ich könnte ihm vertrauen und würde einen fast väterlichen Freund in ihm finden.

Als wir irgendwann ein bisschen enger miteinander waren, kam er plötzlich auf mich zu und bat um ein Vieraugengespräch: »Hör zu, die Ergebnisse waren im letzten Quartal nicht so besonders. Ich weiß das, und du siehst es auch. Aber sei da nicht so streng. Dieser Standort ist wichtig, nicht nur für den Konzern. Es hängen auch Arbeitsplätze und Existenzen davon ab.« Die Situation war mir unangenehm, denn ich nehme meine Arbeit ernst und bin eigentlich niemand, der an Zahlen herumdreht. Außerdem gefiel mir der moralische Druck nicht, den Gunnar aufbaute – ich empfand das als unprofessionell und unfair. Also spielte ich sein Spiel nicht mit: »Das mag sein, Gunnar. Aber die Zahlen sind nun mal so, wie sie sind. Daran kann und werde ich auch nichts ändern.«

Seitdem prallen wir in beruflichen Fragen immer häufiger aufeinander. Und nicht nur das. In Besprechungen dreht er mir die Worte im Mund um und bewertet die Sachlage meist anders als ich – sehr oft zudem nicht der Realität entsprechend.

Die Kollegen bekommen die Wandlung in unserer Arbeits-

beziehung natürlich deutlich mit. Unser Verhältnis verschlechtert sich immer weiter. Im Büro hat er kein gutes Wort für mich übrig. Ständig ist er am Sticheln und versucht, mich vor den Kollegen lächerlich zu machen und herabzusetzen. Er tut so, als sei ich »anders« als alle anderen, irgendwie nicht »richtig« und unnötig pingelig. Einmal sagte er: »Leute, da ist der Korinthenkacker aus Deutschland wieder. Hört nicht auf den Controller, sonst können wir die Firma gleich dichtmachen.« Zu allen anderen Kollegen ist er immer noch sehr nett, sucht das Gespräch, tauscht sich aus, scherzt und erzählt aus seinem Privatleben. Dafür nimmt er sich Zeit. Zu mir kommt er dagegen nur, wenn es unbedingt nötig ist. Dann ist er kurz angebunden, sehr unterkühlt und auch schnell wieder weg.

Beim Mittagstisch, den wir in der Regel als Team zusammen im Büro einnehmen, spricht er vornehmlich in der Landessprache – obwohl er weiß, dass ich diese nicht so gut beherrsche. Immer wieder habe ich dabei den Eindruck, dass er Witze auf meine Kosten macht. Die anderen lachen dann und schauen mich ein bisschen komisch, fast schon mitleidig an. Das hat unter anderem dazu geführt, dass ich am gemeinsamen Mittagessen nicht mehr teilnehme und erst später zu Mittag esse.

Auch sonst fühle ich mich wie das fünfte Rad am Wagen. Gunnar gibt Weisungen an meine Mitarbeiter aus, ohne mich einzubeziehen. Und er hat eine neue Position im Management geschaffen, die die Ergebnisse des Controllings absegnen und abzeichnen muss. De facto hat er es also geschafft, mich nahezu überflüssig zu machen. Es ist jedes Mal ein zähes Ringen – und meistens kann ich mich dabei nicht durchsetzen. Eigentlich bin ich inzwischen total isoliert – nicht nur menschlich, sondern auch professionell. Inzwischen überlege ich ernsthaft, den Arbeitgeber zu wechseln. Dabei würde mich das doppelt schmerzen, denn Gunnars Masche kann ich ja nicht gutheißen. Aber ich befürchte, wenn ich damit zu lange warte, kommt irgendwann unvermittelt der Tag, an dem ich abgesägt werde. Und diese Demütigung und den triumphierenden Blick von Gunnar möchte ich nicht erleben müssen.

Täuschen, lügen und betrügen

Wahrscheinlich hat jeder Mensch schon mehrfach in seinem (Arbeits-)Leben gelogen, um sich Vorteile zu verschaffen – die einen mehr, die anderen weniger. Der eine hat vielleicht bei einer Reisekostenabrechnung, einer Bewirtung oder beim Sammeln von Flugmeilen ein bisschen getrickst, der andere bei einer nervigen, irrelevanten Aufgabe geschummelt. In der Regel bleiben solche kleinen »Notlügen« und Betrügereien Einzelfälle und wirken sich nicht wirklich gravierend aus. Die meisten Menschen wären wahrscheinlich auch gar nicht in der Lage, dauerhaft mit folgenschweren Lügen und Unwahrheiten zu leben. Sie wissen, wann sie etwas Falsches getan haben, und kämen mit massiven Schuldgefühlen irgendwann gar nicht mehr klar – dafür sorgt bei gesunden Menschen das Gewissen.

Ein ganz anderes Verhältnis zum Lügen und Betrügen haben dagegen Psychopathen. Sie scheren sich nicht um Moralvorstellungen und kennen keine Schuldgefühle. Unwahrheiten und alternative Fakten sind für sie Mittel zum Zweck, frei nach dem Motto: legal, illegal, scheißegal. Lügen wie die Folgenden gehören zum Standardrepertoire von Führungskräften mit Persönlichkeitsstörungen:

- angebliches Fachwissen und Überlegenheit vortäuschen
- sich mit fremden Federn schmücken
- Versprechungen machen, die nie eingehalten werden
- Gerüchte streuen, um das Ansehen des Opfers zu zerstören

- mit einem angeblichen »Sachzwang« operieren, den es nicht gibt
- Scheinmitbestimmung und Pseudodemokratie praktizieren
- Heuchelei
- Irreführung, Täuschung, Desinformation
- Betrug mit justiziablem, kriminellen Ausmaß

Die folgenden Geschichten erzählen Beispiele für Angriffe auf Angestellte mit einigen dieser waffenscheinträchtigen Formen der Lüge.

»Ist der Ruf erst ruiniert ...«

So ungeniert wie im Sprichwort lebt es sich in der Arbeitswelt leider eher nicht, wenn einem jemand nach dem Ruf trachtet – insbesondere, wenn es sich dabei um den Vorgesetzten handelt. Im Gegenteil: Angriffe auf die Reputation können das Berufsleben des Betroffenen nachhaltig zerstören. Und das nicht nur am aktuellen Arbeitsplatz: Wer einmal so richtig demontiert wurde, wird damit insbesondere innerhalb seiner Branche wahrscheinlich immer wieder konfrontiert werden. Firmenübergreifende »Insidergespräche« bei Stammtischen, in Kommentaren in sozialen Medien und jede andere Form von Klatsch und Tratsch sind in fast jeder Branche weitverbreitet.

Erst wunderte Katja sich, dass so viele Kolleginnen und Kollegen in der Bankzentrale sie von einem Tag auf den anderen eigenartig angrinsten. Als sie zum Aufzug ging, tuschelte eine dort bereits wartende Gruppe zunächst auffällig und schwieg dann plötzlich, als sie sich näherte. Solche Phänomene häuften sich eine ganze Weile. Dann kamen auch noch anzügliche Bemerkungen von

Kollegen hinzu: »Ich habe gehört, Sie sind eine emanzipierte Frau, die Abwechslung liebt. Ich bin da ganz Ihrer Meinung.« Nach und nach wurden die Bemerkungen sogar noch konkreter.

Irgendwann war es genug, und Katja stellte einen Kollegen zur Rede. Er antwortete: »Ich hätte nicht gedacht, dass Sie die Sache selbst ansprechen. Aber glauben Sie wirklich, es ist wörtlich gemeint, wenn es heißt, wir sollten unsere Kunden umarmen? Das schadet dem Ansehen unseres Hauses. Es ist sicher Ihre Angelegenheit, mit wem Sie privat Umgang pflegen. Aber lassen Sie bitte die Kollegen und vor allem die Kunden aus dem Spiel. Wir sind eine Bank und kein Vergnügungsverein.«

Das saß. Katja erfuhr auf diesem Wege als Letzte, dass Gerüchte über ihr angebliches Sexualverhalten die Runde gemacht hatten. Sie zermarterte sich den Kopf, weil sie sich nicht erklären konnte, wer sie gestreut haben könnte und warum. War es der geplatzte Kredit, den sie einem Kunden gegeben hatte? Wollte man sie deswegen loswerden? Oder hatte ihr Chef selbst ein Auge auf sie geworfen und war enttäuscht, dass sie sich ihm gegenüber stets sachlich und professionell verhielt? Letztlich war es auch egal: In dieser vergifteten Atmosphäre wollte Katja nicht weiterarbeiten. So begann sie, nach einem neuen Job zu suchen.

Doch die ersten Vorstellungsgespräche bei anderen Banken verliefen erfolglos. Zunächst konnte Katja sich nicht erklären, warum. Erst, als bei einem der Job-Interviews eine merkwürdige Bemerkung fiel, dämmerte es Katja: »Ich habe gehört, Sie können gut mit Kunden ...« Offenbar reichte die Macht des Gerüchtestreuers, der ihr am aktuellen Arbeitsplatz den Ruf ruiniert hatte, auch über das Unternehmen hinaus. Erst als Katja sich in einer anderen Stadt bewarb, fand sie endlich eine neue Stelle und konnte wieder in Ruhe arbeiten, ohne sich mit ehrverletzenden Behauptungen herumschlagen zu müssen.

Der Phantom-Chef

Einer unserer Klienten arbeitete eine Zeit lang in einem Start-up. Der Gründer und Chef an diesem Arbeitsplatz belog ihn nicht nur, er entpuppte sich am Ende sogar als krimineller Betrüger.

»Wir kommen mit unserem Produkt ganz groß raus. Nicht kleckern, sondern klotzen. Deutschland ist erst der Anfang, wir wollen mehr: in Europa und weltweit verkaufen.« Mit diesen hochtrabenden Zielen empfing mich mein künftiger Chef, der Gründer einer Online-Lernplattform, zum Vorstellungsgespräch.

Nach erfolgreicher Teilnahme an einem Assessment-Center-Auswahlverfahren erhielt ich das Jobangebot bereits am nächsten Tag. In dem jungen Start-up herrschte Chaos. Das irritierte mich zwar etwas, ich schrieb es aber dem kreativen Anspruch der Plattform zu. Dafür hatten alle, die dort arbeiteten, tolle Jobtitel. Der Gründer war natürlich CEO, seine Assistenz hatte COO (Chief Operating Officer) auf der Visitenkarte stehen. Ich selbst wurde zum Senior Marketing Manager ernannt und sollte vornehmlich vom Homeoffice aus arbeiten.

Mein Chef hatte zwar die Angewohnheit, mich zu allen möglichen Tages- und Nachtzeiten anzurufen. Ging ich nicht ans Telefon, hinterließ er mir lange Voicemails. Aber anfangs gab er sich eher als der lockere, sympathische Kumpeltyp.

Dann schlich sich etwas anderes in unsere Arbeitsbeziehung ein: Immer seltener waren er und seine Assistenz zu erreichen. Es gab auch kaum noch Meetings und auch sonst keine nennenswerten Aktivitäten. Von der Produktentwicklung bekam ich nichts mehr mit, konnte also auch keine Marketingkonzepte entwickeln oder Prototypen bei Kunden testen. Aus dem Kumpel-Chef war ein Phantom-Chef geworden. Und dann kam, was wohl kommen musste: Mein nächstes Gehalt wurde verspätet bezahlt, das darauffolgende gar nicht. Auf meine Nachfrage hin wurde ich beschwichtigt: »Sorry, aber das wird. Wir haben neue Investoren, es dauert nicht mehr lange. Versprochen!« Als auch das nächste Gehalt ausblieb, wurden meine Anrufe und Mails völlig ignoriert.

Eine Nachricht erhielt ich dann doch noch, kurz vor Ende meiner Probezeit: meine Kündigung. Es hätte »einfach nicht so gut gepasst«. Meine ausstehenden Gehälter musste ich mithilfe eines Anwalts einklagen. Aber wo nichts mehr ist, ist auch nichts zu holen. Leider.

Monate später erhielt ich dann auch noch eine Ladung des Landeskriminalamtes, wo ich als Zeuge zum Geschäftsgebaren meines Ex-Chefs gehört wurde. Es stellte sich heraus, dass er dem LKA aus früheren Aktivitäten bekannt war und dass er sich des Subventionsbetrugs schuldig gemacht hatte.

Eine Arbeitserfahrung, die man kein zweites Mal braucht …

Mit fremden Federn geschmückt

Psychopathen sind stets auf ihren eigenen Vorteil bedacht. Einige von ihnen stehen gern im Rampenlicht. Dafür scheuen sie nicht davor zurück, sich mit fremden Federn zu schmücken und ihre Untergebenen hemmungslos auszubeuten.

Sich die Leistungen anderer unter den Nagel zu reißen, ist noch nicht einmal ein Spezialgebiet der Psychopathen; viele Chefs tun das. In etlichen Branchen ist es üblich, dass Mitarbeiter, Assistenten oder Trainees Konzepte erstellen oder Artikel schreiben, und am Ende schauen die Vorgesetzten kurz drüber und veröffentlichen die Papiere unter ihrem Namen. Viele Abteilungsleiter oder noch höhere Führungskräfte schmücken sich auf diese Weise mit fremden Federn, nämlich mit denen ihrer Mitarbeiter. In einer hierarchischen Organisation geht das meist relativ problemlos vonstatten: Ober sticht Unter. Wer unten ist, will sich bei den Oberen ja nicht unbeliebt machen und lässt sich das gefallen. Bei Psychopathen nimmt dieses leider nicht unübliche Phänomen allerdings besondere Ausmaße an.

Auch in Projekten mit freiberuflichen Mitarbeitern ist Machtgehabe an der Tagesordnung. Auf einmal strebt eine Person in einem Team von Gleichberechtigten nach Höherem und reklamiert plötzlich alle Erfolge für sich. Ein Mitarbeiter einer Projektgruppe berichtete uns von so einem »Kollegen«, der für die Kundenakquise zuständig war. Dieser agierte nach außen stets so, als sei er der Boss. Er vermied es bei Kundenkontakten sogar gezielt, zu erwähnen, dass überhaupt noch andere am Projekt beteiligt waren. Und erst recht nicht wollte er die Provision teilen, die durch das erfolgreiche Projekt für alle Beteiligten im Team herausspringen sollte – so war jedenfalls die ursprüngliche Absprache gewesen. Bei einer Team-Konferenz schrie er die anderen Projektmitarbeiter an, dass die Provision doch ganz allein durch ihn und sein Engagement zustande gekommen sei. Deshalb stünde sie ihm nun auch allein zu. Jedes andere Teammitglied könne ja schließlich vom Renommee des Projekts profitieren und dank ihm weitere lukrative Projekte an Land ziehen.

Auch in der Tech-Branche schmücken sich die »Visionäre« sehr gern mit den Leistungen ihrer Mitarbeiter in den Entwicklungsabteilungen. Doch nirgends ist das Prinzip, sich mit fremden Federn zu schmücken, so etabliert und wird so wenig hinterfragt wie an Hochschulen. In diesem ganz besonderen Hierarchie-Biotop gilt die Aneignung von geistigem Eigentum als schlichtweg normal. Leider muss man auch heute noch konstatieren: Das rücksichtslose Streben nach wissenschaftlichen Meriten und Ansehen in der Scientific Community geht in der Arbeitsrealität oft einher mit gnadenloser Ausbeutung und unzureichender, manchmal gänzlich fehlender Wertschätzung der abhängig Beschäftigten.

»Autorin oder Autor ist nur, wer einen wesentlichen Beitrag zu einer wissenschaftlichen Veröffentlichung geleistet hat.« Diese Empfehlung der Deutschen Forschungsgemeinschaft (DFG) bleibt im Wissenschaftsbetrieb allerdings häufig Wunschdenken. Die Vorgesetzten an den Hochschulen, oft Professoren und andere hoch in der Hierarchie angesiedelte Leiter von Forschungsprojekten, nehmen es in Bezug auf die Autorenschaft ihrer Veröffentlichungen mitunter nicht so genau. Gern und völlig selbstverständlich reklamieren sie die Leistungen von Mitarbeitenden für sich – so wie im folgenden Beispiel.

Im Rahmen eines Forschungsprojekts verfassten die promovierte Sozialwissenschaftlerin Daniela und ihre Kolleginnen zahlreiche Artikel, die in Fachzeitschriften erschienen. Für alle Veröffentlichungen reklamierte die Projektleiterin jedoch ihre Autorenschaft. Sie bestand darauf, neben dem jeweiligen Mitarbeitenden als Co-Autorin genannt zu werden – ohne dass sie einen nennenswerten Beitrag zu den jeweiligen Publikationen geleistet hätte. Daniela wunderte sich nur bedingt darüber – sie war eben die Projektleiterin.

Wenn wir ehrlich sind, stellt Daniela rückblickend frustriert fest, ist das Diebstahl und Betrug. Es wird allerdings nicht so wahrgenommen, weil die Mächtigen es als ihr gutes Recht ansehen. Sie glauben, sie nehmen sich, was ihnen »zusteht«. Wahrscheinlich haben sie früher ähnliche Erfahrungen gemacht, als sie selbst noch wissenschaftliche Mitarbeiter waren und ihre damaligen Professoren sich ebenfalls als Autoren ihrer Arbeiten haben feiern lassen – ein Perpetuum mobile der Ungerechtigkeiten.

Daniela wollte diese dreiste Aneignung von geistigem Eigentum nicht länger hinnehmen. Sie beschloss, ihre Vorgesetzte beim nächsten Fachartikel nicht mehr als Co-Autorin anzugeben – und zog es durch.

Doch dadurch machte sie sich an ihrer Universität keine Freunde. »Meine Chefin hat mich massiv unter Druck gesetzt und mir gedroht, dass ich nicht mehr an Veröffentlichungen mitarbeiten dürfe«, berichtet Daniela. »Als ich mich beim Fachbereichsleiter über sie beschwerte, hörte der mir zwar zu und versicherte mir, sich der Sache anzunehmen. Aber was passierte? Nach Ablauf des Semesters wurde meine Projektmitarbeit nicht verlängert, offiziell aus ›Budget-Gründen‹. Zum Glück hatte ich mich bereits auf eine Stelle an einer anderen Universität beworben. Ich ahnte schon, wie der Hase läuft. Die Machtverhältnisse waren eindeutig.«

Benachteiligen, ungerecht behandeln und ausbeuten

Auch Sie wurden in Ihrem Berufsleben sicher nicht nur einmal ungerecht behandelt oder benachteiligt. So weh das manchmal tut, zum Glück steckt nicht immer böse Absicht dahinter. Bei psychopathischen Chefs haben Benachteiligungen und Ungerechtigkeiten allerdings Methode.

Schmuckstücke und Speichellecker

Ein typisches Beispiel, das uns zu Ohren gekommen ist, wäre der Chef, der gleichzeitig Präsident des örtlichen Fußballvereins in der Verbandsliga ist. Einer seiner Mitarbeiter spielt in der ersten Mannschaft des Clubs als Mittelstürmer. Dafür bekam er vom Boss am laufenden Band Extrawürste gebraten.

Regelmäßig wird er von der Arbeit freigestellt, verdient mehr als alle anderen und wird ständig als Vorbild gelobt – nur dass nicht ganz klar ist, wofür eigentlich, jedenfalls jenseits des Fußballfelds. Als einer der Kollegen einmal eine kritische Bemerkung fallen ließ und anmerkte, dass die anderen ja auch noch arbeiten würden, wurde dieser vor versammelter »Mannschaft« niedergemacht. Der Chef rastete förmlich aus. Seither hat es niemand mehr gewagt, den Mittelstürmer zu kritisieren, der vom Chef als eine Art »Schmuckstück« der Firma gehütet wird wie der eigene Augapfel.

Ein anderes Beispiel ist der Teamleiter, der immer nur ein Teammitglied über den grünen Klee lobt. Und zwar ausgerechnet denjenigen Mitarbeiter, der seine Arbeitszeit auf einer halben Arschbacke absitzt. Alle anderen werden – wenn dem cholerisch veranlagten Chef wieder mal die Sicherung durchbrennt – als »Neider«, »Versager« oder »Idioten« beschimpft. Warum? Weil der eine ein Bewunderer des narzisstischen Teamleiters ist, der typische Speichellecker. Er füttert bereitwillig das Ego des Vorgesetzten – und sitzt deshalb im Gegensatz zu allen anderen bequem auf seinem Posten.

Du musst leider daheimbleiben

Ein anderes Beispiel für Ungerechtigkeiten ist es, Menschen am Erfolg ihrer Arbeit nicht teilhaben zu lassen. Wir kennen einen Entwickler, der die Idee für eine Innovation hatte und maßgeblich ihre Entwicklung zu einem marktreifen Produkt vorangetrieben hat. Zunächst tat er das sogar gegen den Widerstand seines Vorgesetzten, dem Leiter der Abteilung F&E (Forschung und Entwicklung). Als der amerikanische Mutterkonzern ein halbes Jahr nach der Markteinführung eine Vertretung der deutschen Dependance einlud, um den überwältigenden

Verkaufserfolg des Produkts zu feiern, durften vier Personen mitkommen: der Leiter der Dependance, der Vertriebschef, die PR-Managerin – und natürlich der Leiter der Entwicklungsabteilung, der sich zunächst gegen das Produkt gesperrt hatte. Wer fehlte, war die Person, der das Unternehmen den Erfolg eigentlich zu verdanken hatte. Der Entwickler musste daheimbleiben – und der Abteilungsleiter F&E unternahm nicht das Geringste gegen diese Ungerechtigkeit. So ziehen sich die Ungerechtigkeiten und Benachteiligungen durch unser Arbeitsleben. Nicht nur in emotionaler, auch in finanzieller Hinsicht kann das bitter sein. Zum Beispiel, wenn die Jasager mehr Gehalt beziehen als ihre Kollegen, wenn die Träger fremder Federn zu Weihnachten die fetteren Prämien bekommen und wenn Bücklinge schneller befördert werden als diejenigen, die aufrecht ihren Job machen. In den Abteilungen der Psychopathen ist Gerechtigkeit ein Fremdwort – und das Nachsehen haben die, die mit offenen Karten spielen.

Besuchen Sie uns auch im Internet www.mein-chef-ist-irre.de und berichten Sie uns, was Sie mit Ihrem Chef erlebt haben (info@irre-chefs.de).

CHEFS: EINE TYPOLOGIE MIESER FÜHRUNGSKRÄFTE

Um das besondere oder absonderliche Verhalten von – umgangssprachlich ausgedrückt – »irren« Chefs besser verstehen zu können, sind einige psychoanalytische Grundkenntnisse hilfreich. In diesem Kapitel stellen wir Ihnen daher eine ausführliche Übersicht zu Persönlichkeitsmerkmalen unangenehm verhaltensauffälliger Cheftypen vor, wie sie uns im Arbeitsleben begegnen. Nicht alle sind total »irre«, also schwere Neurotiker oder schlimme Psychopathen. Aber viele weisen mehr oder weniger nervige Verhaltensweisen, stark akzentuierte Persönlichkeitszüge oder gar deutlich behandlungsbedürftige Symptome schwerer psychischer Störungen auf. Sie alle haben das Potenzial, ihre Mitarbeiter schwer zu drangsalieren und in den Wahnsinn zu treiben.

Diese Typen gibt es natürlich auch unter Kollegen, und wir begegnen ihnen gelegentlich auch in Partnerschaft und Familie. Bei Führungskräften kommen diese malignen Ausprägungen – wir haben es eingangs durch die Untersuchungsergebnisse vieler Studien bereits aufgezeigt – jedoch auffällig häufig vor. Und aufgrund ihrer herausgehobenen mit Macht verbundenen Position hat dieser Personenkreis besonders viele Möglichkeiten, seine Unarten auszuleben und sich an den Mitarbeitern abzureagieren.

Zehn »irre« Monster-Cheftypen

Keine Chef-Typologie kann jemals wirklich vollständig sein. Es gibt einfach zu viele Arten auf Gottes weiter Erde. Was ist zum Beispiel mit den Chaoten, den Unzuverlässigen, den Zauderern, den Nimmer-Zufriedenen, den Ja-aber-Sagern, den Abnickern, den Ausbremsern und, und, und? Sie merken schon, das alles löst sofort Bilder aus, aber systematisch kommen wir mit all den Zuschreibungen nicht weit – oder das System wird unüberschaubar komplex.

Übersichtlicher wird es, wenn wir auf das bewährte Ordnungssystem aus der Medizin, Psychiatrie und Psychologie zurückgreifen, das wir zu Beginn schon kurz aufgelistet haben. Es unterscheidet zehn Persönlichkeitstypen, die gerne vom Chefsessel aus ihren Machtgelüsten frönen und ihre Mitarbeiter leiden lassen.

1. der Narzisst
2. der Egomane
3. der Tyrann
4. der Theatralische
5. der Schizoide
6. der Paranoide
7. der Zwanghafte
8. der Depressive
9. der Phobische
10. der Süchtige

Bei jedem Charaktertypen stellen wir einleitend zunächst generelle Merkmale und Ursachen dar, bevor wir uns den Besonderheiten bei Führungskräften zuwenden. Dies geschieht dann jeweils unter folgenden Aspekten:

— Merkmale: Woran Sie erkennen, welcher Typus Ihr Chef ist
— Ursachen: Welche Kindheitserfahrungen sind typisch für diese Art Chef (zum besseren Verständnis)?
— Motive: Was treibt jemanden an, mit dieser speziellen Persönlichkeitsstörung eine Führungsposition anzustreben?
— Arbeitsverhalten: Wie sieht sein Arbeitsstil aus?
— Umgang mit Mitarbeitern: Wie behandelt er die Menschen in seiner Arbeitsumgebung?
— Gefahren: Wo liegen die Risiken dieses Persönlichkeitstypus im Unternehmen?
— Positives: Welche Stärken hat der Persönlichkeitstypus in der Chefrolle?
— Umgangsstrategien: Wie können Sie damit umgehen, sich schützen und zur Wehr setzen, wenn Sie unter einem solchen Chef leiden – und wie können Sie mehr oder weniger stark ausgeprägte Symptome und Verhaltensweisen dieses Typus vielleicht auch bei sich selbst erkennen?

Trotz des breiten Spektrums, das diese zehn Typen abdecken, ein Hinweis vorab: Jede Typologie hat ihre Schwächen. Die Komplexität und Vielfalt menschlicher Verhaltensweisen entzieht sich oftmals einem eindeutigen, einfachen Ordnungsversuch.

Ohne Zweifel gibt es häufig genug Mischformen. Einzelne Vorgesetzte können parallel Merkmale verschiedener Charaktertypen aufweisen. So haben Menschen mit einer narzisstischen Persönlichkeit parallel häufig ausgeprägte aggressiv-autoritäre Züge. Schizoide Persönlichkeiten sind zusätzlich oft misstrauisch bis paranoid. Einige der vorgestellten Typen neigen gleichzeitig auch zu einem ausgeprägten Suchtverhalten. Entsprechend müssen die Beschreibungen der unterschiedlichen Störungen bisweilen wie Mosaiksteine zusammengesetzt und Schwerpunkte je nach Mischtyp individuell gebildet werden. Bestimmte Kombinationen kommen häufiger vor, während andere nahezu ausgeschlossen sind. Am Ende dieser Typologie betrachten wir zusätzlich die wichtigsten Kombinationen, die Ihnen im Arbeitsalltag begegnen können. Im nächsten Schritt geht es dann darum, wie es Ihnen gelingen kann, Ihren Vorgesetzten – wenn er denn eine akzentuierte Persönlichkeitsstruktur aufweist – zu identifizieren und einzuordnen.

Der Narzisst: Selbstdarstellung, Selbstbeweihräucherung, Selbstliebe

Ein Kirchenmann mit zwei Gesichtern

Susanne arbeitet seit Jahren erfolgreich in einem zehnköpfigen Team als Projektmanagerin für eine wichtige kirchliche Einrichtung. Ihren Chef, Theologe und Leitender Pfarrer der Einrichtung, hat sie als einen Menschen kennengelernt, der besonders gut auf andere Menschen eingehen und ihnen Trost und Zuspruch spenden kann. Er hatte Susannes Mutter sehr einfühlsam in den letzten Tagen ihres Krebsleidens begleitet. So entwickelte sich ein starkes Gefühl der Verbundenheit, das von Vertrauen und Wertschätzung geprägt ist. Susanne ist ihm sehr dankbar dafür. Sie würde die Hand für ihren Chef ins Feuer legen. Er ist ihr ein richtiger Freund geworden, wie sie glaubt.

Da sieht Susanne auch darüber hinweg, dass ihr Chef, ein gut aussehender Mitvierziger und immer besonders modisch gekleidet, ein Verhältnis mit seiner Sekretärin hat – obwohl er zum zweiten Mal verheiratet ist. Jeder im Arbeitsteam weiß es, und anfangs ist das auch kein Problem. Doch mit der Zeit vernachlässigt die Geliebte ihren Job und macht immer mehr Fehler. Als es zu einer ganzen Serie von Pannen kommt, spricht Susanne dies bei einer Teambesprechung schließlich offen an.

Und dann passiert etwas, was sich Susanne nie hätte vorstellen können: Ihr Chef rastet komplett aus. Mit einem Gesichtsausdruck voller Wut und Verachtung keift er Susanne an, wie sie überhaupt dazu käme, andere anzuschwärzen. Sie solle bloß nicht versuchen, ihre eigene Inkompetenz auf andere, die ihren Job gut machen, abzuwälzen.

Susanne ist geschockt. So hat sie ihren Chef noch nie erlebt. Er ist ein bisschen eitel, oftmals auch ungeduldig – aber so explosiv, unkontrolliert, geradezu bösartig? Diese Seite von ihm war ihr völlig unbekannt. Leider wird sie diese im Laufe der nächsten Zeit häufiger erleben.

Zwei Tage später erhält Susanne ein Schreiben der Kirchen-Personalleitung. Sie soll zu den Vorwürfen ihres Chefs Stellung nehmen, der sie massiv beschuldigt, immer wieder versagt zu haben und ständig den Betriebsfrieden und die Zusammenarbeit zu sabotieren. Plötzlich heißt es, Susanne trage für die Pannenserie maßgeblich Schuld, bringe seit geraumer Zeit überhaupt keine Leistung mehr, benehme sich schlecht und unkollegial und sei überhaupt unfähig, im Team zu arbeiten.

Susanne fällt aus allen Wolken. Sie nimmt zu den Vorwürfen schriftlich Stellung und bekommt wenige Tage später eine Einladung zu einem Konfliktgespräch. Hier wird sie von der Personalleitung sehr schnell dazu gedrängt, ihren Arbeitsvertrag aufzulösen. Susanne aber macht ihren Job sehr gern, ist sich keiner Schuld bewusst und lehnt die Auflösung ihres Arbeitsvertrages ab. In der Folge erhält sie eine Kündigung, gegen die sie Einspruch erhebt.

Damit beginnt der »Krieg« erst richtig. Ihr Vorgesetzter, der ansonsten so einfühlsame Pfarrer, versucht mit absolut unfairen Mitteln alles, um Susanne loszuwerden. Die Intrigenmaschine läuft heiß: Susanne habe der Sekretärin gedroht. Sie habe ihre eigenen Fehler kaschieren wollen. Und über den Flurfunk verbreitet sich das Gerücht, dass Susanne ihren Chef wohl »ein bisschen zu sehr« möge, ach was: Von brennender Eifersucht sei sie zerfressen!

Schließlich kommt es zum Prozess vor dem Arbeitsgericht. Im Vorfeld wendet sich Susannes Chef an das Team: »Die Zusammenarbeit mit Susanne ist schon immer nicht ganz einfach gewesen. Sie ist doch ein schwieriger Mensch.« Niemand will Streit bekommen, und so widerspricht auch niemand. Dann ordnet der Chef an: »Bitte geben Sie mir alle schriftlich, dass Susanne die Atmosphäre vergiftet hat und nicht zur Teamarbeit fähig ist. Außerdem haben Sie ja mitbekommen, dass sie ihre Fehler anderen in die Schuhe schiebt. Ich brauche Ihre Aussagen als Beweisvorlage.« Das stößt den Teammitgliedern schon sauer auf, aber der Druck ist groß – man weiß ja nun, was passieren kann. Acht der zehn Kollegen Susannes sind dem Druck nicht gewachsen und äußern sich wunschgemäß schriftlich.

Der Richter erhält die Schreiben, zeigt sich aber nicht beeindruckt. Susanne gewinnt im ersten Prozess. Ihr Arbeitgeber zieht in die zweite Instanz vor das Landesarbeitsgericht. Susanne wird mit sofortiger Wirkung freigestellt. Sie darf ihren Arbeitsplatz nicht mehr aufsuchen, eine Kontaktsperre zu Mitarbeitern und Geschäftspartnern wird verhängt, ihr E-Mail-Zugang gesperrt.

Die Angelegenheit zieht sich jetzt schon über Monate hin. Susannes Nerven liegen blank. Wie konnte das alles passieren? Was ist auf einmal in ihren Chef gefahren? Eigentlich ist er doch ein gebildeter Mensch, sozialkompetent, mit viel Einfühlungsvermögen. Sie hatte ihm vertraut und hätte sich niemals vorstellen können, dass er mit solch ekelhaft unfairen Methoden gegen sie vorgehen würde. Dabei hatte sie ihn nicht einmal selbst kritisiert – sondern ganz sachlich und angemessen darauf hingewiesen, bei wem die Verantwortung für die Pannen lag. Pech nur, dass die Sekretärin die Geliebte des Chefs ist und dieser Susannes Hinweis offenbar als persönlichen Angriff interpretiert hat. Kritik an der Sekretärin war für ihn offensichtlich gleichbedeutend mit Kritik an seiner heiligen Person. Und das darf nicht sein, das muss mit allen Mitteln bekämpft werden. Er ist ein Kirchenmann mit zwei Gesichtern – und wenn es um ihn und die Seinen geht, wird er bösartig bis teuflisch.

Nach fast zwei Jahren gewinnt Susanne den Arbeitsprozess schließlich auch in der zweiten Instanz. Inzwischen hat die Zeit nichtsdestotrotz unauslöschliche seelische Spuren hinterlassen. Allerdings nicht nur bei Susanne: Der Pfarrer verliert seine Leitungsposition.

Einleitung

Grandiose Narzissten bilden zusammen mit rücksichtslosen Egomanen und bösartigen Tyrannen das Horror-Triumvirat. Sie sind die am häufigsten anzutreffenden mental entgleisten Vorgesetzten, mit denen Sie es in der Arbeitswelt zu tun bekommen können – vielleicht nicht immer in Reinform, aber häufig verletzend genug. Und es werden immer mehr. Eine weltweite Studie zeigt, dass gerade die jüngere Generation von Chefs häufig narzisstisch geprägt ist.[34]

Manfred Kets de Vries, niederländischer Psychoanalytiker und international agierender Führungskräfteberater, glaubt, dass eine Managementposition ohne eine gehörige Portion Narzissmus kaum zu erreichen ist. Ein Narzisst erscheint deshalb für eine Führungslaufbahn geradezu prädestiniert. Dieser Typus will unbedingt aus der Menge herausragen und strebt nach Macht, Prestige und absoluter Bewunderung. Dafür muss er allerdings auch etwas »Besonderes« leisten – eine Herausforderung, der ein Narzisst sich mit Feuereifer stellt. Wenden wir uns also zunächst diesem ersten unter den besonders schrecklichen Cheftypen zu.

Merkmale

Die Bezeichnung »Narzissmus« geht auf die griechische Mythologie zurück. Nárkissos, der schöne Sohn des Flussgottes Kephissos, verschmäht die Liebe der Nymphe Echo und wird dafür von Aphrodite »mit unstillbarer Selbstliebe bestraft. Beim Trinken beugt er sich über eine Quelle und verliebt sich in sein eigenes Bild. Da ihm der Gegenstand seiner Liebe unerreichbar bleibt, verzehrt er sich immer mehr vor Sehnsucht, bis er schließlich in die nach ihm benannte Narzisse verwandelt wird.«[35]

Narzisstische Persönlichkeiten sind stark ichbezogen. Sie neigen zur Grandiosität und zur Überbewertung der eigenen Person. So jedenfalls der äußere Schein. Im Hintergrund jedoch läuft ein ganz anderes Programm. Sie haben, von ihrer Umgebung nicht leicht erkennbar, starke Minderwertigkeitsgefühle und ein labiles Selbstwertgefühl. Narzissten sind übermäßig von der Bewunderung anderer abhängig. Ihre Beziehungspersonen sind für sie keine eigenständigen Individuen; sie existieren lediglich, »um den Glanz des grandiosen Narzissten widerzuspiegeln oder um sich dem Narzissten als Schmuckstück anzubieten«.[36]

Mit ihren Mitmenschen gehen Narzissten dementsprechend häufig manipulativ, abwertend und ausbeuterisch um. Sie sehen das menschliche Zusammenleben als einen von Egoismus geprägten Kampf aller gegen alle an. Charakteristisch ist ihre vereinfachende Zweiteilung der Welt: Andere Menschen werden vom Narzissten entweder als ideal (nur gut) oder bedrohlich (nur böse und schlecht) wahrgenommen. Diese Spaltung in »Gut« und »Böse« dient dazu, sich selbst als vollkommen in Ordnung zu erleben, während alles Negative und Schlechte den anderen zugeschrieben wird. Diesen »Bösen« gilt dann nach einer Enttäuschung ihr oftmals ungezügelter Hass.

So ist es auch im Märchen *Schneewittchen*. Dort geht es nicht zuletzt um Macht und Einfluss einer narzisstischen »Führungsperson« bei Hofe: die böse, machtbesessene, eifersüchtige Stiefmutter, die in Schneewittchen eine schlimme Rivalin sieht. Schneewittchen ist ihr als Vertreterin (nämlich legitime Tochter) der verstorbenen Königin ein Dorn im Auge. Sie ist ihrer toten Mutter gefährlich ähnlich und steht zudem in einer besonderen Beziehung zu ihrem Vater, dem König. Dies kann die Stiefmutter nicht ertragen, und will Schneewittchen deshalb umbringen – eine für Narzissten nicht untypische Haltung gegenüber Menschen, die ihnen im Weg stehen.

Auf den Punkt gebracht: Narzisstische Führungspersönlichkeiten in der Arbeitswelt zeichnen sich durch Züge von Großartigkeit in Fantasie oder Verhalten, Arroganz, einen Mangel an Einfühlungsvermögen und starke Überempfindlichkeit gegenüber der Beurteilung durch andere aus. Weiterhin sind die folgenden Merkmale typisch.

Narzisstische Chefs:
- sind süchtig nach Aufmerksamkeit und Bewunderung; sie brauchen diese wie der Fisch das Wasser;
- haben ein enorm übersteigertes Selbstwertgefühl, überschätzen ihre eigenen Fähigkeiten und Talente und erwarten von anderen, stets als etwas Besonderes wahrgenommen zu werden;

— treten häufig arrogant auf, sind aber gleichzeitig extrem empfindlich gegenüber Kritik und reagieren darauf mit Wut, Scham oder Demütigung – selbst wenn sie es nicht immer offen zeigen;
— nutzen andere aus, um ihre eigenen Ziele zu erreichen;
— sind der Meinung, ihre Probleme seien so einzigartig, dass sie nur von wenigen ganz besonderen und von ihnen speziell auszuwählenden Menschen verstanden werden können;
— können trotz alldem sehr charmant sowie scheinbar ganz offen auftreten und ihr Gegenüber zumindest anfänglich leicht für sich gewinnen;
— geben sich Tagträumen hin, in denen es um Macht, Erfolg, Glanz, Schönheit oder ideale Liebe geht;
— haben übersteigerte Ansprüche, erwarten für sich stets eine bevorzugte Sonderbehandlung;
— weisen einen Mangel an Empathie und Einfühlungsvermögen auf: Sie haben enorme Probleme, wahrzunehmen und einzuschätzen, wie andere fühlen;
— werden von starkem Neid und Missgunst geplagt;
— sind oftmals sehr ungeduldig und intolerant;
— erweisen sich als ganz schlechte Zuhörer;
— stellen keine verlässlichen Verhandlungspartner dar und
— sind tief in ihrem Inneren total unsicher.

Ursachen: Kindheitserfahrungen des Narzissten

Wie konnte beim Narzissten diese große Gier nach Ruhm, Bewunderung und Macht entstehen? Warum neigt er zum Größenwahn? Sicher ist hier immer auch ein mehrdimensionales Zusammenwirken von pädagogischen, psychologischen und gesellschaftlichen Rahmenbedingungen für die Entstehungs-

und Erklärungsansätze anzunehmen. Aus tiefenpsychologischer, psychoanalytisch geprägter Erklärungs- und Sichtweise würde man darauf etwa so antworten:

Ein Mensch mit einer narzisstischen Persönlichkeit hat – aus welchen Gründen auch immer – von seinen Eltern und engsten Bezugspersonen keine oder zu wenig Aufmerksamkeit bekommen. Das bedeutet, seine Bedürfnisse wurden als Kind nicht adäquat befriedigt oder gar nicht erst erkannt. Um dieser grundlegenden Verletzung des Selbstwertgefühls zu entgehen oder dem etwas entgegenzusetzen – eventuell auch, um überlebensfähig zu sein –, entwickeln solche Kinder Fantasien von eigener Größe, von Unabhängigkeit und zugleich von der Bedeutungslosigkeit anderer, eigentlich für sie wichtiger Personen.[37] Dabei handelt es sich um eine Form des Selbst-Trosts, die später in eine ständige Suche nach Bewunderern mündet und helfen soll, den früh erlittenen Mangel letztlich doch noch auszugleichen. Statt Liebe verschafft sich der Narzisst nun Bewunderung und Erfolg.

Das Entstehen einer narzisstischen Persönlichkeit kann manchmal auch anders begründet sein – wie etwa bei Donald Trump. In ihrem Buch *Too Much and Never Enough* (»Zu viel und nie genug«) über ihren Onkel Donald Trump schreibt die promovierte Psychologin Mary L. Trump ausführlich über die Beziehung zwischen dem Familienpatriarchen Fred Trump, seinem ältesten Sohn Fred junior – ihrem eigenen Vater – und dem jüngeren Bruder Donald. Immer wieder habe der autoritäre Vater Fred seinen Sohn Fred junior beleidigt und für zu schwach erklärt, das väterliche Immobilienunternehmen in New York zu übernehmen. Donald habe »viel Zeit gehabt, von der Demütigung des Bruders durch den Vater zu lernen«, und habe »alles dafür getan, zu verhindern, beim Vater ebenfalls in Ungnade zu fallen«. So habe er sich »angewöhnt, permanent zu lügen, um besser dazustehen«.[38] Schließlich wurde Donald zum Nachfolger seines Vaters. Sein Bruder Fred verfiel der Alkoholsucht und starb mit nur 43 Jahren. Mary L. Trump erklärt, dass ihr Onkel Donald ein absoluter Narzisst sei und was es mit dieser Persönlichkeitsstörung auf sich habe: »Die vermeintliche Sicherheit des Narzissten dient dazu, die eigentliche Unsicherheit zu überdecken.« Donald Trumps Ego sei zerbrechlich, er wisse tief in seinem Inneren, dass er nicht derjenige sei, der er vorgebe, zu sein.[39]

Motive

Bewunderung zu erfahren, ist die primäre Droge, nach der Narzissten süchtig sind. Sie treibt sie um und an. Eine Führungsposition streben sie an, weil diese ihnen Prestige und Macht und damit verbunden die Bewunderung von vielen einbringt. Der Grund dafür: Sie fühlen sich nur als Primus, als absolut Erster wohl, nie aber als Erster unter Gleichen. Dabei geht es ihnen nicht um ein höheres Ziel, ein Ideal, um Verantwortung und Gestaltungsmöglichkeiten, sondern vor allem um die mit dieser Position verbundene äußere Wirkung – also die Bewunderung durch andere, die Aufmerksamkeit, die Attraktivität, die ihnen diese Rolle einbringt. Sie ertragen es nur sehr schlecht, gleichberechtigt mit anderen zu sein, sondern suchen und brauchen den Super-Sonderstatus.

Dabei haben es Narzissten häufig leichter als andere, die Karriereleiter zu erklimmen. Schon beim Vorstellungsgespräch oder bei der Führungskräfteauswahl »punkten sie vor allem mit ihrer Extravertiertheit. Sie haben die Gabe, beim ersten Treffen zu glänzen.«[40]

Narzissten erfüllen mit ihrer Art, nach außen zu strahlen, die Wünsche und Erwartungen der Entscheider auf der Suche nach einer außergewöhnlichen Führungspersönlichkeit. Mit ihrer – für einen langen Moment – beeindruckenden Wesensart und mit ihrem scheinbar selbstbewussten und über jeden Zweifel erhabenen Auftreten erfüllen Narzissten häufig die Anforderungen, die heutzutage an Führungskräfte gestellt werden. Denn das – überzeichnete – Bild der zwar glitzernden, aber rücksichtslosen kapitalistischen Geschäftswelt entspricht der narzisstischen Charakterstruktur: Wer erfolgreich sein will, muss charismatisch wirken, begeistern können. Ein Leader muss dynamisch und durchsetzungsfähig sein und darf sich nicht scheuen, sich auch einmal selbst die Hände (moralisch) schmutzig zu machen. Genau diesen Eindruck können Narzissten sehr effektiv erwecken.

Gerade in traditionellen (Groß-)Unternehmen werden die Charaktermerkmale des Narzissten besonders geschätzt. Solange es Aufstiegsmöglichkeiten gibt, setzt er alles daran, auf der Karriereleiter nach oben zu klettern. Der Narzisst will glänzen, um damit seine eigenen, tief sitzenden Selbstwertzweifel zu beruhigen.

Arbeitsverhalten

Narzissten sind keine Solokünstler. Sie brauchen ihre lobpreisenden, sie maßlos bewundernden Vasallen. Genauso brauchen sie aufwendige Staffage und das applaudierende erweiterte Publikum um sich herum – am besten auf der ganz großen Bühne in einer grandios-glamourösen Inszenierung.

Lernt man sie kennen, wirken sie oftmals betont freundlich und offen, können für sich und ihr Anliegen charmant und werbend auftreten und sind anfangs sogar in der Lage, Lob und Ermutigung zu spenden. Das alles aber ist von stark begrenzter Dauer und kann schnell ins Gegenteil umschlagen. Erst begeistert, dann gelangweilt, schnell verärgert – der Fahrstuhl nach unten nimmt für das vom Narzissten auserwählte, geblendete Opfer an Geschwindigkeit stetig zu, bevor er aufschlägt.

Generell herrscht beim Narzissten die Einstellung vor: Alle anderen sind im Grunde unfähig bis strohdumm, keiner kann ihm das Wasser reichen. Deshalb ist es auch nahezu aussichtslos, es einem Narzissten wirklich recht machen zu wollen. So bleiben Kontakt und Kooperation meist nur sehr oberflächlich.

Aber »so direkt und kompromisslos der Narzisst in seinen Kritikäußerungen ist, er selbst reagiert überempfindlich auf jede Kritik oder Weigerung, ihn zu bewundern und zu idealisieren. Ist eine Umgebungsperson nicht vorbehaltlos bereit, ihn zu unterstützen, wird sie auf die schwarze Liste gesetzt und ausgestoßen. Ihr wird jede Existenzberechtigung abgesprochen, [...] der Bruch ist radikal und endgültig.«[41] Denn Narzissten leben nach der Devise: Wer nicht für mich ist, ist gegen mich.

Dabei ist der Narzisst ein talentiertes »Lästermaul« und verfügt über ein gutes Gespür für Intrigen und Machtspiele. Im Gegensatz zum Egomanen, der diese Klaviatur auch beherrscht, agiert der Narzisst jedoch mit einer schauspielerischen Leichtigkeit. Mit seinem Showtalent nimmt er sein Publikum leichter und schneller für sich und seine Vorhaben ein – so wie die Führungskraft im folgenden Beispiel.

Der Sachgebietsleiter eines Jobcenters stellt einen ehrgeizigen jungen Mann als Teamleiter ein. Er weiß, dass dieser Karriere machen möchte. Beim Antrittsgespräch verspricht er ihm, er habe »Großes« mit ihm vor. »Ich weiß, Sie sind gut. Und Sie werden nicht ewig Teamleiter bleiben wollen. Deswegen möchte ich Sie mit einer diffizilen Aufgabe betrauen. Von den zehn Leuten in Ihrem Team sind übers Jahr gesehen nur sechs regelmäßig da.

Räumen Sie mal auf. Das wird sich positiv auf Ihre Laufbahn auswirken.«

Der Ehrgeiz des Teamleiters ist geweckt. Er führt binnen drei Monaten ein strenges Regime ein und schafft es tatsächlich, drei Mitarbeiter so zu demotivieren, dass sie von selbst kündigen. Zum Ende der Probezeit geht er stolz zum Feedback-Gespräch mit seinem Vorgesetzten. Die Erwartungen hat er ja erfüllt.

Doch statt Lob erwartet ihn ein Schock. Mit einem eiskalten Lächeln im Gesicht und ohne weitere Erklärung überreicht ihm der Sachgebietsleiter die Kündigung. Der (Ex-)Teamleiter ist wie vor den Kopf gestoßen und kann sich die Sache nicht erklären. Dann dämmert es ihm: Der Sachgebietsleiter hat offenbar einen Plan verfolgt. Er hatte ihn mit dem Versprechen auf weitere Karriereschritte geködert und ihm das Vertrauen nur vorgespielt, um unliebsame Mitarbeiter loszuwerden. Nun, da die »Drecksarbeit« getan ist, ist er überflüssig geworden und wird geopfert. Aus die Maus.

Und der Sachgebietsleiter? Der bedauert den restlichen Mitarbeitern gegenüber »das unmögliche Verhalten« des abgesägten Teamleiters, wäscht seine Hände in Unschuld und lässt sich als »Retter« feiern, der die Mannschaft von ihrem vermeintlich üblen Teamleiter befreit hatte.

Wir haben auch von einem anderen Fall gehört, wo der Prototyp eines Narzissten es beinahe geschafft hat, eine ganze Firma zu übernehmen.

Als der Inhaber des Familienbetriebs zur eigenen Entlastung und auch altersbedingt einen Geschäftsführer sucht, bewirbt sich ein smarter, intelligenter Mann mit guten Umgangsformen. »Kein Zweifel, dieser sympathische Mensch passt doch gut in den Betrieb«, denkt der Inhaber und stellt ihn ein.

Nicht einmal zwölf Monate später bemerkt er nur durch einen Zufall, dass der Neue ihm beinahe sein Unternehmen aus der Hand genommen hätte. Die Mitarbeiter hat der Neuzugang bis dahin schon genauso um den Finger gewickelt wie den Inhaber bei seiner Bewerbung. Dieser vertraute ihm quasi blind und unterschrieb Verträge, ohne sie länger zu prüfen.

Nur weil zufällig ein Vertrag aus der Mappe fiel, schaute der Inhaber ihn sich genauer an – und bemerkte, dass das Dokument eine Anteilsübertragung zugunsten des Geschäftsführers darstellte. Der Inhaber fiel aus allen Wolken und sprach den Geschäftsführer darauf an. Doch von Unrechtsbewusstsein war keine Spur zu finden. Im Gegenteil: Der Neue sah es als selbstverständlich an, dass er den Laden übernehmen würde. Er betrachtete sich nach nicht einmal einem Jahr als legitimen Erben und wollte dies mit der Übertragung der Firmenanteile zementieren – »zum Wohle des Unternehmens« und »im Interesse des Inhabers«, wie er betonte.

Umgang mit Mitarbeitern

Narzisstische Chefs fordern nicht nur Gehorsam und Unterordnung, sie verlangen vor allem von ihren Mitarbeitern Bewunderung für ihre Person, für ihr Tun und Handeln. Sie wünschen sich, von ihren »Bediensteten« quasi verehrt zu werden, bevorzugen Jasager und sonnen sich in deren Bewunderung und kritikloser Unterwürfigkeit, die sie aktiv fördern – bis hin zur Arschkriecherei.

Dadurch ziehen sie speziell einen Personenkreis mit schlechtem Selbstwertgefühl an, der sich durch die Nähe zu einem so »wichtigen«, außergewöhnlich beeindruckenden Menschen, als der der Narzisst sich präsentiert, selbst enorm aufgewertet fühlt.

Man könnte es auch so erklären: Diese Personen laden sich durch ihre bedingungslose Unterwerfung ihr eigenes gestörtes Selbstwertgefühl auf. In der Fachsprache formuliert, bedeutet dies für die vom Narzissten Angelockten: Sie sind auf der Suche nach jemandem, den sie idealisieren können, um damit ihr eigenes Ideal-Selbst auf den Narzissten zu projizieren. Durch die sich daraus ergebene Identifizierung »borgen« sie sich quasi ein besseres, stärkeres Selbst.

Klassische Beispiele für eine derartige »narzisstische Kollusion« sind die früher häufiger als heute anzutreffenden voll ergebenen Chefsekretärinnen. Sie identifizieren sich ganz mit ihrem Chef, den sie aufs Höchste verehren und in dessen Dienst sie sich von morgens bis abends absolut und klaglos stellen – um ihn bisweilen später sogar noch zu heiraten. Ganz ähnlich stellt sich die Konstellation beim aufstrebenden jungen Assistenten dar, für den sein Chef wie ein Popstar ist und dem er in allen Belangen nacheifert – auch was Freizeitgestaltung, Kleidungsstil und Sprache angeht.

Großzügig unterstützend zeigt sich ein narzisstischer Vorgesetzter bisweilen schwächeren, bedürftigen und insbesondere neuen Mitarbeitern gegenüber. Er leitet sie gern an, bildet sie aus und lässt sie demonstrativ an seinem grandiosen Erfahrungsschatz teilhaben, um durch sie für sich und sein Ego noch mehr abgöttische Bewunderung zu ernten. Trägt jedoch seine anfängliche Förderung Früchte, und die von ihm unterstützen Mitarbeiter entwickeln sich selbstständig und unabhängig weiter, kann sein anfänglich wohlwollendes Engagement abrupt in das krasse Gegenteil umschlagen. Die plötzlich als abtrünnig Erlebten werden im Kontrast zur vorherigen Idealisierung nun total entwertet und fallen gelassen. Der Narzisst spielt den Ge- und Enttäuschten.

Wegen dieses Verhaltensstils und der Unfähigkeit narzisstischer Persönlichkeiten, sich in andere Menschen wirklich einzufühlen, herrscht unter den Mitarbeitern von Narzissten oft eine hohe Fluktuation. Scheitern Projekte, die mit der Hoffnung auf einen strahlenden Erfolg begonnen wurden, werden Sündenböcke gesucht, die dann von einem Moment auf den nächsten von der Bildfläche verschwinden. Schuld sind beim Narzissten grundsätzlich immer die anderen – ganz besonders bei Misserfolgen.

Ein narzisstischer Vorgesetzter ist nicht in der Lage, adäquat auf die emotionalen Bedürfnisse seiner Mitarbeiter nach Unterstützung und Wertschätzung einzugehen. Im Gegenteil hat er die Erwartung – insbesondere in Krisenzeiten –, von seinen Mitarbeitern gestützt zu werden. Dies kann und hat sich in der Wirtschaftspraxis oft schon so weit verselbstständigt, dass einfühlsam-unterwürfige Mitarbeiter im vorauseilenden Gehorsam ihren Chef von allen schlechten Nachrichten abschirmen und durch permanente Beifalls- und Bewunderungsäußerungen eine operettenartige Atmosphäre kreieren, die mit der Realität nicht mehr viel zu tun hat. Das geht oft so lange gut, bis die Katastrophe mit Macht durch die Kulisse bricht und es kräftig kracht.

Gefahren

Führungskräfte mit narzisstischer Persönlichkeit stellen für Unternehmen und Institutionen ein enormes Risiko dar. Ihre ungezügelte Selbstbezogenheit und ihre extremen Fantasien von eigener Grandiosität stehen im Gegensatz zu ihrer permanenten Bereitschaft, andere maßlos zu beneiden und aus verborgener Unsicherheit heraus kleinzuhalten – eine explosive Mischung. Diese Eigenschaften und ihre Unfähigkeit zur Selbstreflexion machen den Arbeitsalltag und Umgang mit narzisstischen Charakteren extrem schwierig – Teamfähigkeit geht anders.

Insbesondere die ausgeprägte Neigung der narzisstischen Führungskraft, ihre Umgebung einerseits abzuwerten und gleichzeitig intensiv Neid und Missgunst gegenüber Kollegen und Mitarbeitern zu entwickeln, vergiftet nachhaltig das Arbeitsklima. Den beruflichen Erfolg anderer und deren aus der Arbeit gewonnene Zufriedenheit erlebt der Narzisst als Gefahr und Kränkung seiner selbst. Ständig lebt er in Sorge, durch einen eventuellen Erfolg anderer an Aufmerksamkeit, Bewunderung und Bedeutung zu verlieren. Deshalb fürchtet er besonders die Potenteren und Kreativeren unter seinen Mitarbeitern, die er gern aus seiner Umgebung auf für ihn ungefährliche Positionen weglobt. Andernfalls entfernt er sie gänzlich aus dem Unternehmen und vergrault sie dabei nachhaltig.

Auf diese Weise schafft der narzisstische Chef ein Klima, das Kompetenzen – insbesondere die Entwicklung und Pflege des kreativen Potenzials unter den Mitarbeitern – massiv behindert, wenn nicht sogar unmöglich macht. Viele Mitarbeiter spüren instinktiv, dass »zu gute« Vorschläge und Ideen eine Gefahr für ihre berufliche Weiterentwicklung bedeuten könnten.

Unfähig, sich und andere differenziert wahrzunehmen und richtig einzuschätzen, demonstrieren Narzissten einen Mangel an Einfühlungsvermögen, der ihren Mitarbeiterführungsstil verhängnisvoll prägt. Ein echter Austausch mit einer solchen Führungskraft ist dadurch nicht möglich. Bleibt der angestrebte Erfolg aus, etwa wenn Projekte scheitern, entwickeln narzisstische Führungskräfte anstelle von Selbstzweifeln häufig paranoide Züge: Schuld sind alle anderen, man hat sich gegen ihn verschworen, keiner gönnt ihm den Erfolg. Im äußersten Fall bleibt dem Narzissten der Suizid als Exit-Strategie.

Dennoch handelt es sich bei Narzissten nicht selten um intelligente, oftmals hart arbeitende und auf ihrem Fachgebiet durchaus fähige Personen. Ihre narzisstischen Bedürfnisse neutralisieren oder zerstören jedoch früher oder später ihr kreatives, fachliches Potenzial für das Unternehmen.[42]

Gerade in modernen, nicht streng hierarchischen Organisationen wirken narzisstische Führungskräfte wie aus der Zeit gefallen. Einen machthungrigen Narzissten, der Kreativität unterdrückt, kann man sich kaum in einem »hierarchiearmen« Unternehmen mit agilem Management vorstellen. Trotzdem sind Narzissten auch heute noch einer der am weitesten verbreiteten problematischen Chef-Typen.

Positives

Wie alles im Leben hat auch der Narzissmus zwei Seiten. Die positiven Aspekte eines begrenzten Ausmaßes an Narzissmus, quasi einer homöopathischen Dosis, sollen allerdings auch nicht unerwähnt bleiben. Ohne ein gewisses Maß an Selbstliebe geht es im Leben nämlich auch nicht, schon gar nicht im Leben einer Führungskraft. Gesunder Selbstwert, eine gewisse Begabung für effektvolle Repräsentation und schauspielerische Selbstdarstellung können durchaus hilfreich sein und verleihen Schlüsselpositionen manchmal gerade den nötigen Glanz, um wichtige Ziele zu erreichen.

Die Bemühungen, eine Führungsposition zu erreichen und beizubehalten, können neben einer erträglichen Portion Narzissmus auch verbunden sein mit idealistischen und altruistischen Motiven. »Der ideale Chef ist in Maßen narzisstisch«[43], so die Psychologin Emily Grijalva, die über Narzissmus bei Führungskräften geforscht hat. Sie ist zu dem Ergebnis gekommen, »dass sich der Zusammenhang zwischen dem Grad des

Narzissmus und dem Erfolg als Führungskraft als Kurve beschreiben lässt, die die Form eines umgekehrten U hat. Dieses Ergebnis legt nahe, dass weder der ganz nette (aber bescheidene) noch der ganz narzisstische (aufschneiderische) Chef seinen Job gut macht – sondern derjenige, der von beidem etwas hat.«[44]

Ein weiterer, nicht zu unterschätzender Aspekt: Gerade weil Narzissten gut dastehen wollen, können sie hart arbeiten und Dinge in Gang setzen. Eine milde Form von Eitelkeit kann im Unternehmen eine Dynamik entfachen, die nicht nur schlechte Seiten hat.

Umgangsstrategien

Selbsterkenntnis: Fühlen Sie sich persönlich angesprochen? Können Sie das eine oder andere Symptom der eben beschriebenen Wesensart bei sich selbst entdecken?

Egal, ob Sie bereits Personalverantwortung übertragen bekommen haben, diese anstreben oder nur als Kollege im Umgang mit anderen Kollegen Merkmale erkennen: Es lohnt sich, diesen Spuren nachzugehen. Ein normal ausgeprägtes Maß an Narzissmus kann für eine Führungskraft sogar hilfreich sein und ist in der Regel unproblematisch. Bemerkt man bei sich selbst allerdings Ausformungen eines übermäßigen, sich selbst und andere in Leidenszustände versetzenden Narzissmus, führt kein Weg vorbei an der Konsultation eines erfahrenen Psychotherapeuten. Die Gefahr zunehmender Isolation und Vereinsamung sowie das wachsende Gefühl, ein unerfülltes, unglückliches Leben zu führen, wären ein zu hoher Preis für das ständige Ausweichen vor sich selbst und seinen inneren Defiziten und Konflikten.

Selbstbehauptung: Beim Umgang mit dem Chef-Typus

»Narzisst« geht es zunächst einmal um die Frage, ob es sich wirklich nur um eine narzisstische Akzentuierung, also leicht übersteigerte Charakterzüge handelt, oder gar um eine deutlich massive Persönlichkeitsstörung. Die »Diagnose« ist oft keineswegs einfach, die Grenzen sind fließend. Ein gewisses Maß an kritischer Distanz dem anderen gegenüber hilft Ihnen, eine richtige Einschätzung aufgrund der hier beschriebenen Verhaltensmerkmale vorzunehmen.

Gleichzeitig ist aber immer auch eine kritische Distanz sich selbst gegenüber angezeigt, um nicht der Gefahr einer spontan-affektiven Reaktion auf den Narzissten zu erliegen – etwa einer Idealisierung aus einer Position der Schwäche heraus. Genauso unreflektiert wäre es, sich zum Spielball der ausbeuterischen, herrschsüchtig-manipulativen Tendenzen des Narzissten machen zu lassen. Die Leitfragen »Was macht dieser Mensch mit mir?«, »Was löst er in mir aus?« können bei diesem Erkenntnisprozess hilfreich sein.

Dass man es mit einer narzisstischen Persönlichkeit zu tun hat, signalisieren zum Beispiel folgende Gefühlsreaktionen, die Sie möglicherweise bei sich selbst wahrnehmen:

- deutliche Schwierigkeiten, dem Gegenüber bei seinen vereinnahmenden Monologen zuzuhören;
- Langeweile, Schläfrigkeit;
- das zunehmende Gefühl, keinen echten Kontakt mehr halten zu können;
- aufkommende Ironie;
- der Wunsch, die eigenen Gefühle besonders zu betonen – als Reaktion auf die wenig einfühlsame Art des anderen;
- aufkeimender Ärger über die kühle, selbstverständliche Anspruchshaltung des Gegenübers;
- Gefühle von Kränkung und Verletzung, aber auch

ängstliche Besorgnis darüber, was passieren könnte, wenn man Kritik äußerte.

Was Sie tun können: Kommen Sie zu dem Ergebnis, es mit einer stark narzisstischen Chef-Figur zu tun zu haben, und spüren Sie ihrerseits einen deutlichen Leidensdruck, gibt es – neben dem Exit – nur eine Überlebensstrategie: eine Kombination aus Vorsicht und Rückzug gegenüber dieser Person einerseits und einer gezielten intelligenten Diplomatie- und Schmeichel-Interventionstherapie andererseits – vielleicht sogar um den Preis, die Fehler dieser Führungsperson eher zu verstärken als auszubügeln. Je eher auf der Leitungsebene erkannt wird, dass der Vorgesetzte auf seiner jetzigen Position eine Fehlbesetzung ist, desto schneller kann er – hoffentlich – abgelöst werden. Stark narzisstische Chefs stolpern früher oder später über ihr eigenes Fehlverhalten, ihre Fehleinschätzungen und die daraus entstehenden Probleme. Es kommt zu einem jähen Absturz, der nicht selten allerdings mit dem Untergang der Abteilung oder sogar des ganzen Unternehmens verbunden ist, wenn diese Person an der Spitze steht und sehr großen Einfluss hat.

8 Tipps für den Umgang mit narzisstischen Chefs

1. **Erwarten Sie weder Lob noch Dank.**
   Dem Narzissten mangelt es an Empathie. Lob und Anerkennung sind nicht sein Ding, und Dank schon gar nicht! Erwarten Sie also nicht, dass er Sie oder Ihre Leistung anerkennt und würdigt. Vielmehr wird er versuchen, Sie kleinzuhalten, damit Sie ihn nicht eines Tages übertrumpfen oder gar überholen.
2. **Loben Sie den Narzissten.**
   Der Narzisst will bewundert werden. Erfüllen Sie ihm

diesen Wunsch, jedenfalls ein bisschen. Dazu müssen Sie kein Schleimer sein. Ein wenig Zuckerbrot reicht meist schon aus: Sprechen Sie den Narzissten auf der emotionalen Ebene an. Geben Sie ihm teilweise recht, um ihm Wind aus den Segeln zu nehmen. Besser noch, Sie steigen in ein Gespräch gleich mit einem deutlichen Lob für ihn ein, anstatt auf der Sachebene punkten oder ihn gar überzeugen zu wollen.

3. **Bieten Sie keine Angriffsflächen.**
   Machen Sie ihren Job, auch wenn Sie manchmal keinen Sinn in den Anweisungen des Narzissten sehen. Selbst konstruktive Kritik versteht er nicht. Er erlebt diese als Angriff auf sein Ego – und das kann für Sie schwer nach hinten losgehen.
4. **Verschaffen Sie dem Narzissten Vorteile.**
   Wenn Sie eine gute Idee haben, verkaufen Sie diese dem Narzissten so, als sei er selbst der Vater dieses Gedankens. Legen Sie ihm die Worte in den Mund. Betonen Sie bei Vorschlägen, was *er* davon hat – und verschweigen Sie unbedingt Ihre eigenen Vorteile bei der Sache.
5. **Gehen Sie dem Narzissten, wenn möglich, aus dem Weg.**
   Narzissten fällt es häufig leicht, andere um den Finger zu wickeln. Bewunderer sprechen dann oft von einer »Präsenz« oder gar »Aura«, der man sich nicht leicht entziehen kann. Lassen Sie sich nicht in Machtspiele und Manipulationen hineinziehen. Natürlich können Sie sich Ihrem Vorgesetzten nicht vollständig entziehen – suchen Sie aber nicht mehr Nähe als unbedingt nötig.
6. **Nehmen Sie nichts persönlich.**
   Ein Narzisst versucht – vielleicht auch unbewusst –, Sie emotional zu treffen, ob im Guten oder im Bösen. Lassen

Sie sich darauf nicht ein. Gehen Sie emotional auf Abstand. Es geht nämlich nicht um Sie. Dem Narzissten geht es in erster Linie um sich selbst, genauer gesagt um seinen vorzeigbaren Erfolg.

7. **Versuchen Sie bloß nicht, den Narzissten zu therapieren.** Solche Versuche sind für ihn ein Angriff, den er unbedingt abwehren muss. Sieht er Sie als Gegner, wird er alles daransetzen, Ihre Karriere zu zerstören (»Wer nicht für mich ist, ist gegen mich«). Er selbst sieht ja keinerlei Defizite bei sich, seinem Führungsstil und Können.
8. **Falls alles nichts nützt: Kündigen Sie!** Auch wenn man in der Lage ist, den schwierigen Umgang mit einem Narzissten spielerisch anzugehen, kann es irgendwann genug sein. Eines darf auf keinen Fall passieren: dass Sie Ihr Selbstwertgefühl stark beschädigen oder ganz verlieren. Sehen Sie dafür erste Anzeichen, ziehen Sie besser die Reißleine.

Der Egomane: ich, ich, ich – und dann lange nix

Ein Bürgermeister als Blender

Folgender Erfahrungsbericht eines Angestellten aus dem öffentlichen Dienst zeigt einen Egomanen, wie er im Buche steht – in einer der angenehmsten Positionen, die man mit dieser akzentuierten Persönlichkeit überhaupt bekleiden kann.

Ich arbeite in der Stadtverwaltung einer mittelgroßen Gemeinde. Mein oberster Boss ist der Bürgermeister. Er ist ein Politiker der Freien-Wähler-Gemeinschaft, der vorher beruflich nichts auf die Reihe gebracht hat, aber gut im Reden ist und Menschen zu beeinflussen weiß. Bei vielen Bürgern in der Stadt genießt er einen erstaunlich guten Ruf. Er gilt als durchsetzungsstarker »Macher«, und in der Tat hat er einiges bewegt, seit er auf dem Posten sitzt. Zum Beispiel kamen etliche Bauprojekte in Schwung, seit er sein Amt übernommen hat. Ich weiß, das klingt nach außen erst einmal positiv. Und doch sind sich die meisten Mitarbeiter in der Stadtverwaltung einig: Dieser Mann ist ein kolossaler Blender vor dem Herrn. Erkennbar ist das aber nur, wenn man für ihn arbeiten muss und zusehen kann, wie er permanent seine Machtposition zu seinem persönlichen Vorteil ausnutzt.

Gern wirft er zum Beispiel den Beschäftigten bei der Stadt vor, nicht richtig zu arbeiten oder sich einen faulen Lenz zu machen. Da kann er richtig laut werden: »Was seid ihr bloß für Schlafmützen!« – »Los jetzt, ihr faulen Säcke!« – »Ihr ruht euch hier nur aus, ihr Schnecken!« Seine Attacken sind gefürchtet. Das ist für sich genommen schon schlimm genug. Das Absurde ist aber: Er selbst kommt häufig erst gegen 11 Uhr ins Rathaus, um dann um 13 Uhr schon wieder zu verschwinden mit der Bemerkung, der Tag sei zu schön, um ihn in der Amtsstube zu verbringen. Klar, er hat natürlich auch Termine außerhalb des Rathauses, aber ganz bestimmt nicht jeden Tag für sechs Stunden oder mehr. Seine Assistentin sagt den anderen zwar nichts zu seinen Terminen, aber sie hat schon ein ums andere Mal mit den Augen gerollt, wenn wir sie auf die häufige Abwesenheit angesprochen haben. Im Klartext: Der Kerl ist ein ziemlich fauler Hund.

Dass er oft weg ist, bedeutet aber nicht, dass wir dadurch mehr Freiheiten bekommen. Das Gegenteil ist der Fall. Der Bürgermeister legt großen Wert darauf, dass nur er selbst die Ansagen machen darf und wir sie dann abzuarbeiten haben, kommentarlos selbstverständlich. Und wehe, es unterläuft einem einmal ein Fehler. Wenn es nach ihm geht, sind alle außer ihm sowieso Dummköpfe. Einen Kollegen hat er so zur Sau gemacht, dass der sich danach nie mehr traute, eine eigene Meinung zu äußern. Manchmal erfindet der Bürgermeister auch angebliche

Fehler. Er unterstellt uns böse Absichten, spielt uns gegeneinander aus, grenzt Aufmüpfige gnadenlos aus und sorgt mit alldem für ein Klima des Misstrauens.

Seine wichtigsten Gesprächs- und Verhandlungspartner macht er hinter deren Rücken schlecht, während er ihnen gegenüber scheißfreundlich und verbindlich auftritt. Eigentlich wertet er alle Leute im Rathaus ab, mit einer Ausnahme: die Mitarbeiter des Bauamts. Warum? Weil das Bauamt wichtig für ihn und seine Karriere ist. Man weiß ja, dass ein Bürgermeister sich gern mit Bauwerken ein Denkmal setzt. Bauwerke bleiben in Erinnerung! Ganz im Gegensatz zu anderen Ausgaben, die zwar wichtig sind, aber nichts Bleibendes hinterlassen, außer »ein Loch im städtischen Haushalt« – wie beispielsweise Sozialausgaben. Das Sozialamt bekommt es dann auch regelmäßig von ihm ab: »Ihr verteilt frei heraus unser Geld, und dann noch an die falschen Leute! Wozu braucht es euch eigentlich? Ihr seid komplett überflüssig!« Nein, mit dem Geld setzt sich unser Bürgermeister lieber viele Denkmäler. Deshalb klüngelt er mit dem Bauamt, was das Zeug hält.

Der Mann interessiert sich nur für sich selbst und seinen Vorteil. Was ihn gut dastehen lässt, ist grundsätzlich seine Idee, seine Initiative, seine Leistung … auch wenn das gar nicht stimmt. Das Perfide ist, er hat das Talent, nach außen hin gut aufzutreten und Menschen für sich einzunehmen. Er ist ein intelligenter Netzwerker und weiß sich sehr geschickt zu vermarkten – ein echt talentierter Blender eben. Und so haben wir keine reelle Chance, ihn loszuwerden. Bald sind wieder Bürgermeister-Wahlen. Ich befürchte, ich weiß schon, wer da gewinnt …

Einleitung

Die Menschheit hat schon immer unter egomanischen Führungspersönlichkeiten gelitten. Diktatoren, autokratische Herrscher und andere Machtmenschen sind nur auf ihren eigenen Vorteil bedacht. Doch heute scheint Egomanie mehr denn je den Zeitgeist widerzuspiegeln. »Ich, ich, ich«, so lautet offenbar das Lebensmotto erschreckend vieler Menschen, von denen viele dank sozialer Medien heute zudem sichtbarer sind als früher. Besonders weh tun Egomanen der Gesellschaft als Führungskräfte in der Wirtschaft – fast genauso wie in der Politik. »Große Unternehmer sind häufig kleine Fürsten. Wie der verstorbene Ferdinand Piëch (VW Konzern-Chef), wie Trigema-Chef Wolfgang Grupp oder Lidl-Gründer Dieter Schwarz. Egomanen allesamt, bockig, verschroben, schwierig im Umgang.«[45] Zum Kreis besonders ichbezogener Manager zählte auch der 2021 verstorbene Heinz Hermann Thiele, Großaktionär der Lufthansa. Er hätte den Einstieg des Bundes als Großaktionär bei der Airline im Zuge der Corona-Krise gern mit seiner Machtfülle verhindert. Erst in letzter Minute und nur sehr zähneknirschend ließ er sich schließlich darauf ein.

Merkmale

Der Begriff »Egomanie« setzt sich aus den Bestandteilen »ego« für »ich« und »Manie« für Raserei zusammen, frei übersetzt also: »Ich-Wahn«. Als Egomanie bezeichnet man eine Ich-Sucht – ein permanentes dominantes Eigeninteresse und von extremer Eigennützigkeit geprägtes Denken und Handeln, das alles andere ausblendet, beiseiteschiebt, verdrängt und leugnet.

Egomanische Persönlichkeiten sind dem Narzissten in vielem sehr ähnlich. Auch sie neigen zur totalen Überbewertung der eigenen Person, sind in der Durchsetzung ihrer Interessen aber noch deutlich aggressiver und somit noch viel gefährlicher als Narzissten. Ihnen geht es primär um Macht und Einflussnahme zu ihren Gunsten. Die Zustimmung oder Bewunderung spielt für sie dabei eine eher nachrangige Rolle.

Egomanie stellt eine krankhafte Form der Egozentrik dar – verbunden mit dem permanenten Verlangen, im Mittelpunkt zu stehen, alles ausschließlich aus der eigenen Perspektive zu sehen und zu beurteilen, absolut nur die eigenen Vorteile und Interessen zu vertreten. Dazu kommt die Erwartung, jederzeit optimal bedient und maximal versorgt zu werden sowie alle Forderungen erfüllt zu bekommen, und zwar prompt. Dabei kennt der Egomane keine Grenzen – er will mehr, noch mehr und immer wieder mehr. Das ist zwar unerträglich für seine Umwelt, wird aber häufig zunächst ziemlich lange geduldet – auch weil Menschen in seiner Umgebung nicht wissen, wie sie ihn stoppen könnten. Der Egomane rollt wie ein Panzer in die Schlacht; besonders in der Wirtschaft zeigt er sich oft als antisoziale Persönlichkeit in Kombination mit enormer Raffgier.

Ein Egomane bezieht alles auf sich und nimmt Handlungen und Aussagen anderer sehr persönlich. Selbstreflexion oder gar -kritik ist ihm total fremd. Genauso wenig wie der Narzisst oder der Tyrann kann er Kritik vertragen. Einher geht das mit einer mangelnden Sensibilität und nahezu null Einfühlungsvermögen gegenüber anderen.

Egomanen verfügen jedoch auch über eine nicht zu unterschätzende Intelligenz und Energie, was Strategie, Zielerreichung um jeden Preis und die »Kriegsführung« im Arbeitsalltag anbetrifft. Dieses Stehvermögen macht sie noch gefährlicher: Je länger man einen Egomanen gewähren lässt, desto mehr läuft sein Verhalten aus dem Ruder.

Egomanen gehen noch weit über das hinaus, was man unter

den ähnlich klingenden Worten »Egoist« (ichbezogener Mensch) und »Egozentriker« (auffällig individualistisch, leicht außerhalb der Norm mit Spleen-Charakter) versteht. Der Egomane stellt jedoch nicht nur sich selbst ins Zentrum seiner Handlungs- und Verhaltensweisen. Er misst auch alle anderen Menschen an sich selbst. Zudem bezieht er alles, was andere tun und sagen, immer wieder auf seine Person, sein Fühlen, sein Denken und Handeln. Egomanie kann man so betrachtet insgesamt als eine extrem übersteigerte, krankhafte Ich-Bezogenheit oder eben »Ich-Sucht« beschreiben.

Die Häufigkeit der beklagten »egomanischen« Verhaltensweisen ist seit Ende des letzten Jahrhunderts deutlich angestiegen. Als mitverantwortlich dafür kann auch die zügellose kapitalistische Wirtschaftsideologie angesehen werden, die die Lobpreisung des Egoismus eines jeden Individuums als Motor des Fortschritts propagiert und Augen und Ohren davor verschließt, welche Schäden extreme Egomanie anrichten kann.

Auf den Punkt gebracht: Egomanie ist heute eine weitverbreitete Persönlichkeits-Akzentuierung und kann sich bis zur massiven Störung entwickeln. Sie geht mit dem krankhaften Empfinden einher, man sei etwas ganz Besonderes und hätte daher auch ein natürliches Anrecht auf eine besondere Beachtung, uneingeschränkte Anerkennung und selbstverständliche Sonderbehandlung.

Egomanische Führungspersönlichkeiten agieren vollkommen selbstbezogen. Ihre Entscheidungen und Weisungen sind stets egoistisch motiviert. Sie legen unbedingten Wert darauf, von allem stets nur das Beste zu bekommen, und kriegen den Hals doch nie voll genug. Werden ihnen ihre Wünsche versagt oder Weisungen nicht prompt befolgt, reagieren sie mit extremer Kränkung und massiver, nach außen gerichteter Aggression.

Egomanische Chefs:

- zeigen ein extremes Ich-Suchtverhalten, das sich nicht mehr mit einfachem Egoismus beschreiben oder erklären lässt; leben in permanenter Sorge oder gar Angst, zu kurz zu kommen;
- mangelt es an Empathie und Einfühlungsvermögen;
- haben ein massiv übersteigertes Selbstwertgefühl, überschätzen ihre eigenen Fähigkeiten und Talente und erwarten, jederzeit als herausragende Persönlichkeit respektiert und akzeptiert zu werden;
- wünschen grundsätzlich eine bevorzugte Behandlung, in ihrer Erwartung hat man ihnen stets zu Diensten zu sein;
- fühlen sich (eigentlich) unangreifbar und halten ihre Verhaltens- und Sichtweise jederzeit für richtig und absolut gerechtfertigt – sehen sich dementsprechend auch bei der geringsten Kritik persönlich aufs Äußerste angegriffen und beleidigt – mit der Konsequenz, dass jeder Kritiker ihnen als Todfeind gilt und sofort beseitigt bzw. kaltgestellt werden muss;
- sind äußerst empfindlich (extrem leicht kränkbar) gegenüber jeder Verzögerung ihrer Wunscherfüllung und reagieren auf Alternativvorschläge oder Widerstand sofort mit den radikalsten Vernichtungswaffen, die ihnen zur Verfügung stehen;
- sind meistens dynamisch und auch intelligent genug, sich geschickt zu tarnen;
- verfügen, wenn es um ihre Angelegenheiten geht, um eine außergewöhnlich starke Durchsetzungskraft und zähe Ausdauer;
- nutzen andere aus und instrumentalisieren diese, um gnadenlos ihre eigenen Ziele durchzusetzen;

— sind ganz schlechte Zuhörer und keine verlässlichen Partner;
— sind tief im Innern unsicher.

Ursachen: Kindheitserfahrungen des Egomanen

Wie kann man sich die Kindheit einer egomanischen Persönlichkeit vorstellen? Die Ursachen liegen – wie so oft – in einer unbewältigten, bisweilen traumatischen Interaktionserfahrung zwischen Kind und Eltern, so der psychoanalytische Ansatz. Hinzu kommen nach Expertenmeinung aber auch biologische und genetische Anlagen. Ein Erklärungsansatz lautet: Wichtige Bezugspersonen haben die kindlichen Bedürfnisse entweder nicht adäquat befriedigt oder nicht erkannt. Da Kleinkinder jedoch in ihren elementarsten Bedürfnissen den Eltern und anderen Bezugspersonen absolut hilflos ausgeliefert sind, schreit das hungrige, durstige, gelangweilte oder unter Schmerzen leidende Kleinkind, bis seine Bedürfnisse erkannt und befriedig werden und sein Unwohlsein abgestellt wird. Das ist normal und angemessen.

Um aber einer grundlegenden Vernachlässigung etwas entgegenzusetzen, entwickeln Kinder Mechanismen der »Aufmerksamkeitserregung«. Sie quengeln, stören oder »erpressen« die für sie zuständigen Menschen ihrer Umgebung so lange, bis ihre Wünsche letztendlich erfüllt werden. Da diese Wunscherfüllung dann oftmals vonseiten der Eltern mit Auflagen und Bedingungen verbunden ist, erlebt das Kind diesen »Deal« nicht etwa als einen Sieg, sondern als Überlebens-Notwendigkeit. Es glaubt, seinen Forderungen in allen Angelegenheiten des täglichen Lebens mit allen Mitteln besonderen Nachdruck verleihen zu müssen. Tief in seinem Bewusstsein gräbt sich ein: Ich bekomme nur etwas, wenn ich massiv fordernd auftrete und mehr verlange als nötig, um überhaupt etwas zu bekommen.

Mit zunehmendem Alter und wachsender Reife lernt das Kleinkind, dass sein Wohlverhalten für die Eltern ein wichtiges Gut darstellt. Mit dessen Handhabung und Dosierung kann es seine Wünsche den Eltern gegenüber erfolgreich unterstreichen und häufig auch besser durchsetzen. Dies wird – etwas verkürzt salopp formuliert – zum eintrainierten Erfolgsprogramm.

Der Egomane hat nicht im ausreichenden Maße gelernt, die frühkindliche Beziehung zu seinen Eltern – Forderung und Deal – auf andere Menschen seiner Umgebung angemessen zu übersetzen. Er ist stecken geblieben in seinen unreifen, frühkindlichen Forderungen an die Eltern, die diese entweder unzureichend und/oder unwillig erfüllt haben – insbesondere dann, wenn das Kind massiv fordernd aufgetreten ist (etwa mit ständigen Schreianfällen oder anderweitiger Dramatik) und die Eltern mit Gegenforderungen reagiert haben.

Motive

Seine Interessen durchzusetzen und Wünsche erfüllt zu bekommen, ist angenehm und komfortabel. Nicht schön ist für den Egomanen der Moment, wo keiner mehr da ist, der scheinbar bedingungslos mitspielt und sich unterwirft wie die Eltern früher.

Würde sich der Egomane im Berufsleben so verhalten wie als Kind, wäre ganz schnell niemand mehr bereit, zu kooperieren oder ihm gar zu Diensten zu sein. Dann wäre der Egomane plötzlich isoliert, einsam, ausgetrickst und kaltgestellt. Um dem vorzubeugen, achtet ein intelligenter Egomane darauf, Menschen in seiner Arbeitsumgebung abhängig und gefügig zu machen und auch zu halten. Nur so kann er erfolgreich anderen seinen Willen aufzwingen, seine Maximalforderungen durchsetzen, stets oder wenigstens über einen längeren Zeitraum nur seinen eigenen Vorteil realisieren, seine Machtposition weiter ausbauen und immer stärker absichern. Das funktioniert am besten von einer gehobenen, mit Personalverantwortung ausgestatteten Position aus. Daher ist der Wille zur Macht beim Egomanen besonders stark ausgeprägt. Es drängt ihn unweigerlich in die Vorgesetzten-, am besten in die Chefposition. Hemmungen, sich auf dem Weg nach oben durchzukämpfen und dabei andere wegzubeißen oder kaltzustellen, kennt der Egomane nicht. Wer sich ihm in den Weg stellt, wird beseitigt.

Um schnell eine höhere Position zu erklimmen, geht der Egomane strategisch vor. Potenziell gefährliche Mitbewerber auf die von ihm angestrebte Chefposition müssen schließlich rechtzeitig erkannt und abserviert werden. Für diesen Personenkreis glaubt der Egomane einen besonderen Riecher zu haben. Er fühlt sich stets und ständig umgeben von Neidern, Ausbremsern, Saboteuren und bösen Widersachern. In seiner Wahrnehmung sind überall Feinde, denen er zuvorkommen muss und die es auszuschalten, zu unterwerfen oder mindestens auf Abstand zu halten gilt.

Arbeitsverhalten

Hauptmerkmal des Arbeitsverhaltens ist eine klare Zielsetzung zum fast ausschließlichen Nutzen und Wohle der egomanischen Führungskraft und die damit verbundene Instrumentalisierung von Vorgesetzten, die ihn fördern, und von Mitarbeitern, die ihm zu dienen bereit sind.

Als Vorgesetzte sind Egomanen nur schwer in der Lage, für längere Zeit zu kooperieren – wenn überhaupt. Dient es seinem Ziel, geht der Egomane – wenn auch ungern – ein zeitlich befristetes Bündnis ein. Verlässlichkeit ist jedoch nicht seine Tugend. Und so ist ein Friedens- und Nichtangriffspakt selten von längerer Dauer. Andere Menschen, egal, ob Mitarbeiter oder Kollegen, interessieren den Egomanen nicht wirklich. Oder nur insoweit, als sie die eigenen Kreise stören könnten. Dabei blendet der Egomane, ganz auf sich und den eigenen Erfolg fixiert, auch Konventionen und Realitäten aus.

So berichtete uns ein Betriebsrat von einem Abteilungsleiter, der in der Adventszeit Wochenendarbeit angeordnet hatte. Ein für seine eigene Karriere wichtiges Projekt musste noch vor Jahresende unbedingt fertig werden. Die Kolleginnen beschwerten sich daraufhin verständlicherweise, weil sie im Advent Zeit mit ihren Familien verbringen und Weihnachtsgeschenke einkaufen wollten. Die Antwort des Abteilungsleiters: »Weihnachten wird überschätzt.«

So absurd es auch klingt: Der egomanische Chef unterstellt in solchen Situationen seinen Mitarbeitern, egoistisch zu handeln. Er unterstellt also anderen das, was er selbst tut. Andere sind dumm und unfähig oder, wenn erfolgreich, nur Schurken, die sich die Taschen vollstopfen wollen (was in seinem Fall natürlich in Ordnung geht).

Empathie oder auch nur Verständnis für die Probleme seiner Mitarbeiter haben egomanische Führungskräfte nicht. *Wir haben von einem Fall gehört, wo eine Mitarbeiterin morgens ihre Abteilungsleiterin anrief und sich entschuldigte: »Meine Mutter ist heute Nacht gestorben. Ich kann leider nicht kommen.« Die Antwort daraufhin eiskalt: »Oh, das ist heute aber unpassend.«* Für die Chefin in diesem Beispiel zählte allein die Unannehmlichkeit, dass sie auf eine Arbeitskraft verzichten musste.

Ein anderer Fall in derselben Firma verlief ähnlich: Die Eltern eines Angestellten waren nach langer Krankheit gestorben. Deswegen wollte er außerplanmäßig ein paar Tage Urlaub nehmen, um notwendig gewordene Angelegenheiten zu regeln. Dem Abteilungsleiter war Anteilnahme jedoch fremd. Er schnauzte den Trauernden an: »Den Urlaub gebe ich Ihnen nicht. Sie wussten doch, dass Ihre Eltern krank sind. Da hätten Sie doch längst alles regeln können.«

Diese Berichte sind auch deshalb besonders traurig, weil es sich leider nicht um Einzelfälle handelt. Egomanie scheint zur DNA vieler Unternehmen zu gehören. Wir hoffen sehr für Sie, dass Ihr Vorgesetzter anders tickt ...

Umgang mit Mitarbeitern

Egomanische Chefs verlangen von ihren »Untergebenen« vor allem eins: absolute Unterordnung! Sie sollen am besten die Klappe halten, solange sie nicht gefragt werden, und sich schon gar nicht kritisch oder mit eigenen Ideen zu Wort melden. Egomanen ziehen besonders Personen mit schwachem Selbstwertgefühl an, die Befriedigung daraus beziehen, wenn sie einer vermeintlich wichtigen, weil mächtigen Person dienen.

Finden Sie es erstaunlich, dass es Menschen gibt, die anderen gern auf diese Weise dienen? Sie werden überrascht sein: Davon gibt es viele, und zwar nicht nur in Großorganisationen wie der Kirche und dem Militär. Dort wird das Dienen gezielt eingeübt, wie die im militärischen Kontext oft formulierte Frage verdeutlicht: Wo haben Sie gedient?

Wenn sie etwas idealisieren, worauf sie ihr eigenes Ideal-Selbst projizieren können, dienen viele Menschen mehr oder weniger freiwillig und gern. Diese Projektionsfläche kann die

Religion, das eigene Land oder eben die von ihnen bewunderte, idealisierte und verehrte egomanische Führungskraft sein. Durch die damit einhergehende Identifizierung »borgen« diese »Dienenden« sich ein aufgewertetes Selbst.

Ein egomanischer Vorgesetzter ist nicht in der Lage, adäquat auf die emotionalen Bedürfnisse seiner Mitarbeiter nach Unterstützung und Wertschätzung einzugehen. Deshalb bevorzugt er als Mitarbeiter devote Kriecher, die ihm gerade gut genug sind, die tägliche Dosis an Aufmerksamkeit und Konformität zu spenden. Diese werden im Gegenzug allerdings weder akzeptiert noch für voll genommen, sondern nur geduldet und manchmal sogar gleichzeitig für ihre Unterwürfigkeit verachtet. Mitarbeiter, die dem Egomanen ihre ehrliche Meinung oder Einschätzung zumuten, leben gefährlich. Sie werden abgekanzelt, ausgegrenzt, diffamiert und schnellstmöglich »entsorgt«.

Fühlen Egomanen sich von ihren Mitarbeitern nicht vorbehaltlos unterstützt, werden diese öffentlich abgestraft – was der Abschreckung dient. »Verrätern« wird jede Existenzberechtigung abgesprochen. Die Trennung ist radikal und endgültig, es gibt kein Verzeihen. Ein abschreckendes Exempel muss statuiert werden.

Diese Atmosphäre schafft massive Verunsicherung bei Mitarbeitern, verhindert echtes Engagement und tötet jede Form von Kreativität. Mit ängstlichen Dienern, die ständig ums Überleben oder um ihre Position fürchten, ist auf Dauer allerdings kein Staat zu machen – außer vielleicht in einer Diktatur. Und selbst diese ist, so zeigt uns die Geschichte, immer nur von begrenzter Dauer. Aufgrund dieses Verhaltens und der Unfähigkeit des Egomanen, sich in andere Menschen einzufühlen, herrscht unter seinen Mitarbeitern oft eine hohe Fluktuation.

Gefahren

Führungskräfte mit egomanischer Persönlichkeitsstruktur sind ein enormes Risiko für Mitarbeiter und Institution, denen sie angehören. Ob mit begrenzter Macht und noch überschaubarem Einfluss oder ganz an der Spitze – ihre maßlose Selbstbezogenheit, ihre Skrupel- und Rücksichtslosigkeit beschädigen auf längere Sicht alles, was in den Jahren zuvor durch die Gründer und Mitarbeiter mühsam aufgebaut, weiterentwickelt und gepflegt wurde.

Egomanen prägen oft einen Führungsstil, der im ersten Moment vielleicht noch motivierend wirkt, der irgendwann aber meist im Untergang endet. Scheitern Projekte, die mit der Hoffnung auf Erfolg begonnen wurden, werden Sündenböcke gesucht und gefunden, um diese dann ihrer (un-)»gerechten« Strafe zuzuführen. Der Egomane selbst ist grundsätzlich nie an Misserfolgen schuld. Wie auch bei narzisstischen Chefs kann dies dazu führen, dass Mitarbeiter ihren egomanischen Chef von allen schlechten Nachrichten abschirmen – eine Strategie, die nur begrenzt funktionieren kann, bis die totale Katastrophe über das Unternehmen hereinbricht.

Obwohl es sich bei Egomanen oftmals um hochintelligente, punktuell auch wirklich hart arbeitende, vor allem aber ehrgeizige und auf ihrem Fachgebiet durchaus begabte Personen handelt, sind sie letztendlich nicht in der Lage, ihre Sucht nach immer mehr Macht und Materiellem rechtzeitig zu stoppen. Sie überziehen ihre Forderungen und Ansprüche gnadenlos, bis ihnen (und auch anderen) alles um die Ohren fliegt – oder bis sie kurz vor dem großen Knall gerade so den Absprung schaffen und alle anderen ihrem Schicksal überlassen.

So absurd es ist: Nicht selten werden Egomanen aufgrund ihres Rufes als Macher sogar befördert oder bekommen attraktive Angebote von anderen Unternehmen für noch einflussreichere Machtpositionen.

Sollten Sie jetzt zufällig an die Deutsche Bahn und das Sparprogramm für den geplanten Börsengang denken, an den Zusammenbruch der ursprünglich einmal so smart aufgestellten Fluggesellschaft Air Berlin und das desaströse Bauprojekt des Berliner Flughafens BER, fällt Ihnen möglicherweise auf, dass im Zusammenhang mit all diesen Projekten immer wieder derselbe Name eine Rolle spielte: Hartmut Mehdorn. Was meinen Sie: Wird das Zufall sein?

Im ungünstigen Verlaufsfall, zum Beispiel einer längeren Serie von Niederlagen, entwickeln Egomanen auch paranoide Verfolgungs- und Verschwörungstheorien, ein völliges Ausblenden der Realität und letztlich auch Selbstzerstörungstendenzen durch exzessives Suchtverhalten.

Positives

Wie vieles im Leben hat sogar die Egomanie zwei Seiten. Personen mit dieser Charakterausbildung neigen zu einem dynamischen, konzentrierten Handeln, packen an, schaffen etwas weg, beeindrucken durch ihre Tatkraft, Ausdauer und – wenn nötig – auch eine gehörige Portion Fleiß, die sie geschickt verkaufen können, um weitere Stufen der Karriereleiter zu erklimmen. So vermögen sie vorzugeben, dass sie dem Ideal eines aktiven Managers entsprechen, der scheinbar mühelos etwas bewegen kann und wird.

Auf welche Weise und wie andere Mitarbeiter darunter leiden, welche Opfer und welcher Schaden dabei entstehen, ist für die Person, die einen Egomanen einstellt, oftmals nicht schnell genug ersichtlich. Auch dieser Typus hat also mindestens zwei Gesichter und kann sich geschickt tarnen.

Umgangsstrategien

Selbsterkenntnis: Unabhängig davon, ob Sie bereits Personalverantwortung übertragen bekommen haben, diese anstreben oder nur als Kollege im Umgang mit anderen Kollegen Merkmale erkennen: Es lohnt sich, diesen Spuren nachzugehen. Ein normal ausgeprägtes Maß an Egoismus ist heute für jeden von uns, und damit auch für eine Führungskraft, nichts Ungewöhnliches. So sind nun einmal die Spielregeln in unserer Arbeitswelt. Die Übergänge von gesundem zu brennendem, katastrophalen Egoismus, der sich in einer Egomanie manifestiert, sind dabei fließend. Bemerken Sie an sich selbst ein Abgleiten ins krankhaft Egomanische – oder werden durch andere schmerzlich darauf hingewiesen –, ist es höchste Zeit, sich selbstkritisch mit dem Thema auseinanderzusetzen und gegebenenfalls auch professionelle Hilfe zu bemühen.

Keine Sorge: Das passiert wirklich höchst selten! Die Crux an der Sache ist ja gerade: Wer wirklich ernsthaft von Egomanie betroffen ist, dem ist eine Selbstreflexion meist unmöglich und der Hinweis von außen vollkommen indiskutabel. Ein lupenreiner Egomane hält all seine egoistischen, auf Machterhalt und Bedürfnisbefriedigung ausgelegten Verhaltensweisen für absolut normal und gerechtfertigt.

Selbstbehauptung: Wie stark ist die Egomanie bei der Person, mit der Sie es zu tun haben, ausgeprägt? Kann man noch von einer nur akzentuierten Persönlichkeit sprechen oder muss man bereits von einer deutlichen Persönlichkeitsstörung ausgehen? Dies ist nicht einfach zu unterscheiden.

In beiden Fällen sollten Sie sich nicht zum Spielball ausbeuterischer, herrschsüchtig-manipulativer Tendenzen des Egomanen machen lassen. Ein hilfreicher Ansatzpunkt ist dabei die Leitfrage: Was macht dieser Typus mit mir, und was löst dies in mir aus? Darüber hinaus sollten Sie sich fragen, was Ihnen bei diesem Erkenntnisprozess und dem Bemühen um kritische Distanz helfen kann.

Dass Sie es mit einer egomanischen Persönlichkeit zu tun haben, signalisieren Ihnen folgende Wahrnehmungen:

— immer wieder deutliche Schwierigkeiten, die Handlungsweisen der Führungskraft als für das Unternehmen, die Abteilung, Mitarbeiter und Kunden als nützlich und sinnvoll zu erkennen;
— eine abgeschottete, auf die geringste Kritik oder auch nur Gegenvorschläge heftig reagierende unangemessen massive Gegenwehr;
— das zunehmende Gefühl, keinen echten Kontakt zum Chef mehr herstellen und halten zu können;
— der Wunsch, die eigenen Gefühle deutlich zu betonen – als Gegenreaktion auf die uneinfühlsame Art des Vorgesetzten;
— aufkeimender Ärger über die kühle, selbstverständliche Anspruchshaltung der Führungskraft;
— Gefühle von Kränkung und Verletzung;
— ängstliche Besorgnis darüber, was passieren könnte, wenn Sie sich auch nur ansatzweise widersetzen oder Worte der Kritik äußern würden.

Was Sie tun können: Kommen Sie zu dem Ergebnis, es mit einer stark egomanischen Chef-Figur zu tun zu haben, und spüren Sie ihrerseits einen deutlichen Leidensdruck? Dann ist neben dem verständlichen Fluchtinstinkt (Kündigung) ähnlich wie beim Narzissten nur eine Strategie auf Dauer Erfolg versprechend: eine Mischung aus Diplomatie und Intervention.

Fragen Sie sich: Wem könnten Sie die Augen öffnen? In

wessen Interesse ist es, eine egomanische Führungskraft kritisch zu hinterfragen? Wer hat das Ohr der letztendlich über alles entscheidenden Hauptperson, wenn diese nicht gerade der Egomane selbst ist: Betriebs- oder Personalrat, Fachpressevertreter, Aufsichtsratsmitglieder, Anteilseigner? Es ist nicht einfach, hier die richtigen Personen angemessen anzusprechen und zu involvieren – aber manchmal bleibt Ihnen kaum eine Wahl. Je eher auf höherer Leitungsebene – so es sie denn überhaupt noch gibt – erkannt wird, dass der Egomane auf seiner jetzigen Position eine gefährliche Fehlbesetzung ist, desto schneller kann er abgelöst werden.

In jüngster Zeit sind kritische Mitarbeiter insbesondere größerer Einrichtungen ins Netz ausgewichen und haben sich in Foren oder Arbeitgeber-Bewertungsportalen über Missstände ausgetauscht. Das hat erstens zu einem starken Interesse der Belegschaft geführt und zweitens auch eine deutliche Außenwirkung erzielt.

Eine akribische Aufzeichnung der Vorkommnisse in einem von Ihnen geführten Arbeitstagebuch kann dabei von hohem Nutzen sein. Sie reflektieren darin selbst die Situation, unter der Sie leiden, müssen sich mit Ihrer eigenen Rolle auseinandersetzen. Gleichzeitig schaffen Sie ein wichtiges, nötigenfalls auch juristisch relevantes Dokument. Dieses kann für mögliche Zeugenaussagen und eine Beurteilung durch Dritte eine nicht zu unterschätzende Bedeutung bekommen, wenn Sie und Ihre Glaubwürdigkeit – egal, ob nur unternehmensintern oder sogar vor Gericht – auf dem Prüfstand stehen. Leider sind Egomanen durchaus nicht abgeneigt, es auf eine solche Eskalation ankommen zu lassen, denn in ihren Augen sind sie grundsätzlich im Recht.

8 Tipps für den Umgang mit egomanischen Chefs

1. **Erwarten Sie weder Einsicht noch Änderungen.**
   Eine Besserung wird es kaum geben, im Gegenteil. Dem Egomanen mangelt es an Selbstkritik und Reflexionsfähigkeit. Empathie ist absolut nicht sein Ding. Auch Anerkennung für Ihre Leistungen dürfen Sie von ihm nicht erwarten. Rechnen Sie stattdessen damit, dass er Sie kleinzuhalten und zu unterwerfen versucht und gezielt abhängig machen möchte.
2. **Kritisieren Sie nie den Egomanen.**
   Er will, dass Sie ihm zu Diensten sind. Kritiker stellen eine zu große Gefahr für ihn dar. Egal, ob mit Recht oder wie gut Sie es auch mit ihm meinen: Behalten Sie Gegenvorschläge oder Bedenken besser für sich. Zweifel an seinen Vorhaben oder seiner Kompetenz gelten bei ihm als Hochverrat, und Sie müssen mit Bestrafung rechnen.
3. **Der Egomane erwartet absolute Unterstützung.**
   Dabei spielt es überhaupt keine Rolle, ob dies zu Ihren Aufgaben gehört. Er verlangt, dass Sie seine Anweisungen befolgen und seine Aufträge erfüllen. Können oder wollen Sie dies nicht oder gelingt es Ihnen nur schlecht, überlegen Sie dreimal, wie Sie das kommunizieren (wenn überhaupt).
4. **Bieten Sie ihm keine Angriffsfläche.**
   Machen Sie ihren Job, auch wenn Sie oftmals keinen Sinn in den Anweisungen sehen. Selbst wohlwollende, konstruktive und sogar völlig unkritische alternative Vorschläge wird er nicht akzeptieren, sondern als einen direkten, bösartigen Angriff auf sein Ego verstehen.

5. **Gehen Sie dem Egomanen, wenn möglich, aus dem Weg.** Auch wenn er nicht über den Charme eines Narzissten verfügt, fällt es ihm leicht, andere dazu zu bringen, nach seiner Pfeife zu tanzen. Angekommen in einer Spitzenposition, finden sich immer Bewunderer, denen es eine Ehre zu sein scheint, ihm bis zur Selbstaufgabe zu dienen. Lassen Sie sich nicht in Machtspiele und Manipulationen hineinziehen. Natürlich können Sie sich ihrem Vorgesetzten nicht vollständig entziehen. Suchen Sie aber nicht mehr Nähe als unbedingt nötig.
6. **Nehmen Sie nichts persönlich.** Das ist natürlich schwierig – aber wenn Sie es eine Weile mit einem Egomanen aushalten müssen, sollten Sie daran arbeiten. Ein Egomane wird immer wieder versuchen, Sie emotional zu treffen, Ihre Schwachstellen herauszufinden und schamlos auszunutzen. Gehen Sie emotional unbedingt auf Abstand. Halten Sie sich stets vor Augen: Es geht ihm nicht um Sie, es geht ihm nur um sich selbst und seine Macht.
7. **Unternehmen Sie keine Therapieversuche.** Jeden Ansatz, ihn ändern zu wollen, erlebt der Egomane als Angriff. Betrachtet er Sie als Kontrahenten, wird er alles daransetzen, ihre Karriere zu zerstören.
8. **Versuchen Sie unbedingt, sich aus der Schusslinie zu bringen.** Nehmen Sie emotionalen Abstand und weichen Sie auch physisch so oft und so gut aus, wie es nur geht. Wenn nichts darauf hindeutet, dass der Egomane in absehbarer Zeit auf- und rausfliegt: Kündigen Sie, sobald es Ihnen möglich ist. Warten Sie nicht den Untergang ab. Verharren Sie nicht, bis er Sie weichgekocht, ernsthaft

verletzt und abhängig gemacht hat. Spätestens, wenn Sie spüren, dass Ihr Selbstbewusstsein leidet, kündigen Sie schnellstmöglich.

Der Tyrann: ein aggressiv-autoritärer Psychoterrorist

Der Rachefeldzug

Mit viel Enthusiasmus trat ich meine neue Stelle als Kulturreferentin in einer mittelgroßen Kreisstadt in Süddeutschland an. Was ich da noch nicht wusste: Ich geriet mitten in einen Krieg zwischen dem Oberbürgermeister und dem Kulturdezernenten, die sich bis aufs Blut hassten und bekämpften. Das war ein äußerst aggressiver Kampf mit harten Bandagen, der jetzt leider auf meinem Rücken ausgetragen werden sollte. Und am Ende wurde ich in diesem Machtkampf gnadenlos zerrieben.

Von vorne: In einem mehrstufigen Auswahlverfahren hatte ich mich gegen 123 Bewerber aus ganz Deutschland durchgesetzt. Dabei wurde ich vom Gemeinderat einstimmig gewählt und in der wichtigsten Tageszeitung der Region mit allem Drum und Dran vorgestellt.

Was ich erst hinterher von der Personalchefin erfuhr: Der Oberbürgermeister hatte einen ganz anderen Favoriten für diesen Posten vorgesehen. Ich war die Favoritin des Kulturdezernenten gewesen. Mein letzter Mitbewerber hatte dann so kurzfristig abgesagt, dass er bei der finalen Bewerbungs-Wahlrede nicht mehr antrat, obwohl das eigentlich vorgesehen war. Danach war im Rathaus heftig diskutiert worden. Der OB wollte die Abstimmung verhindern und mich direkt wieder nach Hause schicken – schließlich war ich die Kandidatin seines Gegenspielers. Doch ihm waren verwaltungsrechtlich die Hände gebunden. So durfte ich meine Bewerbungs-Wahlrede halten und wurde auch prompt gewählt.

Ich bin mir hundertprozentig sicher: Normalerweise hätte mein Konkurrent die Stelle bekommen. Ich war nur als Staffage für das Auswahlverfahren vorgesehen gewesen. Und somit ist mir im Nachhinein auch klar, dass mich der Oberbürgermeister von vornherein um jeden Preis wieder loswerden wollte. Es durfte nicht sein, dass der Kulturdezernent sich gegen ihn durchsetzte.

Weil das nun doch geschehen war, bekam ich den Rachefeldzug des Oberbürgermeisters zu spüren. Immer wieder wurde mir vermittelt, dass ich die Falsche auf dieser Position sei. Fakten spielten dabei überhaupt keine Rolle. »Der Ober sticht den Unter«, sagte er einmal zu mir, »und ich bin der Ober.« Seine Lieblingsdrohung mir gegenüber war: »Die Presse habe ich fest im Griff ...« Er hatte noch nicht einmal Hemmungen, seine Intentionen ganz offen zu kommunizieren: »Machen Sie sich keine Hoffnungen, hier geschieht, was ich will! Und ich will, dass Sie gehen. Wenn nicht, mache ich Sie fertig!«

Der Druck auf mich war allgegenwärtig. Quasi jeden Tag wurde ich vom OB ohne sachlichen Grund tyrannisiert. An einem Freitagvormittag – sechs Wochen lagen jetzt erst hinter mir, seit ich angetreten war – bat er mich zu einem Vieraugengespräch und drohte mir unverhohlen: »Wenn Sie nicht freiwillig zurücktreten, dann wird eine vernichtende Kampagne gegen Sie in der Presse lanciert werden. Sie haben genau eine Stunde Zeit, sich das zu überlegen. Gehen Sie einen Kaffee trinken, und sagen Sie mir in einer Stunde, wie Sie sich entschieden haben. Danach gehe ich in den Verwaltungsausschuss und werde über das Ergebnis berichten.«

Kaum war ich zurück in meinem Büro, da klingelte das Telefon. Ein Redakteur der in der Region führenden Tageszeitung war am Apparat. Was er mich fragte, zog mir die Schuhe aus: »Haben Sie sich schon überlegt, zurückzutreten? Sie konnten sich ja bislang nicht so richtig positionieren. Die Frage ist überhaupt, ob Sie sich jemals positionieren werden können?« Tja, erst erfährt es die Presse, dann erfährt man es selbst ... Dieser Anruf brachte das Fass zum Überlaufen. Mein Schutzschild war gebrochen. Ich entschied mich in der nächsten halben Stunde zum Rücktritt. Der OB hatte sein Ziel erreicht. Als ich in sein Büro kam und ihm meine Entscheidung kundtat, zurückzutreten, grinste er mir triumphierend ins Gesicht und klopfte mir auf die Schulter. Für die verbleibenden Monate meiner Probezeit wurde ich freigestellt.

Ich habe mich für den Rücktritt entschieden, weil mir klar war, dass ich dieses Spiel niemals gewinnen würde. Unangenehm war nur, dass alles in der Presse nachzulesen war und ist – bis heute. Und bis heute schmerzt es auch noch immer.

Einleitung

Tyrannische, aggressiv-autoritäre Menschen begegnen uns leider immer noch und immer wieder in der Arbeitswelt – auch wenn man denken könnte, diese Spezies sei doch längst ausgestorben. Das Tückische ist, dass die Tyrannei in ihren unterschiedlichen Formen nicht immer klar erkennbar ist: In der Großküche eines Hotels wird anders geschnauzt als auf der Erste-Hilfe-Station eines Krankenhauses, auf dem Bau herrscht eine andere Tonalität als bei den Orchesterproben in der Philharmonie. Viel zu oft halten wir tyrannische Verhaltensmuster für normal, weil es sie von der Familie über die Schule und Ausbildung bis hin zum Arbeitsplatz überall gibt. Nicht wenige Menschen in übergeordneter Position zeigen eine Tendenz, sich in bestimmten Situationen – wenn nicht sogar überwiegend bis dauerhaft – auf die ihnen verliehene Macht zu besinnen und sich auf das Recht des Stärkeren zu berufen.

Dieses Persönlichkeitsprofil geht in der Regel mit eindeutig identifizierbarem Verhalten auf familiärer, beruflicher oder politischer Ebene einher. In den Köpfen dieser Menschen herrschen Vorurteile, Schwarz-Weiß-Denken, Doppelmoral und der Wunsch, andere stets und ständig zu dominieren. Sie sind häufig aufbrausend und laut, zynisch und intolerant, insgesamt wenig angenehm und verträglich und zeigen häufig zwei ausgeprägte Gesichter: nach oben kriecherisch und buckelnd, nach unten tretend – das sogenannte Radfahrer-Prinzip!

Merkmale

Ein fast durchgängig feindselig-aggressives Auftreten, das zwischen Strenge und Grausamkeit oszilliert, kennzeichnet das Verhalten dieses Vorgesetzten-Typus gegenüber Menschen, die er nicht fürchten muss. Scheinbar lustvoll verbreitet er Angst und Schrecken und setzt mehr oder weniger subtile Methoden des Psychoterrors ein, um seine Ziele zu erreichen. Manche »Exemplare« scheinen es regelrecht zu genießen, andere zu beleidigen und einzuschüchtern – soweit sie in der Hierarchie unter ihnen sind bzw. ihnen nicht gefährlich werden können. Ziel dabei ist es, die eigenen Wünsche und Vorstellungen ohne große Mühe durchzusetzen.

Der Tyrann will herrschen. Gezielt verletzt er andere mit Worten und Taten und sorgt für Angst und Schrecken in seinem Einflussbereich. Alles dient der Einschüchterung. Wenn etwas nicht genau nach seinen Vorstellungen läuft, reagiert er mit Wutanfällen und massiven Sanktionsandrohungen. Alles, was er wünscht, hat möglichst schnell zu geschehen. Geht etwas schief und die Frage der Verantwortung stellt sich, sind grundsätzlich immer die anderen schuld.

Der aggressiv-autoritäre Tyrann scheint weder zuhör- noch kompromissfähig. Sein Einfühlungsvermögen in andere ist ebenso begrenzt wie die Fähigkeit, die eigene Person selbstkritisch reflektierend infrage zu stellen. Er präsentiert sich als kalt berechnender Machtmensch, der nur dann in der Maske der freundlichen Ergebenheit auftritt, wenn er es mit hierarchisch übergeordneten Personen zu tun hat. Damit bildet er zusammen mit dem Narzissten und Egomanen ein diabolisches Trio, das auch bei unterschiedlicher Ausprägung der diversen Macken doch vor allem sehr viel gemeinsam hat. Immer wieder geht es um die aktive Versklavung von Mitarbeitern, um Machtmissbrauch, um Vorteilsnahme, um schwer toxisches Verhalten.

Auf den Punkt gebracht: Macht, Herrschaft und Angriff sind Schlüsselworte für tyrannische Führungspersönlichkeiten in der Arbeitswelt. Ihre skrupellose Taktik ist es, andere Menschen zu entwerten und in ihrem Selbstwertgefühl zutiefst zu verletzen.

Aggressiv-autoritäre, tyrannische Chefs:
— üben mit aggressiv-rücksichtslosen Mitteln Druck und Macht aus;
— streben die (alleinige) Herrschaft über andere an;
— neigen zu Impulsivität und erscheinen unberechenbar;
— haben eine Tendenz, andere zu unterdrücken, zu bestrafen und zu entwerten;
— agieren häufig kühl und berechnend, destruktiv und zynisch;
— verlangen unbedingten Gehorsam und absolute Loyalität – ohne jede Gegenleistung;
— zeigen keine Tendenzen zu kritischer Reflektion und Selbstkritik;
— neigen zu Vorurteilen, Stereotypien und zu Schwarz-Weiß- sowie Oben-unten-Denken;
— erklären und rechtfertigen ihr aggressives Agieren gegen

andere, indem sie es rationalisieren und somit als unausweichlich darstellen, nach dem Motto: »Ohne klare Ansagen funktioniert der Laden nicht« oder »Manche Leute brauchen eben einen Tritt in den Hintern«;
— sind meist autoritätshörig gegenüber Ranghöheren und zeigen die typische »Radfahrer-Haltung«: nach oben buckeln, nach unten treten;
— sind sehr ungeduldig, wenig flexibel, intolerant, verfügen aber über ein stoisches Beharrungsvermögen, bezogen auf ihre Ziele;
— sind schlechte Zuhörer;
— sind keine verlässlichen Verhandlungspartner;
— sind tief im Innern enorm unsicher;
— scheinen in der Kindheit große Akzeptanzprobleme gehabt zu haben.

Ursachen: Kindheitserfahrungen des Tyrannen

Bei einer Erklärung dieser Persönlichkeits-Akzentuierung kommen sicher verschiedene Einwirkungen zusammen. In der Kindheit – so der psychoanalytische Erklärungsansatz – war dieser Persönlichkeitstyp enormer Feindseligkeit und Zurückweisung vonseiten seiner Eltern oder stellvertretender Erziehungspersonen ausgesetzt. Aus unterschiedlichen Gründen kann ein Kind zum Empfänger von verdrängtem oder verschobenem Ärger der Eltern werden. Es ist das schwächste Mitglied der Familie und damit ein bequemes Ziel für Enttäuschung, Wut und Feindseligkeit, die meistens aus der Beziehung zu den eigenen Eltern stammen und jetzt beim eigenen Kind abgeladen, abgearbeitet werden.

Dieses Modell feindseliger Interaktion wird verinnerlicht und in Rachemanier wiederholt: Was einem selbst in der Kindheit an aggressiv-autoritärem Verhalten vonseiten der Eltern widerfuhr, kann man nun als (scheinbar mächtiger) Erwachsener anderen in einer Passiv-aktiv-Umkehrung rächend zufügen.

Motive

Hintergrund und Quelle eines tyrannischen, Angst einflößenden Verhaltens kann eigene, unbewusste, uneingestandene Angst sein. Wer sich selbst klein, hilflos und zutiefst selbstunsicher fühlt, muss eine Führungsposition anstreben, in der er die anderen »deckeln« kann, um groß und mächtig zu erscheinen. Statt sich mit seiner eigenen Angst auseinanderzusetzen, versetzt der Aggressiv-Autoritäre bevorzugt andere in Angst und Schrecken (die Passivaktiv-Umkehrung). So rächt sich der Tyrann später für selbst erlebtes Leid an anderen und genießt es, weil es ihn von seiner eigenen Angst, von eigenen leidvoll erlebten Qualen ablenkt.

Bis zu ihrem Aufstieg in eine Chefposition können diese Persönlichkeiten anderen sogar imponieren. Doch schon zu diesem Zeitpunkt sind sie Wölfe im Schafspelz. Um ihre Karriere nicht zu behindern, kaschieren sie ihre aggressiven Tendenzen so lange, bis eine Machtposition erreicht ist, von der aus sie ihre aggressiven Impulse für sich relativ gefahrlos realisieren können.

Arbeitsverhalten

Im Vordergrund steht der Ausbau von Macht und Einfluss. Da wird mit harten Bandagen gekämpft, notfalls auch »über Leichen gegangen«. »Wo gehobelt wird, da fallen Späne« ist die Rechtfertigung für die quasi kriegerischen Aktivitäten des Tyrannen. Immer wieder geht es um Eroberung und Unterwerfung. Aber die Aggressionen des Tyrannen beschränken sich nicht auf die Androhung körperlicher Gewalt, wenngleich dies in bestimmten Branchen auch nicht unbedingt ungewöhnlich ist. Sie äußern sich auch in Willkür oder Demütigung. So hat es Robert erlebt.

Als Robert seinen neuen Job antrat und am ersten Arbeitstag auf dem Weg zu seinem Chef war, begegnete er einem Mitarbeiter, der dasselbe Ziel hatte und beim Gehen auf einen Brief mit dem Firmenbriefkopf starrte. Als beide beim Chef ankamen, ließ Robert dem neuen Kollegen den Vortritt und wartete vor dem Büro seines Chefs. Durch die Tür bekam er deshalb mit, wie es drinnen sehr laut wurde. Nach nicht einmal fünf Minuten kam der Mitarbeiter mit gesenktem Kopf wieder heraus. Nun war Robert dran. Der Chef hieß ihn willkommen und sagte: »Ist Ihnen eben der junge Mann begegnet? Das war Ihr Vorgänger.«

Natürlich hatte der Chef das Zusammentreffen der beiden geplant und den »fliegenden Wechsel« bewusst inszeniert. So konnte er zwei Botschaften aussenden: An den geschassten Mitarbeiter ging die Nachricht: »Guck mal, da kommt einer, der es besser kann und billiger macht als du.« Und Robert bekam gleich eine Warnung mit auf den Weg zu seinem neuen Schreibtisch. Denn die Aktion war nichts anderes als die verklausulierte Drohung: »Da siehst du, was passiert, wenn du nicht lieferst oder Probleme machst.«

Ein schlimmer Nebeneffekt der impulsiv-unberechenbaren Art des Tyrannen: Sie erschwert jede konstruktive Planung. Für eine wirklich erfolgreiche Führung fehlt ihnen die Fähigkeit, Kooperations- und Bündnispartner zu gewinnen und zu halten.

Angemerkt werden muss jedoch auch, dass das aggressiv-autoritäre Verhalten einer Führungsperson durch autoritär-hierarchische Merkmale der Organisationsstruktur begünstigt werden kann (etwa beim Militär, im Krankenhaus oder im Gefängnis). Sie ist also nicht immer allein auf eine durch die Kindheit determinierte Charakterpathologie zurückzuführen.

Umgang mit Mitarbeitern

Kaum einer hält es längere Zeit in der Umgebung eines Tyrannen aus – und vor allem nicht freiwillig und nicht gern. Bei seinen Kontakten ist der Tyrann wählerisch. Umgang pflegt er vornehmlich mit denen, die ihm willig untergeben und seinen egoistischen Macht- und Durchsetzungsplänen nützlich sind.

Eine aggressiv-autoritäre Persönlichkeit muss nicht immer an der Spitze der Hierarchie stehen. Sie kann auch als Bereichs- oder Abteilungsleiter oder in einer anderen Position der mittleren Führungsebene die ihr anvertrauten Mitarbeiter drangsalieren und tyrannisieren. Selbst in der vergleichbar unbedeutenden Stellung eines Büroleiters kann dieser Typus dafür sorgen, dass das Arbeitsleben für alle, die ihm ausgesetzt sind, zur Hölle auf Erden wird.

Sadismus und Mobbing sind zwei wichtige Stichworte, für die der aggressiv-autoritäre Typus häufig verantwortlich zeichnet. Arbeitszufriedenheit und Leistungsmotivation der Mitarbeiter eines tyrannischen Chefs sind deshalb oft auch denkbar schlecht. »Ein keifender Herr macht einen trägen Knecht«, sagt ein deutsches Sprichwort.

So wie sanfte Chefs sich häufig als engsten Mitarbeiter in der zweiten Reihe einen »Beißer« halten, der ausführt, was sie selbst nicht gut können, trifft man in der Umgebung eines aggressiv-autoritären Chefs nicht selten einen eher warmherzig-zugewandten weicheren, verständnisvolleren Charakter an. Er wirkt in gewisser Weise ausgleichend. Durch diese Konstellation wird häufig ein schneller Niedergang des Unternehmens vermieden bzw. in die Länge gezogen.

Gefahren

Die Risiken im Einflussbereich eines Tyrannen liegen auf der Hand: Totale Demotivation und eine hohe Fluktuation der Mitarbeiter werden das Unternehmen bzw. die Institution früher oder später in größte Schwierigkeiten bringen. Loyalität oder eine tiefere Identifikation mit dem Unternehmen und seinen Zielen wird man unter den Mitarbeitern eines Tyrannen vergeblich suchen – sie können es kaum erwarten, das Weite zu suchen, wenn sie die Chance bekommen.

Im Versagensfall neigen Tyrannen zu Selbstzerstörungsfantasien und können diese unter Umständen auch in die Tat umsetzen. Paranoide Anwandlungen, Alkoholmissbrauch und Rache an der Umgebung, der sie für eigenes Versagen die Schuld aufbürden, sind keine Seltenheit. In einigen Fällen wurden sie geschichtlich dokumentiert und sogar künstlerisch adaptiert – wie zum Beispiel im Film *Der Untergang*, der vom Ende des tyrannischen Diktators Adolf Hitler erzählt. In einer Szene des Films sagt Hitler, das »deutsche Volk« habe ein Überleben verwirkt, weil es versagt habe.

Positives

Bei Tyrannen gibt es wenig Positives zu entdecken. Selbst die vermeintliche Tatkraft dieses Typus kann die katastrophal-negativen Eigenschaften nicht ansatzweise ausgleichen. Gleichwohl müssen diese Menschen in ihrem Job nicht dumm und unfähig sein. Ihr innerer Ansporn ist es, sich aus der potenziellen Gefahr vor Verletzungen durch Vorgesetzte und Kollegen herauszubringen, indem sie sich hocharbeiten. Damit ihnen diese Gefahr nie wieder drohen kann, streben sie eine machtvolle Position an, die sie vor den anderen (ehemaligen Kollegen) schützt, um schließlich diesen anderen das antun zu können, wovor sie selbst die größte Angst haben: durchschaut, angebrüllt, niedergemacht und verletzt zu werden.

Umgangsstrategien

Selbsterkenntnis: Haben Sie persönlich Züge der hier beschriebenen Verhaltensweisen bei sich entdeckt? Falls ja, kann es nicht schaden, sich einer näheren Betrachtung zu stellen. Hinter der Fassade von Herrschaft und Unnahbarkeit befindet sich beim Tyrannen meist ein zutiefst verunsichertes, von Selbstwertzweifeln und Minderwertigkeitsgefühlen geplagtes Ich. Die nach außen zur Schau getragene Macht verbirgt die innere Ohnmacht. »Wer angibt, hat es nötig«, sagt der Volksmund, der damit einen wichtigen inneren Antrieb des Tyrannen auf einfachste Weise zutreffend erklärt.

Gegen einen derartigen Vorwurf müsste der Tyrann sich natürlich vehement zur Wehr setzen, da er eine zu große Gefahr für sein labiles Selbstwertgefühl bedeuten würde. Alles könnte wie ein Kartenhaus in sich zusammenfallen. Und genau dagegen muss angekämpft und nötigenfalls hart durchgegriffen werden.

Selbstbehauptung: Mit einem Aggressiv-Autoritären »Marke Tyrann« kann man nicht »reibungslos« umgehen. Da die seelische Verletzungsgefahr durch ihn so enorm groß ist, kommt es darauf an, sich besonders klug zu schützen.

Am Anfang steht dabei immer die Frage: Was macht dieses

Verhalten mit Ihnen, was löst es aus, woran erinnert es Sie? Gehen Sie diesen Überlegungen unbedingt eine Zeit lang intensiv nach. Forschen Sie, wann und mit wem in Ihrer Biografie Sie Vergleichbares vielleicht schon erlebt haben und sich deshalb nun so verletzt fühlen. Auch wenn diese früheren Erfahrungen mit tyrannischen Verhaltensweisen Sie geprägt haben mögen, machen Sie sich deutlich: Dieses Kapitel ist (hoffentlich) abgeschlossen. Sie sind kein Opfer und kein schwaches abhängiges Kind mehr, sondern erwachsen und autonom – und müssen sich so etwas nicht bieten lassen.

Versuchen Sie, die durch die Umgangsweise Ihres Vorgesetzten bei Ihnen ausgelösten Gefühle von Angst, Wut oder Verzweiflung beherrschen zu lernen, statt sich von Selbstwertzweifeln oder gar Depressionen überwältigen zu lassen. Zugegeben: Das ist leichter gesagt als getan. Der Tyrann erwartet, dass nach seinen donnernden Befehlen oder einer verbalen Tracht Prügel ein jeder kuscht, innerlich die Hacken zusammenschlägt und strammsteht. Die Kunst besteht jedoch darin, nicht zu kuschen, allerdings auch nicht offen zu kämpfen.

Vermeiden Sie die direkte Konfrontation, laufen Sie aber auch nicht gleich weg. Lassen Sie sich vor allem nicht beliebig herumschubsen. Sie würden Gefahr laufen, dass der Druck auf Sie eher zunimmt und der Tyrann Ihnen gegenüber nun jede »Beißhemmung« verliert.

Was Sie tun können: Um sich gegen einen Tyrannen behaupten zu können, ist es notwendig, mit diesem zugegebenermaßen unangenehmen Typus in Kontakt zu bleiben. Das bedeutet, bei seinem ersten Rumgezetere nicht gleich umzukippen, wegzulaufen oder noch lauter zurückzubrüllen, sondern flexibel zu reagieren – wie ein Grashalm im Sturm, sozusagen.

Wenn nun ein aggressiv-autoritärer Chef Sie nicht auf seine für ihn typische Art und Weise »umgeblasen« oder zum

Schreien oder Weinen gebracht hat, Sie also immer noch »aufrecht« und »beherrscht« präsent sind (oder wenigstens nach außen hin halbwegs so wirken), wird er sich in einem zweiten Anlauf erneut mit Ihnen auseinandersetzen. Wenn Sie auch diesen zweiten, vielleicht schon etwas milderen, freundlicheren Aushebelungsversuch durch Ruhe und Gelassenheit überstehen, erhöht sich die Chance, dass der Tyrann in Zukunft möglicherweise anders mit Ihnen umgeht als mit den Umfallern, Wegläufern und Jasagern. Man könnte diese Strategie »Respekterzeugung« nennen. Es geht also darum, sich nicht offenkundig einschüchtern zu lassen (bzw. Anzeichen dafür geschickt zu kaschieren) und nicht der Versuchung zu erliegen, mit direkter Aggression (»gleicher Münze«) zurückzuzahlen. Dann bestünde nämlich die Gefahr, den Kürzeren zu ziehen, da der Chef in der Regel am längeren Hebel sitzt.

8 Tipps für den Umgang mit aggressiv-autoritären Chefs

1. **Gewinnen Sie Zeit, damit sich Ihr Gegenüber abregen kann.**
   Werden Sie aggressiv angegangen, gehen Sie nicht direkt darauf ein. Antworten Sie zum Beispiel: »Darüber muss ich mir Gedanken machen«, und verlassen Sie dann angemessen ruhig ohne ein weiteres Wort den Raum. Damit rechnet der Autoritär-Aggressive nicht und weiß im ersten Moment des Erstaunens nicht, wie er reagieren soll.
2. **Nutzen Sie Pausen, um sich Ihre nächsten verbalen Schritte zu überlegen.**
   Beim nächsten Aufeinandertreffen kommt alles darauf an, gelassen-freundlich zu bleiben und Ihr Anliegen oder Ihren Vorschlag nochmals – vielleicht in anderen Worten,

aber vor allem ohne Unsicherheit – vorzutragen. Helfen können dabei Formulierungen, die dem anderen signalisieren, man habe sich vielleicht noch nicht deutlich genug ausgedrückt, man sei vielleicht missverstanden worden, usw.

3. **Versuchen Sie, dem anderen eine »goldene Brücke« zu bauen.**
   Ermöglichen Sie dem Tyrannen, ohne Gesichtsverlust noch einmal auf Argumente einzugehen, die er bereits als »Schwachsinn« grollend vom Tisch gefegt hat.
4. **Vermeiden Sie Rechthaberei und destruktives Streiten.**
   Diskutieren Sie besser nicht aus, wer wie, wann, was gesagt oder getan hat. Es kommt mehr auf das große Ganze als auf das kleine Detail an.
5. **Führen Sie ein Arbeitstagebuch.**
   Notieren Sie die schlimmsten Verfehlungen und Entgleisungen. Auch wenn es keine Zeugen gibt: Im Konfliktfall haben Sie auf diese Weise Munition, um ggf. den Betriebsrat, den Vorgesetzten des Tyrannen oder andere Unterstützer mit konkreten Informationen und Argumenten zu versorgen.
6. **Setzen Sie sich selbst proaktiv mit Ihrer Angst vor dem Tyrannen auseinander.**
   Was löst er bei Ihnen aus? Woran erinnert Sie das? Welche Erfahrung haben Sie eventuell schon mit Gewalt und vor allem mit selbst erlittener Gewalt gemacht? Gespräche darüber mit Menschen, denen Sie vertrauen, können Ihr Selbstbewusstsein stärken und Ihnen helfen, sich besser zu fühlen, vor allem aber, Angst abzubauen.
7. **Zögern Sie nicht, sich professioneller Hilfe zu bedienen.**
   Versuchen Sie sich lieber nicht als Erzieher, Coach oder Widerstandskämpfer in eigener Sache!

8. **Wir sind nicht auf der Welt, um so zu sein, wie andere uns haben wollen.**
   Denken Sie gegebenenfalls über eine Kündigung nach. Schützen Sie Ihr Selbstwertgefühl und warten Sie nicht zu lange, wenn der Leidensdruck steigt.

Der Theatralische: viel Drama und noch mehr Schein als Sein

»Fantastisch! Klasse! Supergeil!«

Ich arbeite seit einigen Jahren in der Werbebranche. Mein Chef (45) verfügt über Eigenschaften, die auf den ersten Blick zu unserem Arbeitsumfeld passen und zeitgemäß erscheinen: Er sieht blendend aus, bemüht sich aber trotzdem, noch etwa 20 Jahre jünger zu wirken, und ist entsprechend modisch gestylt. Außerdem ist er stets sehr interessiert, absolut flexibel, offen für alles Neue und sehr begeisterungsfähig. Er lobt sogar hin und wieder seine Mitarbeiter und feiert gern gemeinsam mit ihnen Erfolge. Als ich neu in die Firma kam, schwärmte ich richtig für ihn. Aber mit der Zeit merkte ich: Von allem hat er leider ein bisschen viel, oftmals etwas zu viel. Und wenn man an der Oberfläche auch nur ein wenig kratzt, ist da eigentlich wenig bis gar keine Substanz dahinter.

Immer wenn wir ein neues Konzept zu einem Pitch entwickeln, gibt es für ihn kein Halten mehr. »Ich will, dass wir das beste Konzept einreichen, das diese Welt bisher gesehen hat!« – »Wir rocken den Laden. Die können nur uns nehmen!« – »Diese Idee wird alle umhauen, damit schreiben wir Geschichte!« – »Da haben wir uns mal wieder selbst total übertroffen!«

Einmal saß ich in meinem Büro, auf einmal hörte ich ein lautes »Yeah!« vom Flur. Als ich rausging, um nachzusehen, sah ich meinen Chef mit der PR-Leiterin durch die Gänge stolzieren, ein Sektglas in der Hand. In der Branchenpresse war ein positiver Artikel über unser Unternehmen erschienen. »Das muss exzessiv gefeiert werden!«, verkündete der Chef mit stolzgeschwellter Brust. Doch es geschah – nichts. Keine Einladung, nicht mal ein kleiner Umtrunk ... Man weiß wirklich nie, woran man bei ihm ist.

Ein anderes Mal bat er unsere Abteilung zu einem Meeting. »Leute, wir helfen dem Vertrieb auf die Sprünge und kreieren ein neues Sales-Konzept.« Ein Kollege warf ein: »Wir sind doch keine Vertriebler, da fehlt uns doch eine ganze Portion Expertise.« Dem Chef war das egal: »Dafür haben wir den unvoreingenommenen Blick, wir können den Schnarchnasen neuen Input geben.«

Also machten wir gezwungenermaßen mit und erarbeiteten in verschiedenen Einzelgruppen über mehrere Stunden hinweg ein neues Vertriebskonzept. Der Chef schien begeistert. »Superklasse, ganz, ganz toll! Großartig, echt grandios, wirklich! Das Konzept stelle ich dem Vertriebsleiter vor. Damit mischen wir den Laden mal so richtig auf. Das wird der absolute Wahnsinn! Spitze!«

In einem der nächsten Abteilungsmeetings fragte ich, wie das Konzept denn von seinem Sales-Kollegen aufgenommen wurde. Der Chef druckste erst ein bisschen herum. »Das Konzept ist nicht wirklich angekommen.« Und dann, als ob er innerlich einen Schalter umgelegt hätte, rastete er plötzlich aus: »Was habt ihr euch bloß dabei gedacht, mich mit so einem Dreckskonzept zum Vertrieb zu schicken? Wollt ihr mich lächerlich machen? Ihr seid solche Versager. Ich setze euch jetzt auf drei zusätzliche Projekte, anders habt ihr es ja nicht verdient!«

So etwas gab es häufiger. Erst preschte er mit wahnwitzigen Ideen vor, und wir waren gezwungen, mitzumachen. Und dann kamen wir aus der Zwickmühle nicht mehr raus. Denn wenn es schiefging, waren wir schuld. Jedes Mal mussten wir seine extreme Sprunghaftigkeit und seine Launen ausbaden und wurden mit

Extra-Arbeit in fast schon unmenschlichem Ausmaß zugeschüttet. Das machte den Arbeitsalltag zu einer emotionalen Achterbahn, die einen von innen zerfraß.

Eine andere Geschichte ist mir persönlich sehr sauer aufgestoßen. Ich war am nächsten Tag zu einem Kongress eingeladen. Vor über 1000 Personen aus unserer Branche sollte ich eine Keynote halten. Kurz vor Antritt meines spätabendlichen Flugs rief mich der Chef auf dem Handy an: »Ilona. Morgen geht doch das Konzept an den Automobil-Kunden raus. Ich weiß, es ist eigentlich fertig. Aber ich habe noch eine Idee, die musst du unbedingt noch einbauen.«

Ich wies ihn sanft, aber klar darauf hin, dass ich quasi schon auf dem Weg zum Kongress war. »Der Kongress ist jetzt egal. Wir brauchen den Kunden unbedingt. Du musst das fertig machen. Und nur du schaffst das. Das wird supersupergeil! Ich weiß das! Du kannst das! Du bist doch die Beste! Du musst den Flug canceln. Wir brauchen das überarbeitete Konzept morgen ganz früh.«

Ich war perplex. Denn mein Chef war es gewesen, der mich ermutigt hatte, den Kongress zu besuchen und die Rede zu halten. Das sei doch eine tolle Gelegenheit, um die Firma dort zu präsentieren, hatte er gesagt. Das aber schien jetzt nicht mehr zu zählen.

Als ich weiter murrte, sagte er schließlich: »Du musst letztendlich die richtigen Prioritäten setzen und mit den daraus resultierenden Konsequenzen leben.«

Peng! Das saß. Ich musste mich schnell entscheiden. Und ich habe mich entschieden: für den Vortrag und gegen die Überarbeitung des Angebots. Das Angebot war gut, so, wie es war. Und die neuen Ideen des Chefs waren, sagen wir: eigenwillig. Ich jedenfalls wollte lieber die Chance nutzen, diese Keynote zu halten. Die Konsequenzen waren mir in diesem Moment fast egal.

Dennoch bereitete mir meine mutige Entscheidung einige schlaflose Nächte. Ich bekam Bauchschmerzen, die immer stärker wurden. Ich fragte mich: Wie würde mein Chef reagieren? Alles war möglich, denn er war unberechenbar. Würde er mich zur Sau machen, weil ich gegen ihn gehandelt hatte? Würde er mich auf die Abschussliste setzen? Mit solchen Fragen zermarterte ich mir den Kopf. Schließlich ging es mir so schlecht, dass ich mich krankschreiben lassen musste. Als ich wiederkam, war ich ziemlich nervös. In meiner Fantasie sah ich mich bereits mit dem Kündigungsschreiben konfrontiert. Mein Chef jedoch reagierte weder auf meinen Alleingang noch auf meine Krankschreibung.

Aber diese Geschichte hat in mir eine Entscheidung reifen lassen. Ich will nicht länger der Spielball der Launen dieser Diva sein. Ich habe mich bei anderen Unternehmen beworben und werde meine Firma wohl in Kürze verlassen können.

Beste Bekannte

Das Entertainment kennt viele Theatraliker. Ein besonders bekannter Vertreter ist Baron von Münchhausen, der literarische Lügenbaron – bekannt durch seine abenteuerlichen Geschichten, in denen er selbst der große Held ist. Auch die Kunstfigur Cindy aus Marzahn – gespielt von Ilka Bessin – oder die Dragqueen Olivia Jones, hinter der der deutsche Travestiekünstler Oliver Knöbel steckt, sind gezielt theatralisch präsentierte Figuren. Bei Marilyn Monroe, die 1926 als Norma Jeane Mortenson in Los Angeles geboren wurde und in den 1950er-Jahren als Filmschauspielerin, Sängerin und Fotomodel zum Weltstar avancierte, kann man schwer unterscheiden, was echt war und was theatralische Inszenierung. Wahrscheinlich braucht es mehr als nur eine Prise Theatralik, um im Showgeschäft zu reüssieren.

Aber die Theatralischen mit ihrem Hang zu Selbstinszenierung, Image-Building und Übertreibung bis hin zur Lüge gibt es auch in Führungspositionen der Wirtschaft und selbst im öffentlichen Dienst. Vielleicht erinnern Sie sich noch an Dr. Gert Postel, den leitenden Oberarzt und Psychiater, der gar keiner war – sondern gelernter Briefzusteller. Der Hochstapler spielte seine Rolle jedoch dermaßen überzeugend, dass er gleich zweimal für mehrere Jahre Führungspositionen bekleiden konnte, unter anderem als Chefarzt der Psychiatrie. Das war in den Neunzigern, ist durch die Weltpresse gegangen und auch in einem von ihm selbst geschriebenen Buch außerordentlich akribisch dokumentiert.[46]

Bestimmt erinnern Sie sich auch noch an Karl-Theodor zu Guttenberg, der innerhalb kürzester Zeit zu einem der populärsten Politiker der Bundesrepublik und Hoffnungsträger der Christdemokraten aufstieg. Der Spross eines fränkischen Adelsgeschlechts vereinte den Eindruck von Seriosität und ein jugendliches Auftreten und wusste sich stets perfekt zu inszenieren. Die Bilder aus seiner Zeit als Verteidigungsminister, wie er in Afghanistan aus einem Helikopter stieg, gingen durch alle Medien. Bei einem Konzert der Hardrock-Band AC/DC posierte er gemeinsam mit seiner Gattin für die *Bild*-Zeitung.[47] Als dann die Plagiatsaffäre um seine Doktorarbeit publik wurde, klaffte plötzlich eine deutliche Lücke zwischen Schein und Sein. Was besonders irritierte: Guttenberg selbst empfand die Beschuldigungen als »abstrus« – obwohl die Beweise klar auf dem Tisch lagen. Nur aufgrund des öffentlichen Drucks trat er von seinen Ämtern zurück.

Dass die Selbstwahrnehmung bei den Theatralischen oftmals wenig bis nichts mit der Wirklichkeit zu tun hat, zeigt auch das Beispiel des Fußballtrainers Christoph Daum. Der Mann, der seine Spieler über Glasscherben laufen und sich von Motivationstrainern wie Emile Ratelband (Lieblingswort: »Tschakka!«) inspirieren ließ, war auf dem Weg, Bundestrainer zu werden. Als dann Gerüchte über seinen angeblichen Kokainkonsum aufkamen, beteuerte Daum mehrfach öffentlich seine Unschuld. Er ging sogar so weit, sich bei einer selbst einberufenen Pressekonferenz zu einer Haaranalyse bereit zu erklären. Legendär seine Worte: »Ich tue das, weil ich ein absolut reines Gewissen habe.«[48] Daum wurde durch die Analyse als Lügner entlarvt. Sein Drang zu Selbstinszenierung und Theatralik hatte ihm offenbar den Realitätssinn vernebelt.

Einleitung

Theatralische Menschen begegnen uns auch in der Arbeitswelt gefühlt immer häufiger. Kein Wunder, schließlich leben wir in einer Ökonomie der Aufmerksamkeit.[49] Selbstinszenierung gehört mittlerweile zum täglichen Geschäft. In der Realität erleben wir: Wer strahlender lächelt, ausgefallener posiert, lauter jubelt und »die Bude rockt«, dem werden häufig auch Macherqualitäten zugeschrieben, selbst wenn sie unter der polierten Oberfläche vielleicht gar nicht vorhanden sind. In der psychologischen Fachsprache werden die Theatralischen als histrionische oder auch hysterische Persönlichkeiten bezeichnet. Untersuchungen von zwei US-Wissenschaftlerinnen haben gezeigt, dass manche Manager in Bezug auf eine histrionische Persönlichkeitsstörung selbst klinische Patienten toppen können, die sich deswegen in Behandlung befinden.[50]

Merkmale

Theatralische Persönlichkeiten neigen zu dramatischen Auftritten und versuchen ständig, im Mittelpunkt zu stehen. Ihr Hauptziel ist, Aufmerksamkeit, Sympathie und Bewunderung ihrer Mitmenschen auf sich zu lenken. Sie sind stolz auf die eigene Erscheinung und versuchen, sich in ihren Selbstinszenierungen als überaus lebendig, sehr aktiv und ungemein attraktiv und begehrenswert zu präsentieren. Sie lieben Abwechslung und Maskierung; sie scheuen Bindung, Festlegung und Verantwortung. Nichts hassen sie so sehr wie Langeweile.

Auf der anderen Seite sind sie empfänglich für Suggestion und emotional eher labil. Typisch sind ihre Launenhaftigkeit und Ausbrüche von Lachen oder Weinen. Verführerisches, sexuell provozierendes Verhalten steht ebenfalls im Dienst einer starken Ich-Bezogenheit mit dem Ziel, von anderen unbedingt gemocht und grenzenlos bewundert zu werden. Viele ihrer Verhaltensweisen lassen sich mit der Redensart »mehr Schein als Sein« zusammenfassen. Mit der Zeit jedoch tritt der Mangel an Authentizität bei ihnen immer sichtbarer zutage, auch wenn sie vordergründig charmant und herzlich wirken.

Auf den Punkt gebracht: Ein durchgängiges Muster übermäßiger Emotionalität und Theatralik sowie ein übergroßes Verlangen nach Aufmerksamkeit und Zuwendung kennzeichnen die histrionischen, theatralischen Führungspersönlichkeiten in der Arbeitswelt.

Theatralische Chefs:

- neigen zu einem dramatischen, provozierenden, aufsehenerregenden Auftreten;
- haben einen starken Hang zur Dramatisierung und einen übertriebenen Gefühlsausdruck;
- gewinnen Menschen anfangs durch ihre Begeisterungsfähigkeit und scheinbare Offenheit und schlüpfen gern in die Rolle einer »Stimmungskanone«;
- schmeicheln sich gern mit Komplimenten und Geschenken ein oder ziehen die Aufmerksamkeit mit dramati-

schen Beschreibungen ihrer Vorhaben, ihrer bisherigen Leistungen und Erfolge oder ihrer beruflichen Entwicklung auf sich;
- zeigen oberflächliche und rasch wechselnde Emotionen;
- präsentieren oft übertrieben wirkende emotionale Reaktionen (z. B. innige Umarmung flüchtiger Bekannter; inadäquate Zorn- und Wutausbrüche; Larmoyanz und zur Schau gestellte Sentimentalität);
- haben alle Stimmungslagen und Gefühlsausbrüche in einer Art »An- und Ausschalt-Modus«, sodass leicht der Eindruck entsteht, diese seien nur »strategisch« bzw. vorgetäuschtes Mittel zum Zweck;
- verlangen von anderen ständig Bestätigung, Anerkennung und Lob;
- geben sich übertrieben attraktiv und verführerisch in ihrem Äußeren und Verhalten;
- greifen Komplimente schnell und fast unersättlich auf, reagieren gegenüber kritischen Bemerkungen genauso rasch verdrossen, verärgert, gereizt oder aggressiv;
- fühlen sich unwohl in Situationen, in denen sie nicht im Mittelpunkt stehen und das Geschehen um sich herum nicht maximal beeinflussen können;
- reagieren bei drohendem Verlust der Aufmerksamkeit mit dramatischen Reaktionen, erfinden Geschichten oder machen eine Szene;
- fallen durch einen übertrieben impressionistischen Sprachstil auf, der sich nicht an Details festhält (zum Beispiel war ihr Geschäftsjahr »ein ganz grandioser, wunderbarer, nie da gewesener Erfolg!« und der letzte Urlaub »einfach fantastisch! Unglaublich! Echt supertoll! Absolut spitzenmäßig!«);

— sind stark suggestibel, ihre Standpunkte und Gefühle können also schnell und leicht beeinflusst werden;
— zeigen einerseits eine übertriebene Vertrauensseligkeit, besonders gegenüber wichtigen Persönlichkeiten und Autoritäten, und andererseits eine rasche und vor allem kränkende Abwertung, wenn ihre überzogenen Ansprüche und Forderungen nicht oder nicht schnell genug erfüllt werden;
— neigen stark dazu, ihre zwischenmenschlichen, beruflichen und gesellschaftlichen Konflikte zu verdrängen und abzuspalten;
— kennen weder Geduld noch Ausdauer;
— sind ganz schlechte Zuhörer;
— sind nicht wirklich verlässlich;
— haben als Kinder wahrscheinlich stark gelitten.

Ursachen: Kindheitserfahrungen des Theatralischen

Wie auch bei anderen Störungen wird hier ein Zusammenspiel von biologischen, insbesondere aber stark psychischen und umweltbezogenen Faktoren angenommen. Theatralische bzw. histrionische Persönlichkeitsstrukturen – so der psychoanalytische Erklärungsansatz – basieren auf Entwicklungsstörungen im ersten Lebensjahr sowie in der sogenannten ödipalen Phase der psychosexuellen Entwicklung (etwa viertes bis siebentes Lebensjahr). In dieser Phase kommt es zu spezifischen Konflikten, Bindungen und Rivalitäten mit den Eltern. Nach Einschätzung der Vertreter der Psychoanalyse ist die Übererregbarkeit von späteren Theatralikern darauf zurückzuführen, dass das Kind eine enorm starke und fast ausschließliche Fixierung auf den andersgeschlechtlichen Elternteil entwickelt. In solchen Familienkonstellationen wird dem Kind eine Rolle zugeteilt, in der die eigene, kindgerechte Entwicklung auf der Strecke bleibt. Das Kind spürt nur Akzeptanz, wenn es diese Rolle einnimmt. Um überhaupt Aufmerksamkeit für seine eigenen Bedürfnisse zu erreichen, ist ein fast theatralisches Übertreiben der Bedürfnisse notwendig – und diese empfundene Notwendigkeit äußert sich noch im Erwachsenenleben im Hang zur Theatralik.

Die permanente Suche nach Zuwendung und einer Mittelpunktrolle kann das Ergebnis einer mangelnden Bedürfnisbefriedigung des Kindes sein: Es hat möglicherweise zu wenig Zuneigung und Aufmerksamkeit der Eltern bekommen. So kommt es zu dem Gefühl, nicht geliebt zu werden, oder zu der ständigen Angst, verlassen zu werden. Die Folge ist ein ausgeprägt niedriges Selbstwertgefühl. Das Kind lernt, Aufmerksamkeit und Unterstützung durch übertrieben emotionales Verhalten oder das bewusste Herbeiführen von Krisen zu erhalten.

Motive

Sich in der Bewunderung und Anerkennung durch andere »zu sonnen«, dient dem theatralischen Chef zur Eigenberuhigung seiner ihm stets unterschwellig bewussten und quälenden Versagensängste und der Abwehr von starken Unzulänglichkeitsgefühlen. Ihm kommt es darauf an, die Insignien seiner Macht und Wirksamkeit, seine Erfolgstrophäen und Potenzsymbole Freunden wie Feinden demonstrativ zur Schau stellen zu können. Dazu gehören typischerweise Luxusautos, berufliche Titel, die Rangstufe in der Hierarchie, die Höhe des Stockwerks im Bürogebäude, die Größe und Ausstattung des Büros, der eigene Firmenparkplatz oder die Mitarbeiterzahl. Der Theatraliker triumphiert im phallischen Konkurrenzkampf, wenn ein anderer »den Kürzeren« zieht.

Andererseits fürchten nicht wenige theatralische Chefs

gleichzeitig die (eingebildete) Rache derjenigen, die sie überholt oder auch ausgetrickst haben, um sich in diese Position zu bringen. Diese Angst vor Rivalität, aber auch übertriebenes Rivalitätsverhalten können das berufliche Fortkommen enorm behindern.[51]

Arbeitsverhalten

Keine Gelegenheit zur eindrucksvoll inszenierten Selbstdarstellung wird ausgelassen. Die öffentliche Wirkung, Feste und Präsentationen spielen eine große Rolle im Arbeitsleben der Theatraliker. Erfolge werden aufwendig präsentiert. Jede Pressemeldung, jedes Interesse an seiner Abteilung und seinem »Werk« dient dem Theatraliker als Beweis seiner ersehnten Bedeutsamkeit.

Theatralische Persönlichkeiten »sind in vieler Hinsicht Gegentypen zu den zwanghaften: Sie sind ständig auf der Suche nach Neuerungen, haben immer wieder frische Ideen, die sie genauso schnell fallen lassen, wie sie sich dafür begeistern, fühlen sich durch ›Ordnungen‹ gefesselt und gelähmt, lieben Bewegung, Hektik, Termindruck, Abwechslung«.[52] Konzentrations- und Zuhörfähigkeit sind nicht die Stärken theatralischer Führungskräfte. Auch können sie als unbeständig bezeichnet werden. So wechseln sie häufig die Arbeitsstelle, weil sie Alltägliches rasch als langweilig empfinden, zwischenmenschlich über wenig bis keine Toleranz verfügen und schnell frustriert reagieren, wenn sie sich nicht immer wieder bestätigt fühlen.

Schlechte oder fehlende Organisation, Flüchtigkeitsfehler, Wunschdenken, zu wenig selbstkritische Hinterfragung und die Unfähigkeit, aus Fehlern zu lernen, sind eindeutige Kennzeichen einer theatralisch geführten Abteilung. Theatralische

Chefs machen Versprechungen und wecken Hoffnungen, lösen aber wenig davon ein. Unzuverlässigkeit, mangelnde Stabilität, wenig Durchhaltevermögen und eine Neigung zum Intrigantentum erschweren den Umgang mit diesem Persönlichkeitstypus zusätzlich.

Umgang mit Mitarbeitern

Erhebliches Konfliktpotenzial schüren theatralische Chefs, weil sie generell ihren Mitarbeitern nicht die Freiheit zugestehen, die sie sich selbst nehmen. Und weil sie selbst gern im Mittelpunkt stehen, reißen sie gute Ideen, Erfolge und Verdienste, an denen ihre Mitarbeiter großen Anteil haben, gerne an sich. Hinzu kommt: »Weil der hysterische Chef [ein anderer Begriff aus der Psychologie für theatralische Persönlichkeiten, Anm. d. Verf.] in seiner Institution der potenteste Mann sein möchte und die Konkurrenz anderer Männer fürchtet, umgibt er sich gern mit weiblichen Mitarbeiterinnen, die seine Potenz bewundern. Potente Männer versucht er loszuwerden, wenn sie ihm in ihrer Entwicklung nahekommen. [...] An einer Institution, die von einem hysterischen Chef geleitet wird, kommt es zu häufigem Wechsel des Personals, wobei viele im Streit gehen.«[53]

Infolge seines geschäftigen und aufgeregten Habitus hat dieser Typus nur wenig Verständnis für die von seinen Mitarbeitern verursachten Verzögerungen und Fehlschläge. Die emotionale Übererregbarkeit führt schnell zu schlechter Laune oder gar Wutausbrüchen. Nichts darf die strahlenden Fantasien der Theatraliker stören, erst recht nicht eine vielleicht berechtigte Konfrontation mit der etwas blasseren Realität.

Nach dem Prinzip »Gegensätze ziehen sich an« werden oft zwanghafte Persönlichkeiten Mitarbeiter von theatralischen Vorgesetzten. Das führt nicht selten zu Spannungen und Konflikten, weil der hysterische Chef schnell mit seinen um Leistung und Perfektion bemühten Angestellten ungeduldig wird, wenn diese nicht schnell genug mit Projekten fertig werden und Erfolge vorweisen. Andererseits benötigt der zwanghaft Strukturierte das kreative, bisweilen auch chaotische Pendant, das er im Theatraliker findet – wie der Feuerwehrmann das Feuer braucht, um es zu bekämpfen.

Gefahren

Ein grandioses Feuerwerk, das schnell verglüht, betriebsame Hektik, allzu oft mehr Schein als Sein, mangelnde langfristige Planung und ein Fehlen jeglicher Liebe zum Detail sind die typischen Risiken, die der theatralische Persönlichkeitstyp für sein Unternehmen birgt. Beim Auftauchen der ersten Schwierigkeiten droht häufig auch gleich der Zusammenbruch.

Eine berufliche Lebensführung voller Sprünge, wenig Kontinuität, meist planlos bis eher chaotisch, geprägt von Tagträumereien und Wunschdenken, ohne innere Orientierung, aber von äußeren Einflüssen deutlich abhängig, sind theatralische Führungspersönlichkeiten getrieben von einem enorm starken Geltungsbedürfnis. Krankhafte Selbstbezogenheit und Bewunderungsgier, Neigung zu Rivalität mit anderen und ein infantiles Gebaren in Haltung, Kleidung und Lebensführung machen den Umgang mit ihnen auf Dauer schwer erträglich. Die ständig vorgetragene Erwartungshaltung nach überzogener Aufmerksamkeit und die Degradierung des Umfelds zur Bühne lassen bei Mitarbeitern nach noch anfänglicher Begeisterung Rückzugs- und Abschottungstendenzen aufkommen, was für die Funktionsfähigkeit des Unternehmens schnell zum Problem werden kann.

Haben die Theatralischen keinen Erfolg, reagieren sie

schnell gekränkt, deprimiert, wenn nicht gar gereizt bis höchst aggressiv. Neben den besonders belastenden, weil Aufmerksamkeitsheischenden Reaktionen (seelisch bedingte »Schwächeanfälle«), ist auch mit depressiven Verstimmungen, Angst- und Befindlichkeitsstörungen zu rechnen. Hinzu können paranoide Verschwörungsfantasien kommen, die dazu dienen, andere für das eigene Versagen verantwortlich zu machen. All diese Verhaltensweisen können Teams und Abteilungen zum Stillstand bringen, wenn nicht rechtzeitig gegengesteuert wird.

Positives

Unter Umständen verfügt der Theatralische besonders in der Anfangsphase von Projekten über die Kraft, andere zu begeistern und zu motivieren. Kontaktfähigkeit und die Gabe, Sympathie und sogar auch Vertrauen erwecken zu können, sind positive Züge im Umgang mit anderen Menschen. Der Optimismus des Theatralikers (an den guten Tagen) ist ansteckend, seine Kreativität begeistert Teammitglieder, und seine risikofreudige Neugierde kann sich belebend auswirken. Für eine kurze Zeit kann er viel bewegen, neue Impulse setzen, eine Menge in Gang bringen. Der Theatraliker ist häufig ein eindrucksvoller Selbst- und Fremddarsteller – unterhaltsam und kurzweilig, wenn auch anstrengend. Das dicke Ende folgt, wenn es mal nicht so gut läuft ...

Umgangsstrategien

Selbsterkenntnis: Der erste Weg zur Besserung, ist die Einsicht. Haben Sie einige der oben genannten Verhaltensweisen schon häufiger bei sich selbst wahrgenommen? In diesem Fall sei die saloppe Frage gestattet: Haben Sie es nicht auch 'ne Nummer kleiner? Und wenn nein – warum nicht? Was sind Ihre Motive, unbedingt immer im Mittelpunkt stehen zu müssen? Was müssen Sie kompensieren ... und haben Sie das wirklich nötig?

Lassen Sie es uns mit dem Architekten Mies van der Rohe sagen: »Weniger ist mehr.« Was für die Baukunst und die Ästhetik gilt, kann sich auch im Arbeitsleben als effektiver erweisen, als man glauben könnte. Wer mit besonders viel Überschwang auf sich und seine Gefühlsregungen aufmerksam macht, genießt deshalb nicht automatisch die Aufmerksamkeit, Anerkennung und Wertschätzung der anderen. Mehr Ausdauer, Geduld und Gelassenheit wären gute Grundsteine eines verhaltenstherapeutischen Trainingsprogramms, um theatralische Tendenzen in den Griff zu bekommen.

Selbstbehauptung: Bei aller notwendigen Aufmerksamkeit, die man einem Vorgesetzten nun mal schuldet: Es ist wichtig, dass Sie nicht jede emotionale Aufwallung Ihres theatralischen Chefs »für bare Münze nehmen«. Erweitern Sie die eigene Frustrationstoleranz, solange Sie es noch gut aushalten können. Bei groben Tendenzen zu Unzuverlässigkeit und Herrschsucht oder den Versuchen Ihres Vorgesetzten, gravierende Fehler zu vertuschen, ist allerdings Gegenwehr angezeigt. Zeigen Sie ihm, wenn irgend möglich, Grenzen auf, und grenzen Sie sich gegenüber Vereinnahmungsattacken deutlich ab.

Was Sie tun können: Neben dem Versuch, ausgleichend zu wirken, gibt es noch weitere Möglichkeiten, Ihr Verhalten auf die Theatralik des Chefs einzustellen. Zwei Varianten können situationsabhängig Erfolg versprechend sein. Die erste: Unterstützen Sie diesen Cheftypus nach Kräften. Mehr noch: Spornen Sie ihn an und ermutigen Sie ihn, noch ein weiteres Projekt aus dem Boden zu stampfen, noch diese Idee und jene Sache zu verfolgen. Je mehr und je schneller, desto besser. Schmeicheln Sie ihm gezielt und loben Sie ihn auch bei anderen, für seine Karriere wichtigen Personen. Wenn Sie Glück haben, macht dieser Vorgesetzte tatsächlich relativ schnell Karriere und bekommt neue, größere Aufgaben – dann sind Sie ihn los. Im Sinne Ihrer Abteilung wäre allerdings zu hoffen, dass Sie nicht eingeladen werden, mit ihm zu ziehen. Schließlich haben Sie jetzt nämlich alle Hände voll zu tun, für Ihren Bereich eine Art Schadensbegrenzungsmanagement zu organisieren und alles wieder in normale Bahnen zu lenken.

Die zweite Variante: Sollte es auf absehbare Zeit nicht mit einer Beförderung des Vorgesetzten klappen und der Absprung auch für Sie keine Option sein, dokumentieren Sie tagebuchartig die Aktivitäten für alle Vorhaben, die Ihr Chef gerade so jongliert: die Entstehung, den anfänglichen Einsatz, die Stagnation, das Scheitern, gegebenenfalls sogar die Kosten. Sammeln Sie Fakten und stellen Sie Zahlenmaterial zusammen. Bereiten Sie die Belege vor, die das Kosten-Nutzen-Verhältnis der pompösen Projekte in ein realistisches Licht rücken. Dabei müssen Sie sich allerdings Mühe geben, denn die Beweisführung muss sitzen. Der Hintergrund: Die Wahrscheinlichkeit ist hoch, dass irgendwelche Umstände (respektive eine andere, höhergestellte Person) den fatalen Aktionismus irgendwann stoppen wollen. Früher oder später wird es Personen in Ihrem Unternehmen geben, die Sie mit Ihrem Sammelmaterial munitionieren können und die willig, aber auch fähig sind, den gefährlichen Kollegen zu Fall zu bringen. Alles eine Frage der Zeit, geschickter Organisation und Ihrer Leidensfähigkeit …

8 Tipps für den Umgang mit theatralischen Chefs

1. **Lernen Sie, zu relativieren.**
   Nehmen Sie theatralische Chefs nicht zu ernst. Grenzen Sie sich zumindest innerlich deutlich ab.

2. **Gut drauf oder schlecht drauf?**
   Versuchen Sie, die Launen des theatralischen Chefs einzuschätzen und entsprechend aufzutreten. Bei überschwänglicher Laune fällt es ihnen leichter, Ihre Vorschläge durchzubekommen und Unterstützung zu finden; bei schlechter Laune ist Abstand das Mittel der Wahl.
3. **Wenn noch Hoffnung besteht:**
   Versuchen Sie – wenn Sie noch optimistisch sind und Sinn darin erkennen –, ausgleichend zu wirken, die großen Vorhaben des Theatralikers auf ein realistisches, konstruktives Maß herunterzubrechen.
4. **Unterstützen und hoffen.**
   Eine Strategie, den theatralischen Chef loszuwerden, kann sein, ihn durch Unterstützung und Ansporn »hochzuloben« – denn tatsächlich wird dieser Typus häufig schnell befördert.
5. **Aktenlage schaffen.**
   Funktioniert beides nicht, dokumentieren Sie, was an heißer Luft und faulem Zauber produziert wird. Sammeln Sie Fakten, Aussagen, Versprechungen, Ergebnisse und stellen Sie all das der Realität gegenüber.
6. **Andere einbinden.**
   Holen Sie andere, mächtige Personen im Unternehmen ins Boot. Nicht jeder fällt auf theatralische Chefs herein. Bereiten Sie ein solches Gespräch aber unbedingt akribisch vor.
7. **Nicht den Therapeuten spielen!**
   Für den Fall, das Sie es mit einem sympathischen Charakter zu tun haben: Versuchen Sie besser nicht, sich als Hilfstherapeut anzudienen, der dem unglücklich theatralisch agierenden Vorgesetzten behilflich sein will, ein

stabileres Selbstbild zu entwickeln. Auch kritische Appelle an die Selbstreflexion werden Sie bei einem stark theatralisch akzentuierten Typen nicht weiterbringen. Diese schwierigen Aufgaben gelingen auch dem dafür zuständigen therapeutischen Fachpersonal nur sehr schwer. Die histrionische Persönlichkeitsstörung ist häufig nämlich behandlungsresistent, weil die Betroffenen ihr eigenes Verhalten eher als unproblematisch erleben.

8. **Rechtzeitig gehen.**
   Entscheiden Sie, wann der richtige Moment für den Absprung gekommen ist.
   Auch bei diesem Typus bleibt Ihnen nach reiflicher Abwägung und einem angemessenen Aufwand an Geduld und Beobachtung nur der Arbeitsplatzwechsel! Besser, Sie treffen die Entscheidung aus eigener Kraft, statt abzuwarten, bis der Schaden Ihre Abteilung oder das ganze Unternehmen in die Knie zwingt. Nur kein falsches Mitleid!

Der Schizoide: kühl, distanziert, misstrauisch, verschlossen

Der Chef mit der kalten Schulter

Vor gut zwei Jahren kam ich in diese Firma. Von den drei Personen auf der Unternehmensseite hatten beim Vorstellungsgespräch vor allem die Personalleiterin und die Assistentin meines Vorgesetzten, Herrn Ludwig, geredet. Aber an einen Satz meines zukünftigen Chefs kann ich mich noch gut erinnern: »Sie werden hier selbstständig arbeiten können und ihre Freiräume bekommen.« Ich glaube, mehr hat er im ganzen Gespräch gar nicht gesagt, aber damals klang das für mich sehr positiv.

An meinem ersten Arbeitstag kam ich ins Büro und wurde von der Assistentin zu meinem Schreibtisch in einem Einzelbüro gebracht. »So, mach dich erst einmal mit allem vertraut. Der Herr Ludwig kommt sicher irgendwann zu dir rein.« Aber womit sollte ich mich vertraut machen? Was konkret sollte ich tun? Ich las also die Branchenpresse im Internet. Und Herr Ludwig? Kam nicht.

So ähnlich ging es weiter. Mein Chef ließ sich auch in der Folgezeit praktisch nicht blicken, er war überhaupt nicht greifbar. Seine Assistentin schottete ihn förmlich ab. Einen Termin bei ihm zu bekommen, war nahezu unmöglich. Einmal sollte ich eine Marktanalyse für eine neue Produktlinie zusammenstellen. Die schickte ich an den Chef, mit der Bitte um einen Termin zur Besprechung. Keine Antwort. Keine Reaktion. Das Verhalten hat mich ziemlich verunsichert. Ich dachte, ich hätte vielleicht alles falsch gemacht. Als ich zwei Tage später anrief und die Assistentin ans Telefon bekam, sagte sie: »Ja, er hat's bekommen. Mach dir keine Sorgen. Wenn er nichts sagt, ist das in der Regel positiv. Ich versuche, einen Termin für dich zu machen.« Einen Tag später rief sie mich wieder an: »Diese Woche ist schlecht, da hat er viel um die Ohren. Passt dir Dienstag nächste Woche?«

Okay, dann eben erst in der nächsten Woche. Als ich Dienstag ins Vorzimmer kam, strahlte mich die Assistentin an. »Geh schon mal in sein Büro, er müsste jeden Moment kommen.« Ich wartete 30 Minuten und fragte dann vorsichtig nach. »Ach so, tut mir leid. Ich versuche, ihn zu erreichen.« Weitere 15 Minuten später kam die Assistentin mit einem verlegenen Lächeln zu mir: »Es ist etwas Wichtiges dazwischengekommen.« Es blieb nicht das letzte Mal, dass ich dachte, mein Chef will mit seinen Mitarbeitern einfach nichts zu tun haben.

In der folgenden Woche kam es dann doch noch zu einem Gespräch. Herr Ludwig ließ sich von mir die Marktanalyse erläutern. Ich hatte darin einige Probleme genannt, die unsere

Firma bei der Markteinführung bekommen könnte. Dazu gab es keinen Kommentar. Mein Chef sagte nur: »Okay, dann arbeiten Sie jetzt weiter.« Kein Dank, keine Reaktion, kein Feedback. Kein Hinweis darauf, ob meine Arbeit irgendeine Konsequenz nach sich ziehen würde.

Ähnlich lief es auch bei anderen Aufgaben, in anderen Situationen ab. Ich fühlte mich von meinem Chef überhaupt nicht beachtet und wahrgenommen. Es gab grundsätzlich weder Lob noch Tadel. Es kam überhaupt keine Resonanz. Den anderen in meiner Abteilung ging es genauso. Die schienen sich damit abgefunden zu haben. Der Chef vermied grundsätzlich den direkten Kontakt. Und wenn, dann beschränkte er ihn auf das Allernötigste.

Da stellt man sich irgendwann natürlich die Frage: »Was mache ich hier eigentlich?« Es kam aber auch der Punkt, wo ich mir fast täglich diese Frage stellte. Und weil ich sie nicht beantworten konnte, nahm ich die nächste Gelegenheit zum Jobwechsel wahr. Ich hatte keine Lust mehr, für diesen Sozialphobiker zu arbeiten.

Ein Zyniker vor dem Herrn

Bekanntlich gibt es Menschen, bei denen ist das Glas halb voll, bei anderen halb leer. Bei meinem Chef scheint es immer ganz leer zu sein. Ein kleines bisschen Begeisterung oder Freude? Fehlanzeige. Ein Wort der Anerkennung, wenn man sich für die Firma besonders angestrengt hat? Niemals. Wenigstens ein Mindestmaß an Vertrauen den Mitarbeitern gegenüber? Nullkommanull. Ich kenne keinen Menschen, der so notorisch schlecht gelaunt und negativ ist und dabei auch noch herablassend mit seinen Mitarbeitern umgeht – ein Zyniker vor dem Herrn.

Ständig vermittelt er einem das Gefühl, nicht seinen Ansprüchen zu genügen. Er lässt dann solche Sprüche vom Stapel wie: »Eigentlich gehören Sie gar nicht hierher. Wissen Sie ja selber.«

Wenn man etwas von ihm will – eine Information oder eine Einschätzung –, sagt er auch schon mal: »Sie schon wieder. Was haben Sie dieses Mal verbrochen?«

Und wenn man eine komplizierte Aufgabe gelöst hat, kommt ein Kommentar wie: »Endlich. Das nächste Mal bitte etwas schneller.«

Abteilungsmeetings sind für ihn Zeitverschwendung, und das lässt er uns auch immer wieder spüren: »Ich weiß, warum Sie Meetings mögen: Dann müssen Sie nicht arbeiten. Aber wir sind hier nicht beim Kaffeekränzchen. Fassen Sie sich kurz.« Einmal kam er etwas später dazu und sagte: »Ich habe das Schild an der Tür des Besprechungsraums gelesen. Dilettanten bei der Arbeit. Bitte nicht stören.«

So geht das die ganze Zeit. Und wenn man ihn einmal auf dem Flur trifft, dann gibt es maximal ein knappes, völlig emotionsloses Nicken. Als ich neu war, hielt ich ihn für einen Kauz, der auf diese Weise versucht, Scherze zu machen. Das wäre ja schon schlimm genug. Aber es ist nicht witzig gemeint, es lacht auch nie jemand. Eine Mitarbeiterin, die ihn ab und zu in Schutz nimmt, sagt immer: »Er meint es sicher nicht so.«

Ich kann das nicht beurteilen. Vielleicht ist das seine Art, nichts und niemanden an sich heranzulassen, eine Art Schutzschild. Es ist mir eigentlich auch egal. Ich weiß nur, dass die Atmosphäre in unserer Abteilung einfach schlecht ist, und das liegt an unserem Chef. Immer häufiger bekomme ich Bauchschmerzen, wenn ich wieder ins Büro muss, besonders am Sonntagabend. Ich habe mir selbst versprochen: Lange mache ich das nicht mehr mit.

Einleitung

Auch wenn der Begriff »schizoid« Ähnlichkeit mit dem in der Umgangssprache geläufigeren »schizophren« hat: Nur der Wortteil »schizo« (vom griechischen *schízein* für »spalten«, hier als Partizip »gespalten«) ist gleich. Während ein an Schizophrenie Erkrankter unter massiven Veränderungen seiner Gedanken-, Gefühls- und Wahrnehmungswelt leidet, ist beim Schizoiden hauptsächlich gemeint, dass Denken und Fühlen voneinander abgespalten sind. Schizoide Menschen können exzellent logisch denken, haben aber keinen oder einen nur sehr begrenzten Zugang zu ihren eigenen und den Gefühlen der anderen.

Merkmale

Schizoide Persönlichkeiten wirken kühl-distanziert, misstrauisch, verschlossen, unpersönlich, unbeteiligt, manchmal auch arrogant und bisweilen sogar zynisch. Es fehlt ihnen an Wärme, sie selbst verspüren häufig ein Gefühl der Entfremdung. Ihre zwischenmenschlichen Beziehungen bleiben irgendwie emotionslos, oberflächlich und leer. Wenn man eben noch meinte, ihnen nähergekommen zu sein, reagieren Schizoide oft schroff. Unerwartet nehmen sie eine feindselige, abweisende Haltung ein, ziehen sich zurück oder brechen Beziehungen ab.

Eine Betriebsrätin erzählte uns von einem Chef, der bei einer Teambuilding-Maßnahme – einer Tour mit Ruderbooten auf einem wunderschönen See – erstmals ein bisschen auftaute: »Wir kamen fast zwanglos mit ihm ins Gespräch, was sonst nie vorkam. Wir hatten sogar Spaß zusammen. Da dachten wir tatsächlich, wir hätten ihn ›geknackt‹, jetzt öffnet er sich uns ein bisschen. Aber als der Chef dann einen Wasserspritzer abbekam, machte er sofort wieder zu. Er war beleidigt. Danach hat er drei Tage mit niemandem gesprochen. Überhaupt war er irgendwie fernab jeglicher Realität. Einmal hat er uns an Heiligabend vormittags ins Büro bestellt, weil angeblich ›unaufschiebbare Aufgaben‹ zu erledigen waren.«

Schizoide fallen häufig durch verbal verletzendes Verhalten auf, insbesondere durch zynische Bemerkungen wie: »Das haben Sie ja wirklich toll hinbekommen!«, wenn man einen Fehler beichtet. Oft äußern sie auch überhebliche Kritik: »Würde ich Ihre ständigen Fehler nicht immer ausbügeln, wären Sie inzwischen bei Hartz IV angelangt! Haben Sie eigentlich je eine Schule besucht ...?«

Die Variationsbreite reicht von mimosenhafter Empfindlichkeit bis zu regelrechter Stumpfheit mit Ausschaltung jeglicher Gefühle. Ihre Höflichkeit wirkt nicht echt, sondern krampfhaft-erzwungen. Man fürchtet sich unwillkürlich vor dem, was sie hinter ihrer Fassade verbergen. Gern bleiben sie unverbindlich, achten peinlich auf ihre Unabhängigkeit und sind kaum begeisterungsfähig. Auch wenn sie auf den ersten Blick einen weitgehend normalen Eindruck machen, merkt man im Umgang mit ihnen relativ bald: Ihr Verhalten wirkt unecht und aufgesetzt. Eine Krankenschwester berichtete uns zum Beispiel von ihrer Stationsleiterin: »Sie lächelte wirklich immer. Auch wenn gerade ein Patient verstorben war. Das konnte nicht echt sein.«

Unter diesem Gefühl der Unwirklichkeit leiden die Schizoiden selbst. Das kann bis hin zu einem Zustand empfundener »Depersonalisation« gehen, also einer Art Abkopplung von der eigenen Persönlichkeit. Die Betroffenen erleben sich dann quasi wie neben sich stehend. Sie sind nicht sicher, ob das, was gerade passiert, wirklich real ist oder nur ein Traum. In der Beschreibung schizoider Persönlichkeiten wird daher auch vom Eindruck eines »falschen Selbst« und einer »Als-ob-Persönlichkeit« gesprochen.

Auf den Punkt gebracht: Hauptmerkmal schizoider Führungspersönlichkeiten in der Arbeitswelt ist ein in den verschiedensten Lebenssituationen auftretendes konstantes Verhaltensmuster, das durch Gleichgültigkeit in zwischenmenschlichen Beziehungen und eine erheblich eingeschränkte emotional-affektive Erlebnis- und Ausdrucksweise gekennzeichnet ist.

Schizoide Chefs:
— wirken unnahbar, kühl, distanziert bis unangenehm und gefühlskalt;
— machen einen ungeselligen und stark introvertierten Eindruck ohne jede Emotion;
— strahlen eine eigentümliche Unberührtheit aus, insbesondere in emotionalen Belangen, und wirken stets skeptisch;
— zeigen sich uninteressiert am Gegenüber, das sie nur zu stören scheint;
— verfügen über geringere Fähigkeiten als andere, Gefühle – insbesondere Freude oder andere positive Emotionen – zu zeigen, und kommen deshalb oft hölzern und starr rüber;
— wirken extrem ungeduldig und auf die meisten Menschen eher unsympathisch;
— meiden Kontakte, leben in aller Regel sozial zurückgezogen und ohne ausgeprägte Ängste oder Wünsche gegenüber anderen;

— neigen häufig zu Intellektualisierung und betont abstraktem Denken;
— sind die typischen emotionslosen »Technokraten«, die sich immer wieder hinter Sachfragen und Sachzwängen verbergen;
— haben nie Zeit für andere, sind als Ansprechpartner meistens schwer erreichbar und schieben oftmals Entscheidungen hinaus;
— geben Mitarbeitern weder Feedback noch Rückendeckung;
— können einen unangenehmen, stark arroganten, aber auch fast schon hilflosen Eindruck im direkten Umgang machen;
— halten sich deshalb oft eine »rechte Hand«: eine Person, die für sie agiert und ihnen die notwendige Kommunikation mit anderen abnimmt;
— können und wollen nicht gern zuhören;
— sind keine guten Verhandlungspartner;
— sind scheinbar immun gegen Kritik.

Ursachen: Kindheitserfahrungen des Schizoiden

Ein fatales Zusammenspiel von biologisch-genetischen, psychischen und umweltbezogenen Faktoren ist sicherlich hauptverantwortlich für diese Verhaltensausprägung. Die Bedingungen aus psychoanalytischer Sicht, die zu einer schizoiden Persönlichkeits-Akzentuierung führen, basieren auf Störungen in der frühen Kindheit. Damals hat es an »Nestwärme«, liebevoller Geborgenheit und vor allem an emotionaler Sicherheit gefehlt. Anstelle eines Urvertrauens entwickelte sich deshalb ein Ur-Misstrauen. Um einer Wiederholung der enttäuschenden Kindheitserfahrungen und erneuten Verletzungen vorzubeugen, geht die schizoide Persönlichkeit auf Distanz, konzentriert sich lieber »auf das Sachliche«. Enttäuscht von den ersten und wichtigsten Liebesobjekten (Eltern), täuscht und enttäuscht der Schizoide im Erwachsenenleben nun seinerseits andere Menschen.

Abermals stoßen wir hier auf eine Form der Passivaktiv-Umkehrung: Das, was jemand in der sensiblen Kindheitsphase erlebt und erlitten hat und wodurch derjenige ganz wesentlich geprägt wurde, fügt er im Erwachsenenalter anderen zu, wenn die Umstände es ihm ermöglichen. In einer Vorgesetztenposition bieten sich dazu die besten Gelegenheiten.

Motive

Das Bedürfnis, sich unabhängig und autonom zu fühlen, nicht auf andere angewiesen und wie durch eine unsichtbare Wand vor den Mitmenschen geschützt zu sein, kann für den Schizoiden ein Antrieb sein, bis in die abgeschirmte Chefetage aufzusteigen. Auch das treibt den Schizoiden an, auf der Karriereleiter immer weiter nach oben zu klettern. Denn dort wähnt man sich nicht so abhängig von Kollegen und Vorgesetzten und ist vor möglichen Verletzungen besser geschützt als ein einfacher Mitarbeiter. Als Vorgesetzter, noch besser als Firmenchef, kann man sich die anderen leichter auf Sicherheitsabstand halten. Wirkliche Entspannung oder gar Freude kommt bei schizoiden Führungskräften allerdings auch in einer solchen Position nicht auf. Denn natürlich lässt sich auch in einer Führungsposition der Kontakt mit Menschen nicht wirklich ganz vermeiden, seien es die eigenen Mitarbeiter oder Kunden und Geschäftspartner. Die Schwierigkeiten, die Schizoide fürchten, können nie völlig verhindert werden. Jede Begegnung macht ihnen Angst. So meiden sie den Kontakt bestmöglich und fürchten stets, sich selbst zu verlieren.

Arbeitsverhalten

Schizoide Chefs versuchen, alle Probleme »rein sachlich« anzugehen – objektiv, verstandesmäßig, kühl. Es geht ihnen immer um die übergeordnete »Sache«. Menschliche Schicksale sind für sie eigentlich überhaupt nicht von Interesse. Persönlichen Kontakten mit Mitarbeitern wird möglichst aus dem Weg gegangen. »Sie verbreiten die Aura geschäftsmäßiger technokratischer Nüchternheit und wirken häufig im lockeren sozialen Kontakt unbeholfen und linkisch. Ihre Persönlichkeit verschanzen sie hinter ihrer Rolle, den Fakten, dem Sachzwang.«[54]

Schizoide Persönlichkeiten sind häufig Zahlenfetischisten. Sie verstecken sich gern hinter abstrakten Plänen und der weitreichenden Quantifizierung und Technisierung von Arbeitsabläufen. Nicht selten erleben sie in ihrer Tätigkeit ein Gefühl der Langeweile und Entfremdung. Kein Wunder: Das, womit andere Führungskräfte einen Großteil ihrer Zeit verbringen und was die Führung oft besonders anspruchs- und reizvoll macht, nämlich Menschenführung, fällt bei ihnen ja weg. Oft beklagen Schizoide deshalb auch die Qualität ihres Arbeitsumfelds. Dies kann eine eventuell schon vorhandene Unzufriedenheit noch mehr vertiefen und Gefühle der generellen Sinnlosigkeit und Leere verstärken, die sie ohnehin schon in sich tragen.

Schizoide Chefs sind selten glücklich und zufrieden und unterscheiden sich darin gewaltig von den bisher besprochenen Narzissten, Egomanen und selbst Tyrannen, die durchaus intensive Momente der persönlichen Zufriedenheit erleben können.

Unter www.mein-chef-ist-irre.de finden Sie weitere Berichte, aber auch aktualisierte Erste-Hilfe-Tipps. Für Kontakte nutzen Sie bitte: info@irre-chefs.de.

Umgang mit Mitarbeitern

Es einem schizoiden Vorgesetzten recht machen zu wollen, ist als Mitarbeiter wirklich nicht einfach. Die auf unangenehme Weise distanzierte, immer auf Abstand bedachte, zum Rückzug tendierende Führungskraft frustriert durch ihre kühl-unzugängliche Wesensart die angemessenen Wünsche nach Beziehung, Orientierung und Unterstützung ihrer Mitarbeiter.

Schizoide Chefs geben kein oder höchst selten Feedback. Sie sind für ihre Untergebenen nicht ansprechbar, geschweige denn als Menschen greifbar und schotten sich systematisch ab. Gesprächstermine brauchen lange Vorankündigungen und werden dann doch in letzter Minute abgesagt oder verschoben. Die Mitarbeiter wissen einfach nicht, woran sie sind, worauf es dem Chef bei ihren Aufgaben wirklich ankommt, was gut und was schlecht, was richtig und was falsch ist. Das verunsichert Mitarbeiter von Schizoiden und nimmt ihnen auf kurz oder lang jede Lust am Arbeiten.

Ihre eigene, hintergründige Feindseligkeit projizieren schizoide Chefs oft auf andere Menschen. Diese werden dann – innerhalb oder außerhalb des Unternehmens – als Bedrohung erlebt. Auch hier zeigt sich wieder das Phänomen der Projektion: Das, was mich bewegt, an- und umtreibt, entdecke und sehe ich vermeintlich in meinem Gegenüber. Daraus ziehe ich Konsequenzen, die es mir ermöglichen, meine eigenen Handlungen zu rechtfertigen.

Schizoide verbreiten auf diese Weise im Unternehmen ein Klima des Misstrauens, das sich etwa in ausgeklügelten Überwachungssystemen oder willkürlichen Anweisungen ausdrücken kann, denen sich die Untergebenen kritiklos unterzuordnen haben. Hinter der Feindseligkeit gegenüber den eigenen Mitarbeitern steckt häufig ein verborgener (nämlich verdrängter und unbewusster) Kontakt- und Abhängigkeitswunsch.

Trotzdem ist für den Führungsstil von schizoiden Persönlichkeiten eine grundverschiedene Behandlung von Mitarbeitern durchaus charakteristisch. Einige wenige haben Glück und werden zumindest zeitweise idealisiert oder sogar als Genies wahrgenommen. Der größte Teil der Mitarbeiter jedoch wird eher als nützliche Trottel oder schlicht als Idioten eingeschätzt, was zu Spannungen und Konflikten mit dem Vorgesetzten und unter den Mitarbeitern selbst führt.[55]

Der introvertierte, kühl-distanzierte, rational planende Chef sucht sich als »Adjutant« oder rechte Hand zum Ausgleich seiner Defizite oft einen emotional wärmeren, extrovertierten Menschen, der (im Falle eines schizoiden Firmenchefs zum Beispiel auf der mittleren Managementebene) für die psychosoziale Betreuung der Mitarbeiter zuständig gemacht wird. Diese Aufgabenteilung unterstützt die Rückzugstendenzen des Schizoiden und kann im schlechtesten Fall ein absurd anmutendes Klima von Distanz, Unklarheit und Verunsicherung gegenüber der Führung noch verstärken.

Gefahren

Ein schizoider Chef beschwört über kurz oder lang gravierende Personalprobleme herauf. Seine Mitarbeiter fühlen sich frustriert und im Stich gelassen. Insbesondere vermissen sie klare Aufgabenstellungen und ein angemessenes Feedback zu ihren Arbeitsergebnissen. Ein schizoider Chef ist der Tod jeder kreativen Teamarbeit und fördert durch seine Kontakt- und Führungsschwäche unbewusst auch Machtkämpfe und Intrigen unter den Mitarbeitern.

In länger andauernden Krisenzeiten und bei wiederholt gravierenden Misserfolgen oder Rückschlägen nehmen die paranoiden Tendenzen, die jede schizoide Führungskraft kennt, enorm zu und verhindern ein angemessen konstruktives und problemadäquates Arbeiten.

Positives

Als Einzelkämpfer sind Schizoide durchaus in der Lage, Überdurchschnittliches zu leisten. Ihre scharfe Beobachtungsgabe, ihre Fähigkeit, abstrakt und kritisch zu denken, effizient zu analysieren und »der Sache wegen« Unannehmlichkeiten zu ertragen, macht sie für spezielle, schwierige Aufgaben zumindest über einen begrenzten Zeitraum hinweg gut einsetzbar.

Umgangsstrategien

Selbsterkenntnis: Wenn Sie das Gefühl haben, Nähe nicht oder nur schlecht ertragen und nicht zulassen zu können, versuchen Sie trotzdem, im notwendigen Umgang mit anderen nicht verletzend zu sein. Ihr Potenzial steht Ihnen durch die energieverzehrende Abschirmung nach außen nur eingeschränkt zur Verfügung. Es ist lohnenswert, sich – am besten mittels professioneller psychotherapeutischer Hilfe – mit den Mechanismen und Hintergründen Ihrer Zurückgezogenheit zu beschäftigen, um versuchs- und ansatzweise halbe Schritte nach vorn und auf andere Menschen zuzugehen. Sie werden sehen: Vieles wird und geht dann leichter.

Selbstbehauptung: Einer ausgeprägt schizoiden Persönlichkeit, die aufgrund ihrer Charakterstörung viele Hundert Stunden Psychoanalyse benötigt, um wirklich »aufzutauen«, ist in den wenigen, auf den Arbeitsplatz begrenzten Begegnungen nicht beizukommen, die Ihnen als Mitarbeiter zur Verfügung stehen. Ein Fehler wäre es auf jeden Fall, dem schizoiden Chef zu viel Kontakt und Nähe anzubieten, um nicht zu sagen zuzumuten. Besser ist es, die eng gesteckten Grenzen zu respektieren. Setzen Sie ihn nicht unter Zeitdruck und stellen Sie keine übermäßigen Erwartungen und Ansprüche an einen solchen Vorgesetzten. Das bewahrt Sie vor schmerzlichen Enttäuschungen.

Was Sie tun können: Lernen Sie, für sich allein zu arbeiten, vor allem aber auftretende Fragen und Probleme so weit als möglich selbstständig zu lösen. Meiden Sie den Kontakt zu der als schizoid identifizierten Cheffigur. Verabschieden Sie sich von Wünschen wie engem Kontakt, verlässliches Feedback oder gar Lob. Entwickeln Sie die Stärke, allein aus sich heraus Motivation und Spaß an der Arbeit zu empfinden. Auf diese Weise machen Sie sich unabhängig von Ihrer Führungskraft – je mehr, desto besser. Vielleicht haben Sie Kollegen, mit denen Sie stattdessen einen gewissen Austausch pflegen können. Testen Sie deren Bereitschaft und Bedürfnis diesbezüglich – die Wahrscheinlichkeit ist groß, dass sie ähnliche Wünsche hegen.

Es wird Phasen geben, da erleben Sie sich als völlig allein auf weiter Flur. Das darf Ihnen bei solch einem Chef auf längere Sicht keine Angst machen. Haben Sie die Rahmenbedingungen erkannt, müssen Sie für sich selbst herausfinden, wie gut Sie langfristig mit dieser Isolation und der damit verbundenen Verantwortung klarkommen. Eine solche Konstellation kann auch eine Chance sein – eine Phase, in der Sie in kurzer Zeit enorm viel lernen und an Selbstbewusstsein wachsen. Entwickeln Sie Autonomie und streben Sie innere wie äußere Ruhe und Gelassenheit an.

8 Tipps für den Umgang mit schizoiden Chefs

1. **Grenzen respektieren.**
   Akzeptieren Sie die engen Grenzen, die der schizoide Chef um sich zieht. Vermeiden Sie Durchbrechungsversuche, die Sie viel Kraft kosten und sehr wahrscheinlich zum Scheitern verurteilt sind. Bieten Sie keine zusätzlichen Angriffsflächen durch Annäherungsversuche und Kontaktwünsche.
2. **Unabhängigkeit und Selbstständigkeit forcieren.**
   Der Schizoide will von seinen Untergebenen vor allem in Ruhe gelassen werden. Lernen Sie, für sich allein zu arbeiten und Fragen und Probleme selbstständig oder unter Zuhilfenahme von Kollegen zu lösen, denen Sie vertrauen.
3. **Eigenverantwortlichkeit stärken.**
   Entwickeln Sie eine neue Stärke allein aus sich heraus, um Motivation und Spaß an der Arbeit zu empfinden. Suchen Sie unter Ihren Kollegen Verbündete, mit denen Sie sich austauschen und die Sie gegebenenfalls um ihre Einschätzung bitten können.
4. **Keine Angriffsflächen bieten.**
   Bleiben Sie unauffällig und machen Sie sich möglichst unangreifbar. Erledigen Sie Ihren Job, auch wenn Sie manchmal keinen Sinn darin sehen. Nachfragen oder gar Kritik werden Ihnen nicht helfen, sondern Ihre Situation eher verschlimmern.
5. **Bleiben Sie trotz Ärger und Frust in der Kommunikation stets betont sachlich.**
   Lernen Sie, ohne klare Aufgabenstellungen und angemessenes Feedback zurechtzukommen.

6. **Akzeptieren Sie den Stellvertreter.**
   Arrangieren Sie sich mit dem Stellvertreter des Schizoiden, seiner sogenannten »rechten Hand«, die für ihn agiert und kommuniziert.
7. **Verschwenden Sie keine Energie.**
   Steigen Sie nicht in den internen Machtkonflikt ein, der sich früher oder später durch das Vakuum entwickelt, das ein schizoider Chef entstehen lässt.
8. **Legen Sie den Fokus auf Ihre Bedürfnisse.**
   Wenn Sie mit den aktuellen Arbeitsbedingungen auf Dauer kreuzunglücklich sind und daraus keinen Vorteil ziehen können, verwenden Sie Ihre Kraft lieber darauf, sich aus dem Unternehmen zu lösen und eine Jobalternative zu entwickeln. Das ist absolut legitim!

Der Paranoide: Projektion der eigenen Feindseligkeit auf andere

»Abserviert!«

Carolin wurde an einer altehrwürdigen Universität in Ostdeutschland in der Stabsstelle für strategische Partnerschaften mit Unternehmen und Stiftungen eingestellt. Dort entwickelte man Kooperationen für praxisbezogene Lehre und die externe Finanzierung von Lehrstühlen. Ihre Chefin, Frau Dr. Wagner, leitete die Stabsstelle.

»Meine Vorgesetzte war anfangs wirklich sehr nett zu mir und hat mich unterstützt. Schon in meiner zweiten Arbeitswoche nahm sie mich mit zu einem abteilungsübergreifenden Meeting. Ein Vertreter des Fördervereins der Uni, der Leiter der Stabsstelle Technologietransfer, die Rektorin und die Alumni-Koordinatorin waren dabei. Nach dem Workshop lud mich der Leiter der

Stabsstelle Technologietransfer auf einen Kaffee ein. Er fragte, wie ich mich eingelebt habe, erzählte von einigen Erfolgen in der Vergangenheit und lud mich am Ende unseres kleinen Austausches zum nächsten Treffen seiner Stabsstelle ein. Ich sollte meine Ideen mit einer Präsentation vorstellen. Ich freute mich und dachte mir nichts Böses dabei.

Ein paar Tage später zitierte meine Chefin mich in ihr Büro. Ihr Ton war plötzlich kühl und scharf geworden. Die Wertschätzung, die ich am Anfang noch gespürt hatte, war wie verflogen. Frau Dr. Wagner wollte zuerst einen ausführlichen Bericht von mir, was ich dem Leiter Technologietransfer erzählt hätte. Mehrmals fragte sie misstrauisch nach. Dann, gegen Ende dieses Verhörs, stellte sie mir eine neue Wochenaufgabe, die neben dem normalen, operativen Tagesgeschäft eigentlich nicht zu bewältigen war: Ich sollte eigenständig innerhalb von fünf Tagen ein neues Kooperationskonzept ausarbeiten. Sie sagte: ›Du hast eine Stelle, nach der sich andere die Finger lecken. Du wirst spitzenmäßig bezahlt, jetzt musst du liefern! Los!‹

Was mich stutzig machte: Eigentlich war ich davon ausgegangen, dass ein solches Konzept zusammen mit der Abteilung für Technologietransfer ausgearbeitet werden müsste – schließlich gehörte das zu einer Kooperation doch dazu. Diese sollte aber ausdrücklich nicht einbezogen werden. Für mich bedeutete das sehr viel Druck. In das Tagesgeschäft war ich noch nicht richtig eingearbeitet, hatte nicht verschiebbare Termine mit Unternehmensvertretern, und dann ein ganz neues Konzept einfach mal so aus dem Boden stampfen … uff!

Die Präsentation für das Meeting der Stabsstelle Technologietransfer musste ich erst einmal hintanstellen. Um rechtzeitig mit dem Konzept für Frau Dr. Wagner fertig zu werden, war ich an einem Wochenende für fünfzehn Stunden im Büro. Als ich die Überstunden nachtragen wollte und Frau Dr. Wagner um ihre

Unterschrift bat, wurde sie total wütend und verweigerte mir ihre Unterschrift mit der Begründung, die Überstunden seien von ihr nicht genehmigt; ich hätte vorher fragen müssen.

Natürlich fiel es mir schwer, in dieser kurzen Zeit das Konzept gut und professionell zu entwickeln. Es war einfach zu viel Aufwand in zu kurzer Zeit, zumal meine Chefin mich zusätzlich immer weiter mit Aufgaben überhäufte. Obwohl ich vollen Einsatz zeigte, klappte leider nicht alles optimal. Konnte es auch nicht. Ich hatte den Eindruck, dass Frau Dr. Wagner mir absichtlich so viel zu tun gab, dass ich scheitern musste. Zuletzt wurde sie auch noch aggressiv und stellte mich vor allen Kollegen als Versagerin dar.

Danach ging alles ganz schnell – von heute auf morgen erhielt ich eine Vorladung beim Personalchef. In diesem Gespräch hagelte es Vorwürfe seitens Frau Dr. Wagners. Ich könne gar nichts, sei immer mit allem zu spät dran, kurz: Ich sei nicht tragbar für diesen Job. Dabei log sie auch ungehemmt und behauptete, ich hätte drei Wochen Zeit für das Konzept gehabt. Meine Erklärungsversuche blieben wirkungslos: Noch in der Probezeit wurde ich entlassen. Der Personalrat zuckte nur mit den Schultern. Er signalisierte, von den Launen und Intrigen meiner Abteilung zu wissen, aber in der Probezeit … da könne er leider nichts für mich tun.

Lange konnte ich mir überhaupt nicht erklären, warum Frau Dr. Wagner mich auf einmal so auf dem Kieker hatte. Ich suchte die Schuld bei mir selbst. Bis ich etwas später zufällig eine Ex-Kollegin traf, die mich aufklärte: Frau Dr. Wagner wollte schon immer an den Meetings der Stabsstelle Technologietransfer teilnehmen, was ihr aber nicht gelungen war. Dass ich quasi an ihr vorbei zu dieser Runde eingeladen worden war, muss sie total wütend, neidisch, sogar eifersüchtig gemacht haben. Sie habe auch mitbekommen, dass der Leiter Technologietransfer mit mir

Kaffee getrunken hatte – und witterte nun Hochverrat. In ihren Augen hatte es wohl so ausgesehen, als ob ich ihr entglitt und sie die Kontrolle über mich und ihre Abteilung verlor. So habe ich es mir jedenfalls zu erklären versucht. Als ich gefeuert worden war, soll sie angeblich den Kolleginnen gesagt haben, ich hätte die Abteilung verraten und unsere Arbeit sabotiert. Offenbar lief ihr Kopfkino auf Hochtouren. Darin spielte ich unfreiwillig die Rolle des Bösewichts und musste dafür büßen. Ich wurde regelrecht abserviert!«

Wenn die Wagenburg anfängt, zu brennen

Herr Peters, Abteilungsleiter Entwicklung eines Maschinenbaukonzerns, arbeitete eng mit den Kollegen anderer Abteilungen gleicher Ebene zusammen. Dennoch fühlte er ständig eine enorme Anspannung, weil er immer wieder Intrigen und Machtkämpfe der anderen Abteilungsleiter gegen sich vermutete und ihnen unterstellte, sie würden seine persönlichen Leistungen und die seiner Abteilung überhaupt nicht zu schätzen wissen. Um in diesem Gefühl nicht allein zu sein, weihte er seine engsten Mitarbeiter ein: »Leute, die wollen uns kleinhalten. Weil sie wissen, dass wir besser sind. Wir müssen jetzt alle zusammenhalten, damit niemand auf den Gedanken kommt, uns auseinanderzudividieren. Ich weiß, ich kann mich auf euch verlassen. Der Feind sitzt nur ein paar Schritte den Korridor runter und versucht uns den Erfolg abzujagen. Das lassen wir nicht zu. Wir kämpfen um den Sieg!«

Herr Peters schaffte es mit solchen Motivationsreden, eine Wagenburgmentalität in seiner Abteilung zu etablieren. Das Stimmungsbild unter den leitenden Mitarbeitern verbesserte sich, weil sie sich gemeinsam gegen einen äußeren Gegner verbündet wussten. Sprüche wie »Gimme Five«, »Wir sind ein Team!« oder auch »Denen haben wir's richtig gezeigt!« waren keine Seltenheit. Doch das Verhältnis zwischen dem Abteilungsleiter Entwicklung – der mit seinen Mitarbeitern im Rücken erst recht glaubte, es seinen Kollegen beweisen zu müssen – und den anderen Abteilungsleitern wurde immer schlechter. »Warum schießt die Abteilung von Herrn Peters immer gegen uns? Warum informieren die uns nicht darüber, was sie tun? Und warum geben die sich immer arroganter?« Niemand wusste eine Antwort. Das extreme Silo-Denken verhinderte mehr und mehr die notwendige Kooperation zwischen den Abteilungen.

Von der Geschäftsführung auf Probleme angesprochen, reagierte Herr Peters aggressiv-vorwurfsvoll gegenüber seinen eigenen Mitarbeitern und beschuldigte sie der Sabotage und der »Kollaboration« mit den anderen, »feindlichen« Abteilungsleitern. Seiner Meinung nach hatten leitende Angestellte seiner eigenen Entwicklungsabteilung auf diese Weise versucht, am Stuhl ihres Chefs zu sägen.

Herr Peters hatte seine eigene Feindseligkeit zunächst auf die anderen Abteilungsleiter, dann auf die eigene Abteilung projiziert. Am Ende stand er fast ganz allein da. Die besten seiner Mitarbeiter hatten gekündigt oder sich im Unternehmen einen anderen Arbeitsbereich gesucht.

Einleitung

Mit dem Begriff »Paranoia« gehen wir umgangssprachlich recht leichtfertig um. Aber was bedeutet es eigentlich wirklich, paranoid zu sein? Das Wort kommt aus dem Griechischen und kann mit »Verrücktheit« oder »Wahnsinn« übersetzt werden. Es handelt sich dabei um eine wiederholt auftretende Angst vor Verfolgung, Täuschung, Betrug und Intrigen. In besonders schlimmen Fällen fantasieren die Betroffenen auch nicht reale

Handlungen oder Zustände, die subjektiv als feindlich erlebt werden. Bisweilen erscheint uns die Art und Weise, wie Betroffene ihre Umwelt interpretieren, leicht bis gänzlich verzerrt. Können sie einen Vorgang nicht erfassen oder für sich erklären, neigen sie zu heftigen Verschwörungstheorien.

Merkmale

Personen mit mehr oder weniger stark akzentuierten paranoiden Persönlichkeitsmerkmalen sind übertrieben misstrauisch und interpretieren Handlungen anderer häufig als feindselig, abwertend und vor allem gegen sich persönlich gerichtet. Sie hegen ein tiefgreifendes Misstrauen gegenüber anderen Menschen. Deren Handlungen werden von ihnen häufig als absichtlich erniedrigend, kränkend, beleidigend oder bedrohlich erlebt. Schnell fühlen sie sich ausgenutzt oder benachteiligt und stellen die Loyalität oder Glaubwürdigkeit ihrer Umgebung radikal infrage. Hinter allem vermuten sie List, Betrug und Täuschung.

Aufgrund ihres starken Beziehungserlebens – sie funktionieren wie eine Art Gefühlsseismograf – reagieren Paranoide äußerst sensibel auf jede Form der Reaktion ihres Gegenübers.

Weitere Merkmale sind ihre Überempfindlichkeit und die aufs Äußerste angespannte Wachsamkeit – immer aus einer Furcht heraus, Schaden erleiden zu können. Stets sind sie bereit, (eingebildete) Bedrohungen abzuwehren. »Ihr mangelndes Vertrauen ist Symptom für ihre Überbeschäftigung mit versteckten Motiven und speziellen Bedeutungen und führt zu einer Störung der Wahrnehmung, Gedanken und Erinnerungen. Auch wenn sie keine Bestätigung für Verdächtigungen finden, bauen sie diese zu einem verwickelten Netz aus und verweisen auf die Unaufrichtigkeit ›der anderen‹.«[56]

Um sich dies ansatzweise vorstellen zu können, verdeutlichen Sie sich einmal folgendes Vorgehen. Wenn Sie immer wieder tief in sich hineinhören würden, um festzustellen, ob Sie irgendwelche Krankheitssymptome entdecken könnten, was würde wohl alsbald passieren? Es ist nur eine Frage der Zeit, bis Sie etwas Auffälliges finden, sich bestätigt fühlen – und zugleich verunsichert werden. Es wird nicht lange dauern, bis Sie tatsächlich Symptome entwickeln, von denen Sie jetzt glauben, sie immer deutlicher wahrnehmen zu können. Ergo: Sie ahnten es schon immer und fühlen sich nun darin bestätigt, krank zu sein.

Schnell fühlen sich paranoid veranlagte Persönlichkeiten übergangen und missachtet. Sie sind geradezu streitsüchtig, werden rasch zornig, machen häufig aus einer Mücke einen Elefanten und überreagieren mit ihren Gegenattacken. Ihr Groll gegen eine andere Person wird lange gehegt, um diese dann mit konkreten Maßnahmen und tiefer Missachtung zu strafen. Zudem sind Paranoide extrem nachtragend und können nur sehr schlecht verzeihen.

Gerne leugnen sie persönliche Schwächen oder Verantwortung, verhalten sich blind gegenüber eigenen Fehlern und beschuldigen stattdessen andere. Kritik an ihrer Person lassen sie in ihrer aggressiven Gereiztheit nicht zu.

Zu ihren Hauptabwehrmechanismen gehört die Spaltung – die Neigung, die Welt in Gut und Böse aufzuteilen – sowie vor allem die Projektion, die dem irrationalen Erleben, sich verfolgt und bedroht zu fühlen, zugrunde liegt. Mithilfe der Projektion verschiebt die paranoide Persönlichkeit (vor allem eigene) feindselige Impulse auf andere Menschen, etwa nach der Formel: »Nicht ich bedrohe und bin feindselig den anderen gegenüber – die *anderen* sind es mir gegenüber.« Kein Wunder, dass die Projektion eine beliebte Methode politischer Propaganda ist …

Auf den Punkt gebracht: Eine durchgängige ungerechtfertigte Neigung zum Misstrauen, wodurch die Handlungen anderer als absichtlich erniedrigend oder bedrohlich interpretiert werden, ist das Hauptkennzeichen der paranoiden Persönlichkeitsstörung.

Paranoide Chefs:

— fühlen sich – ohne triftigen Grund – von anderen ausgenutzt, benachteiligt oder bedroht;
— bezweifeln grundlos die Loyalität oder Glaubwürdigkeit von Menschen in ihrer Arbeitsumgebung, egal, ob diese höher-, gleichgestellt oder ihnen unterstellt sind;
— messen harmlosen Bemerkungen oder Vorkommnissen eine versteckte, für sie abwertende oder bedrohliche Bedeutung bei;
— neigen zu einem überhöhten Selbstwertgefühl und starker Ich-Bezogenheit;
— können sehr starrsinnig auftreten und werden von ihrer Umgebung häufig als (etwas) »sonderbar« eingestuft;
— zeigen eine übersteigerte Empfindlichkeit einhergehend mit (ausgeprägtem) streitsüchtigem, rechthaberischem Verhalten;
— hegen lange einen Groll gegen andere, sind extrem nachtragend, können nicht oder nur sehr schlecht verzeihen;
— vertrauen sich (wenn überhaupt) nur zögernd anderen Menschen an, denn sie haben starke Angst, Informationen könnten gegen sie verwandt werden;
— neigen zu zwischenmenschlicher Distanz und deutlichem Rückzugsverhalten;
— stehen innerlich ständig unter einem enormen Druck;
— haben die Neigung, sich übergangen oder missachtet zu

fühlen, werden schnell zornig und reagieren unangemessen heftig;
- sind extrem eifersüchtig und unterstellen anderen, Kollegen wie Mitarbeitern grundlos Illoyalität;
- haben schlechte Zuhöreigenschaften;
- sind keine verlässlichen Verhandlungspartner.

Ursachen: Kindheitserfahrungen des Paranoiden

Hintergrund dieser Persönlichkeitsstörung – oder einer besonderen Ausprägung von paranoiden Persönlichkeitsmerkmalen – ist häufig die Erziehung durch extrem eindringliche, ständig regulierende Eltern, die eine autonome Sphäre des Kindes nicht respektierten. Ob übertriebene Fürsorglichkeit oder gar Infragestellung der Existenzberechtigung – das Kind ist gefangen in einem Netz von Projektionen und Zuschreibungen durch andere. Es erlebt sich als Spielball, absolut fremdbestimmt, schafft es nicht, sich einen eigenen psychischen Raum zu kreieren, einen Lebensbereich, der ihm gehört und in dem es (sich) selbst (er-)leben darf. Dadurch verunsichert in Bezug auf das eigene Ich, ist es verwirrt und im Unklaren darüber, wo sein eigenes Ich endet und ein anderes beginnt.

Zugegeben, all das wirkt für Nicht-Psychologen wie starker Tobak. Aber vielleicht verdeutlichen Sie sich einmal, dass ein Baby erfahren und lernen muss, dass es selbst ein Wesen, ein Individuum in einer völlig neuen Umgebung ist, die es gerade entdeckt und erobert. Diese neue Welt ist für das Baby zunächst über einen langen Zeitraum vor allem durch die Versorgung spendenden Eltern geprägt. Diesen kognitiven Prozess, der einer werdenden Persönlichkeit eine enorm hohe Leistung abverlangt, hat jeder von uns durchgemacht. Bei unserem eigenen Nachwuchs erleben wir ihn nochmals, dieses

Mal von der anderen Seite – und wirken dabei hoffentlich hilfreich unterstützend mit.

Bei Menschen mit dieser Störungsform wurde der Versuch des Kindes, Autonomie und Fortschritt auf dem Weg zur Individuation zu erzielen, vermutlich immer wieder von den Eltern sabotiert oder gar unterdrückt. In Extremfällen wird dies vom Kind zu Recht als Verfolgung, Angriff und Kampf erlebt. Die späteren Verfolgungs- und Bedrohungsängste basieren – neben dem schon genannten Projektionsmechanismus – meist auf diesem realen biografischen Hintergrund – so zumindest der psychoanalytische Erklärungsansatz.

Motive

Die Möglichkeit, in einer Führungsposition Macht, Kontrolle und aggressive Impulse realisieren zu können, treibt paranoide Persönlichkeiten geradezu manisch auf der Karriereleiter nach oben. Jede Stufe zählt! Endlich scheint das Drama ihrer Kindheit – Unselbstständigkeit, Abhängigkeit, Unsicherheit und ständiges Ausgeliefertsein – überwunden oder wenigstens kompensiert werden zu können.

Dabei wirkt dieser Typus aufgrund einer subjektiv permanent empfundenen Bedrohung gehetzt und unfähig zur Entspannung. Ständig umgeben von vermeintlichen Feinden, müssen sie es sich und ihrer Umwelt beweisen. Die Schuldigen aufzuspüren und zu bestrafen, ist ein wichtiger Antrieb, der von einer Vorgesetztenposition aus leichter zu realisieren, oder vielmehr: auszuleben ist. Das trifft im Grunde auf alle in diesem Buch beschriebenen Chef-Charaktere zu.

Gerade Zeiten, in denen ein Unternehmen eine Krise erlebt, beinhalten für die paranoide Führungskraft die Chance, ein übertrieben misstrauisches Verhalten zu rechtfertigen. Ist die

Krise erfolgreich überwunden, besteht jedoch die Gefahr, ständig unbewusst neue Krisensituationen zu provozieren oder heraufzubeschwören, um ihr misstrauisches Verhalten zu rechtfertigen und legitimiert aufrechterhalten zu können.

Der niederländische Psychoanalytiker und Institutionsberater Kets de Vries schätzt Persönlichkeiten mit einer paranoiden Charakterstruktur als ausgesprochen anfällig für die Psychodynamik von Macht ein: »Sie taxieren sorgfältig Status und Position und sind neidisch und eifersüchtig auf diejenigen auf höheren Stufen. [...] Je höher jemand steigt, desto mehr Neid kommt zum Vorschein, und desto verletzlicher und empfindlicher fühlt sich jemand gegenüber den Angriffen anderer. Es ist nicht verwunderlich, dass diese Neigungen sich verstärken, wenn ein paranoides Individuum Macht erlangt. Paranoia und Führung scheinen nahe beieinander zu liegen.«[57] Donald Trump ist ein exzellentes Beispiel dafür.

Arbeitsverhalten

Im Zentrum der Aktivitäten von paranoiden Chefs steht die Abwehr von vermeintlich feindlichen Angriffen von außen oder die Suche nach Schuldigen im Inneren der Organisation. Es geht darum, Sündenböcke zu finden, die bekämpft und bestraft werden müssen. Dabei wird viel Energie freigesetzt, die eine sachliche Rechtfertigung bei Weitem überschreitet. Die schwer gestörte, durch Wahrnehmungsverzerrungen geprägte zwischenmenschliche Kommunikation wirkt sich massiv behindernd auf Arbeitsprozesse insgesamt und auf das Arbeitsverhalten im Speziellen aus. Die Kosten für Vorsichts- und Kontrollmaßnahmen stehen in keinem vernünftigen Verhältnis zum betriebenen Aufwand.

Ein extremes Beispiel für einen paranoiden Kontrollwahn lieferte jüngst der seit 2015 tätige Vizedirektor des Cottbusser Pückler-Gymnasiums. Er wurde Ende Februar 2020 mit sofortiger Wirkung vom Dienst suspendiert. Der Vorwurf: Er habe in vier Räumen der Schulleitung und des Lehrerzimmers Abhörwanzen installiert. Gegen ihn läuft ein Verfahren wegen Verletzung der Vertraulichkeit des Wortes. Mögliche strafrechtliche Folgen, die ihm als Amtsträger im öffentlichen Dienst drohen: bis zu fünf Jahre Freiheits- oder eine Geldstrafe.[58]

Gerade Krisensituationen provozieren ein übertrieben misstrauisches Verhalten und ein starkes Bedürfnis nach Kontrolle. Hier kann es bei Führungskräften, die mit einem Krisenmanagement beauftragt sind, »leicht zu paranoiden Entwicklungen kommen, bei denen sich Größenfantasien mit Verfolgungsideen vermischen. Gemeinsam regredieren die Führungspersonen und ihre Mitarbeiter dann nicht selten auf die Ebene eines kindlichen Beziehungsmusters mit Allmachtsfantasien und bestärken sich gegenseitig in ihren Überzeugungen.«[59]

Aufseiten der Mitarbeiter kommt es häufig zu einer Identifizierung mit der paranoid strukturierten Führungskraft. Diese wird in der Übertragung zu einer nicht nur gefürchteten, sondern auch bewunderten allmächtigen Elternfigur, mit der man sich aufgrund eigener entsprechender Kindheitserlebnisse leicht identifizieren kann. Hintergrund ist die Hoffnung, an der fantasierten Omnipotenz der Führungskraft teilhaben zu können.

Manche Chefs nutzen diese unbewussten Zusammenhänge aus, indem sie ein gewisses Maß an Konflikten unter den Mitarbeitern schüren, um dadurch ein ständiges Klima des Misstrauens aufrechtzuerhalten. Dadurch werden von allen Seiten

Bedrohungen und Anfeindungen wahrgenommen, die es zu bekämpfen gilt.

Anschauliche Beispiele für paranoides Chef-Verhalten liefert auch der Sport: Es gibt Fußballtrainer, die als typische »Feuerwehrmänner« gelten. Sie werden insbesondere dann verpflichtet, wenn eine Mannschaft in Abstiegsgefahr gerät, also in einer extremen Krisensituation. Viele dieser »Feuerwehrmänner« schotten ihr Team umgehend völlig nach außen ab, verhängen eine Interviewsperre, trainieren geheim und versuchen auf diese Weise, einen inneren Zusammenhalt und eine Wagenburgmentalität zu erreichen. Andere paranoide Trainer reagieren in Krisensituationen genau andersherum: Sie agieren willkürlich und unberechenbar, überwachen die eigenen Spieler und etablieren so eine Kultur der Angst.

Umgang mit Mitarbeitern

Das Bedürfnis, vor allem kritisch erlebte Mitarbeiter zu unterdrücken und zu kontrollieren, ist bei paranoiden Führungskräften häufig unangenehm stark ausgeprägt. »Da es der Führungsperson so leichtfällt, das, was ›die anderen sagen‹, als mangelnden Respekt, als falsche Behandlung und als verborgene Feindseligkeit gegen sie zu deuten, kann beim Personal die Angst davor aufkommen, sich frei auszusprechen.«[60] Diese Zurückhaltung aus Ängstlichkeit vonseiten der Mitarbeiter verstärkt wiederum das Misstrauen der paranoiden Führungskraft – ein Teufelskreis. Wenn niemand offen eine eigene Meinung vertritt oder dem Chef widerspricht, vermutet dieser womöglich erst recht, dass hinter seinem Rücken gegen ihn und seine Entscheidungen gelästert oder vorgegangen wird. Am Ende traut keiner keinem mehr. Die notwendige selbstkritisch reflektierende Distanz zu allem, was geplant und auch getan wird, geht verloren. Das hat auf eine längere Sicht verheerende Folgen. Eine erstickende, lähmende Arbeitsatmosphäre macht sich breit – mit der Konsequenz, dass die fähigsten Mitarbeiter abwandern.

Gefahren

Paranoide Persönlichkeiten stellen für jedes Unternehmen ein ernsthaftes Gefahrenpotenzial dar. Sie tragen dazu bei, dass das Betriebsklima extrem schlecht und die Personalfluktuation hoch ist, und belasten aufs Äußerste die funktionalen Beziehungen, die sie zu ihren Mitarbeitern herstellen und unterhalten müssen. Die radikale Aufspaltung in Gut und Böse trägt nur eine sehr begrenzte Zeit, hat aber schnell höchst destruktive Auswirkungen. Auch deshalb nutzen sich zum Beispiel die Methoden der »Feuerwehrmänner« unter den Fußballtrainern rasch ab.

»Innerhalb der Organisation kann die rachsüchtige Verfolgung all jener, die die paranoide Führungsperson als mögliche Feinde verdächtigt, die kreative Kritik in einem viel erheblicheren Maße zunichtemachen als im Falle der zwanghaften Persönlichkeit mit sadistischen Zügen.«[61]

Scheitern paranoide Führungskräfte, sind Fremd- und Selbstgefährdung nie sicher auszuschließen. Verhaltensweisen wie Bilanzselbstmord oder abrupt auftretende Zerstörungswut bis hin zu Amokläufen bahnen sich den Weg und gehen oft mit gravierenden Auseinandersetzungen im Arbeitsalltag einher.

Positives

Kontroll- und Verteidigungssysteme können auch kurzfristige Vorteile bieten. Die Konzentration auf einen möglichen Außenfeind kann vorübergehend zu einer Energiebündelung führen, zu einer Konzentration aller Kräfte auf die Erreichung eines gemeinsamen Ziels. Das ist in einer echten Krisensituation vielleicht sogar sehr notwendig und effektiv. Doch der positive Nutzen einer paranoiden Führungskraft ist für ein Unternehmen und seine Ziele höchstens von äußerst kurzfristiger Dauer.

Umgangsstrategien

Selbsterkenntnis: »Je höher man in der Hierarchie aufsteigt, desto dünner wird die Luft.« Das weiß sogar der Volksmund. Durch die teilweise selbst gewählte, teilweise institutionell bedingte Isolation einer Führungskraft kann leicht ein paranoides Potenzial geweckt werden. Mit anderen Worten: »Es besteht – besonders in Organisationen mit mehreren Hierarchieebenen – immer ein Potenzial des Misstrauens und der Versuchung, sadistische Kontrolle auszuüben und die Wut der Führungsperson auf das Personal zu projizieren.«[62]

Überprüfen Sie einmal Ihre Selbstwahrnehmung: Sollten Sie als Führungskraft sich für unfehlbar objektiv, rational und sachlich-kühl halten und stellen bei sich selbst ein nahezu emotionsloses Verhalten fest, gehen Sie die ersten mühsamen Schritte auf dem Weg zu einem kritischeren Selbstverständnis. Suchen Sie sich professionelle Hilfe, um ins Gespräch zu kommen und sich von dem äußeren (wie auch inneren) Druck zu befreien, der auf Ihnen lastet. Darüber zu sprechen, kann schon helfen und entlastend wirken, auch in Ihrem Fall.

Selbstbehauptung: Ein häufig gewählter Weg im Umgang mit paranoiden Vorgesetzten ist der Rückzug auf Routinetätigkeiten, die Bemühung um Distanz und unter Umständen natürlich auch ein Arbeitsplatzwechsel.

Eine andere Möglichkeit besteht darin, aus opportunistischen Gründen »gute Miene zu bösem Spiel« zu machen und ohne innere Überzeugung an den irrationalen Verhaltensmustern des paranoiden Vorgesetzten zu partizipieren. Aber Vorsicht: Die Gefahr, sich »anzustecken« und Schaden zu erleiden, ist nicht zu unterschätzen.

Was Sie tun können: Sie erinnern sich sicherlich an das Märchen *Des Kaisers neue Kleider*. Alle Untertanen bewunderten kollektiv die prächtigen neuen Kleider, schließlich wollte keiner als dumm gelten, die ausgegebene Parole für Abweichler. Ähnlich verhält es sich in der Umgebung dieses Cheftypus. Umso notwendiger ist es für Sie, ein bodenständiges Korrektiv im Hintergrund zu haben, das Ihnen moralisch den Rücken stärkt und verhindert, dass Sie abheben, den Bezug zur Realität aufgrund massiven Druckes verlieren. Bleiben Sie also mit Vertrauenspersonen im Gespräch über die erlebte Situation und die empfundene Atmosphäre am Arbeitsplatz. Besonders bei diesem Cheftypus brauchen Sie die Entlastung durch Gespräche. Sie benötigen dringend Menschen, die Ihnen zuhören. Es ist wichtig für Sie, im Austausch zu erfahren, dass die Realität nicht so aussieht, wie sie vom Paranoiden wahrgenommen und verbreitet wird.

Vermeiden Sie zu viel Kraftanstrengung und Eifer in der Aufklärung, was Wirklichkeit und was paranoid eingefärbte Fiktion ist. Kommt der Augenblick, wo die offenkundige Täuschung durch den paranoiden Vorgesetzten einem größeren und mit Personalentscheidungskompetenz versehenen Publikum bekannt wird, ist immer noch Zeit, offen Position zu beziehen und die heftigsten Irrungen und Wirrungen darzustellen. Aber vergessen Sie auch dabei nie: Alle Welt liebt den Verrat, jedoch keiner den Verräter. Die Wahrheit ist zu subjektiv, um sich zu lange darüber zu streiten, und Indizien lassen sich leider immer auch für verdrehte Versionen der Realität finden.

8 Tipps für den Umgang mit paranoiden Chefs

1. **Vorsicht, Ansteckungsgefahr!**
   Halten Sie Distanz zu den Verdächtigungen des paranoiden Chefs. Glauben Sie nicht alles, was Ihr Vorgesetzter so in den Raum stellt. Ganz im Gegenteil, prüfen Sie für sich genau, welche Schlüsse Sie aus dem Verhalten Ihres Chefs ziehen. Diskutieren Sie Ihre Einschätzung aber nicht mit dem Paranoiden selbst.
2. **Prüfen Sie, wo und bei wem Sie Entlastung finden können.**
   Suchen Sie den Kontakt zu anderen Betroffenen, um sich zu entlasten. Finden Sie heraus, ob es in Ihrer Arbeitsumgebung Personen gibt, mit denen Sie sich vertrauensvoll und offen über Ihre Eindrücke und Einschätzungen austauschen können.
3. **Setzen Sie die für Sie persönlich richtigen Prioritäten.**
   Stecken Sie nicht zu viel Energie in die Aufklärung, wo der Paranoide recht haben könnte und wo nicht. Das verstrickt Sie nur tiefer in das vom Paranoiden konstruierte Netz.
4. **Verständnis hilft bei Erkenntnis!**
   Versuchen Sie, wenn möglich, zu verstehen, worum es dem paranoiden Vorgesetzten hauptsächlich geht. Was ist sein Primärmotiv? Gegen wen und gegen welches Verhalten richtet sich seine Feindseligkeit? Das bedeutet nicht, seine Methoden und Strategien gutzuheißen. Ihn besser zu verstehen, hilft aber, Konflikten vorzubeugen und sich selbst aus der Schusslinie zu bringen.

5. **Üben Sie sich in Geduld und Gelassenheit.**
   Bleiben Sie geduldig und agieren Sie niemals allein, sonst werden Sie als »Verräter« früher oder später abgestraft und schlimmstenfalls entfernt.
6. **Haushalten Sie mit Ihren Kräften.**
   Falls nichts anderes geht: Machen Sie eine Zeit lang »Gute Miene zum bösen Spiel« und »Dienst nach Vorschrift«. Auch um Kräfte zu sammeln und ohne enormen Zeitdruck nach einem besseren Arbeitsplatz Ausschau zu halten.
7. **Unternehmen Sie keine Therapieversuche.**
   Unterlassen Sie Versuche, den Paranoiden von Ihrer Sichtweise zu überzeugen oder gar zu therapieren. Er wird dies als Angriff interpretieren und sich wehren. Schnell sind Sie als Gegner oder Mitverschwörer identifiziert, und Ihre Daseinsberechtigung im Unternehmen steht zur Disposition.
8. **Falls alles nichts nützt: Kündigen Sie!**
   Und das, bevor Ihr Selbstwertgefühl zu stark beschädigt ist und Ihr Blick für die Realität, infiziert durch Ihren Vorgesetzten, zu sehr getrübt ist. Sehen Sie dafür erste, ernst zu nehmende Anzeichen, ziehen Sie besser ganz schnell die Reißleine.

Der Zwanghafte: ordnen, kontrollieren, beherrschen

Bürohaft

»Ich arbeite als Sachbearbeiter in einer Botschaft in Berlin. In einer diplomatischen Vertretung gibt es natürlich weder Gleitzeit noch Homeoffice. Aber das Ausmaß der Kontrolle, dem die Mitarbeiter hier ausgesetzt sind, hat meine schlimmsten Vorstel-

lungen weit übertroffen. Wir bekommen kaum Luft zum Atmen. Unser Chef, der Büroleiter, ist nämlich ein außergewöhnlicher Kontrollfreak.

So dürfen zum Beispiel sämtliche geschäftlichen Mails nur rausgeschickt werden, wenn wir ihn in CC setzen. Während der festgelegten Bürozeiten von 8 Uhr bis 16:30 Uhr haben alle Mitarbeiter anwesend zu sein. Die 30 Minuten Mittagspause sind penibel einzuhalten. Nur während dieser Zeit – und im Falle der Wahrnehmung auswärtiger Diensttermine – ist Abwesenheit gestattet. Verlassen und Betreten der Büroräume sind akkurat in der Zeiterfassung zu registrieren.

Lediglich eine Abweichung vom strengen Zeitreglement ist erlaubt und sogar gern gesehen: länger bleiben. Ärgerlicherweise wird das aber nicht zusätzlich bezahlt, wie das bei Überstunden üblich wäre. Die Anwesenheit der Mitarbeiterinnen und Mitarbeiter über die festgesetzte Bürozeit hinaus ist leider häufig auch nicht zu vermeiden bei dem hohen Arbeitsaufkommen, denn der Chef will immer alles schnell erledigt sehen. Zudem fragt er ständig nach, kontrolliert den Arbeitsfortschritt und treibt uns an. Und noch einen weiteren Grund gibt es, warum wir ständig Überstunden schieben: Wenn der Chef selbst länger im Büro bleibt, darf niemand vor ihm das Büro verlassen. »Bürohaft« gewissermaßen. Macht jemand auch nur Anstalten, vor ihm zu gehen, geht seine Laune in den Keller. Er schreit dann zwar nicht herum, aber man bekommt subtil das Gefühl vermittelt, nicht den Anforderungen zu genügen, sich nicht ausreichend einzubringen und die Arbeit nicht ernst genug zu nehmen.

Meine Kollegin Hanna hatte einmal mit Rücksicht auf die festen Arbeitszeiten einen Arzttermin für 17 Uhr vereinbart. An diesem Tag hatte der Chef den ganzen Tag Außerhaus-Termine, deswegen fühlte sie sich sicher. Um 16:30 Uhr verließ sie ihr Büro. Aber dann, oh Schreck, kam ihr auf dem Weg über den Hof der

Chef entgegen. Sein letzter Termin war ausgefallen, und er kam noch einmal ins Büro. Er fuhr sie sofort an, warum sie jetzt schon fortgehe. Schließlich habe jeder an seinem Arbeitsplatz zu sein, wenn er noch anwesend sei. Er sei der Chef, und der Chef mache die Regeln. Es folgte ein Wortwechsel, in dessen Ergebnis sich Hanna wütend und enttäuscht wieder an ihren Schreibtisch setzte.

Diese Schikane war nicht die erste dieser Art, sondern nur eine weitere in einem unendlichen Reigen. Aber bei meiner Kollegin brachte sie das Fass zum Überlaufen. Wenige Monate später wechselte Hanna zu einer anderen Firma.«

»Er war sehr penibel«

Günter Wallraff lässt in seiner berühmten Reportage als Portier und Bote im Gerling-Konzern den persönlichen Butler von Hans Gerling, Chef des Versicherungsunternehmens, zu Wort kommen:

»Er war sehr penibel mit dem Decken. Obwohl ich's schon mit dem Metermaß genommen habe, den Abstand der Bestecke zueinander und genau abgemessen vom Besteck bis zur Tischdecke und die Bügelfalte genau unter der Lampe. Das Blumenarrangement musste auf dem Tisch genau in der Mitte exakt unter der Lampe stehen. Das hat vier Füße gehabt, zwei Füße mussten genau auf der Bügelfalte stehen. Die Blumen mussten strahlenförmig wiederum so ausgerichtet werden, dass sie genau mit den Linien des Leuchters übereinstimmten. Er hat da ein Auge für gehabt, es unwahrscheinlich genau genommen. Wenn da was nicht total im Lot war, hat er es nachher ärgerlich korrigiert. Ich hab mich nachher sogar in den Stuhl gesetzt, wo der Chef saß, und hab das ausprobiert, mich in ihn hineinversetzt, mit seinen Augen kritisch

den Blick schweifen lassen, was er auszusetzen haben könnte, und das dann noch korrigiert. Er hat seinen festen Platz gehabt, wollte immer auf demselben Stuhl sitzen, wir haben ihn unauffällig gezinkt, weil er merkte, wenn es nicht der gleiche war.«[63]

Einleitung

Eine stark ausgeprägte Gewissenhaftigkeit ist eine der hervorstechendsten Charaktereigenschaften der Deutschen. Zu den sogenannten preußischen oder deutschen Tugenden zählen außerdem Sauberkeit, Pünktlichkeit und Zuverlässigkeit. Alles muss seine sprichwörtliche Ordnung haben, möglichst perfekt bis ins letzte Detail, genauestens geplant und bestens organisiert sein. So sind wir eben, bloß nicht zu spontan und schon gar nichts dem Zufall überlassen. Nicht zu vergessen: die Sparsamkeit. Also möglichst alles aufheben, nichts wegwerfen. Wer weiß, ob und wann man es noch einmal gebrauchen könnte. Sind diese »Tugenden« zu stark ausgeprägt, schlagen sie ins Gegenteil um: Dann wird Sauberkeit zum Putzfimmel, die Liebe zum Detail zur Pedanterie, der Sparsame zum Geizhals und der, der sich von nichts trennen kann, zum Messie. Willkommen in der Welt der Zwanghaften.

Merkmale

Hab ich meinen PC wirklich runtergefahren? Die brisante Korrespondenz im Schreibtisch eingeschlossen? Bloß morgen nicht vergessen, dem Kollegen zu gratulieren! Im Foyer nicht auf die Fugen der Bodenplatte treten! All das sind Gedanken, Mahnungen, Verunsicherungen, die noch stärker und deutlich quälender werden können ...

Zwanghafte Charaktere beharren starr auf dem Einhalten bestimmter Regeln oder Verhaltensabläufe und tendieren dazu, Dinge permanent zu kontrollieren. Ihr Charakter ist nach der klassischen Beschreibung Freuds durch die Trias Ordentlichkeit, Sparsamkeit und Eigensinn gekennzeichnet. Sie sind rechthaberisch und perfektionistisch. Alles Spontane, Impulsive, Triebhafte, Ungeregelte und Schmutzige macht ihnen Angst und muss deshalb beseitigt oder zumindest streng kontrolliert und damit beherrschbar gemacht werden.

Zwanghafte Persönlichkeiten können sich schlecht entspannen, haben oft Gefühle von Zweifel und sind in vielen Dingen übervorsichtig bis stark ängstlich, deutlich entschlussunfähig aus Sorge bis Angst, einen Fehler zu begehen. Häufig sind sie umständlich, peinlich genau bis zur Pedanterie, mit einer unsinnigen Vorliebe für unwichtige Details. Sie haben größte Schwierigkeiten, sich an Gewohnheiten oder Eigenarten anderer Menschen anzupassen, und bestehen darauf, dass diese sich ihren eigenen Gewohnheiten unterordnen. Auf andere Menschen wirken sie oft kühl und eher verstandesgesteuert. Es fällt ihnen enorm schwer, Gefühle auszudrücken, sodass sie eher etwas blass bis leblos wirken.

Weitere Charakteristika sind das Streben nach emotionaler Autonomie (»Ich brauche niemanden, ich verlasse mich nur auf mich selbst!«) sowie ein permanentes Gefühl des Getrieben-Seins. Zwanghafte Persönlichkeiten haben das Gefühl, ihnen sitze »immer ein imaginärer Aufpasser im Nacken«.[64] Zwischenmenschliche wie auch Arbeitsbeziehungen sind in ihren Augen von Dominanz und Unterwerfung geprägt. Sie haben nicht nur Freude am Beherrschen, sondern erstaunlicherweise auch daran, beherrscht zu werden, manchmal auch am Quälen und Gequältwerden. Beides tragen sie in sich, so widersprüchlich und unterschiedlich es auch im ersten Moment anmutet.

Der Psychoanalytiker Jürg Willi hält den zwanghaften (Fachterminus: »analen«) Charakter für »die häufigste Charakterstruktur unserer Mittel- und Oberschicht. Eigenschaften wie Pünktlichkeit, Fleiß, Sauberkeit, Korrektheit, Sparsamkeit und Ordnungsliebe sind Qualitäten, die auf dem Tugendweg der Leistungsgesellschaft in besonderer Weise prämiert werden.«[65]

Auf den Punkt gebracht: Ein durchgängiges Muster von Perfektionismus und Starrheit sowie eine starke Beschäftigung mit Ordnung und zwischenmenschlicher Kontrolle ist charakteristisch für die zwanghaften Führungspersönlichkeiten in der Arbeitswelt. Dies geht auf Kosten von Flexibilität, Aufgeschlossenheit, Kreativität und Effizienz.

Zwanghafte Chefs:
— beschäftigen sich übermäßig mit Details, Regeln, Listen, Ordnung, Organisation oder Plänen, sodass die Hauptsache dabei unterzugehen droht;
— haben durch ihr Streben nach Perfektion und ihre übermäßig strengen eigenen Normen häufig Schwierigkeiten, ihre Vorhaben zu realisieren;
— denken oft in Schwarz-Weiß-Kategorien und befürchten bei eigenen Fehlern übertrieben negative Folgen für sich, was zu ihrem starren, rigiden, perfektionistischen und oftmals auch sehr zögerlichen (Entscheidungs-)Verhalten führt;
— delegieren Aufgaben nur widerwillig an andere und arbeiten nur ungern mit anderen zusammen;
— beharren darauf, dass genau ihre Arbeits- und Vorgehensweisen übernommen werden müssen – sie entwickeln einen unvernünftigen Widerwillen dagegen, anderen Tätigkeiten zu überlassen, aus der Überzeugung

heraus, dass diese dann nicht korrekt ausgeführt werden könnten;
- stellen Arbeit und Produktivität über Vergnügen und zwischenmenschliche Beziehungen;
- sind extrem unentschlossen und handlungsschwach: Entscheidungen werden vermieden oder hinausgezögert und zum Beispiel Aufträge nicht rechtzeitig erledigt, weil der Betroffene sich nicht über die Prioritäten klar werden kann;
- verstärken ihre Unentschlossenheit dadurch, dass sie einem übermäßigen Bedürfnis nach Ratschlägen oder Bestätigung durch andere Personen den Vorrang geben;
- zeigen sich über die Maßen gewissenhaft und gleichzeitig besorgt sowie stur gegenüber allem, was von ihrer festgezurrten Moral, Ethik oder Wertewelt abweicht;
- können Gefühle nur sehr stark eingeschränkt zum Ausdruck bringen;
- sind sehr sparsam bis geizig in Bezug auf Zeit, Geld oder Geschenke, sofern kein persönlicher Vorteil zu erwarten ist;
- sind unfähig, sich von alten oder wertlosen Dingen zu trennen, selbst wenn diese keinen Gefühlswert besitzen;
- sind keine sehr guten Zuhörer (aber verglichen mit anderen Typen in dieser Aufzählung auch nicht die schlechtesten);
- sind noch eher verlässliche Verhandlungspartner.

Ursachen: Kindheitserfahrungen des Zwanghaften

Wie bei allen Akzentuierungen oder Störungen wird auch hier ein Zusammenspiel von pädagogisch-psychologischen und gesellschaftlichen Faktoren angenommen. Die Bedingungen aus psychoanalytischer Sicht, die zur zwanghaften Persönlichkeitsstörung führen, sind ein rigider, autoritärer, einengender Erziehungsstil vor allem im zweiten und dritten Lebensjahr. Eine strenge und bestrafende Sauberkeitserziehung lässt das Kleinkind ein extremes »Über-Ich« entwickeln. Eigenwille, Spontaneität, lebhafte Motorik und Aggressivität des Kindes werden vonseiten der Eltern rigoros unterdrückt und müssen in Zukunft mit Angst- und Schuldgefühlen abgewehrt werden. »Der äußere Zwang wird so zu einem inneren. Statt eines Autonomiegefühls entstehen im Kind Scham und Zweifel.«[66]

Prägend sind dabei auch die ersten Machtkämpfe mit den Eltern, die dann entstehen, wenn diese das Kind während der sogenannten analen Phase durch eine frühe oder strenge Sauberkeitserziehung daran hindern, seine Schließmuskeln und sonstigen Körperfunktionen allmählich und nach eigenem Willen beherrschen zu lernen. Das Kind wird so in einen Zustand von Rebellion, Niederlage, Selbstbezogenheit und überstrenger Gewissensbildung getrieben. Seine sich daraus entwickelnden aggressiven Impulse muss es jedoch zu unterdrücken lernen. Dies geschieht dadurch, dass es sich selbst stark kontrolliert und zukünftig um jeden Preis an Regeln und Gewohnheiten rigide festhalten wird.

Aus diesem Erziehungsstil entstehen die für den zwanghaften Charakter typischen Ambivalenzen, die seine Wesensart bezüglich folgender Gegensatzpaare kennzeichnen:

- »Aktivität steht gegen Passivität
- Autonomie (Selbständigkeit) gegen Heteronomie (Abhängigkeit)
- Eigensinn gegen Nachgiebigkeit
- Herrschen gegen Gefügigkeit
- Sadismus gegen Masochismus

— Sparsamkeit gegen Verschwendung
— Ordnungsliebe und Pedanterie gegen Nachlässigkeit
— Sauberkeit gegen Beschmutzungslust«[67]

Auch wenn jemand in seinem Verhalten nur den einen Pol eines Gegensatzpaares zeigt – sozusagen nur die eine Seite der Medaille –, so ist doch die andere Polarität immer latent vorhanden. Das Manifeste symbolisiert die Abwehr des Latenten. So bekämpft der Ordentliche das Unordentliche in sich (und anderen), der Geizige das Verschwenderische – und der Feuerwehrmann das Feuer (nicht ganz selten gibt es unter ihnen Brandstifter). Wie formulierte Goethe das: »Zwei Seelen wohnen, ach! in meiner Brust« …

Motiv

In einer festgefügten Firmen- oder Institutionshierarchie fühlen sich zwanghafte Persönlichkeiten wohl. Hier werden sie kontrolliert, können aber auch als autoritäre Vorgesetzte mit rigidem Machtgebaren andere kontrollieren und beherrschen.

Der Antrieb ihres Tuns ist, mehr Macht und Kontrolle über andere zu gewinnen. Dies scheint in staatlichen Institutionen häufiger gegeben als in der sogenannten freien Wirtschaft. Ergo befinden sich Vorgesetzte mit akzentuierter bis stark zwanghafter Persönlichkeitsausprägung besonders häufig im öffentlichen Dienst, speziell in Rathäusern und Verwaltungen.

Arbeitsverhalten

Wichtige Entscheidungen werden bevorzugt auf der Grundlage von Vorschriften und Regeln getroffen. Zwanghafte Führungskräfte »scheinen in besonderer Weise den Anforderungen bürokratischer Großorganisationen zu entsprechen: Planbarkeit, Systematik, Ordnung, Berechenbarkeit, Kontrolle, Disziplin sind die Forderungen, die sie an sich und andere stellen«.[68] Andererseits führt ihre kleinliche Kontrollsucht oft zum regelrechten Schikanieren von Mitarbeitern, zu »Zeitfetischismus, Paragrafenreiterei und minutiöser Verplanung von Arbeits- und Freizeit«.[69]

Auch in der Welt der Politik ist der Zwanghafte verbreitet, wie der Bericht eines Mitarbeiters belegt:

Ich arbeite in Berlin im Sekretariat eines Bundestagsabgeordneten. Eigentlich gefällt mir dieser Job, doch seit ich für dieses bestimmte Mitglied des Bundestages aus Süddeutschland tätig bin, ist die Arbeit zu einer großen psychischen Belastung geworden. Als der Mann neu ins Parlament gewählt wurde, war er noch total unsicher. Ich dagegen hatte schon fast ein Jahrzehnt Erfahrung mit allen Abläufen. In dieser Phase zeigte er ein freundliches Gesicht. Aber je mehr er mit der täglichen politischen Routine vertraut war, desto stärker wurde sein Drang, seine Mitarbeiter erst zu kontrollieren und dann zu drangsalieren. Da lernten wir ihn ganz anders kennen. Jeder noch so kleine Vorgang muss dokumentiert und ihm vorgelegt werden. Dann entscheidet er, was getan werden muss, und später wird der Vorgang archiviert.

Wenn er sich im Büro in Berlin aufhält, verbreitet er durch seine Übellaunigkeit eine total angespannte Stimmung. Lachen verboten! Gespräche der Mitarbeiter untereinander sind nicht erlaubt. Durch seine stets offen stehende Tür lauscht er auf jedes Wort von uns, auch wenn wir ein dienstliches Telefonat führen. Wenn er danach meint, etwas kritisieren zu müssen, ist er sich nicht zu schade, uns wie ein alter, autoritärer Schullehrer zu maßregeln. Das Allerletzte: Mein Kollege im Nachbarbüro muss sich jedes Mal abmelden, wenn er die Toilette aufsucht. Wenn er dann zurück ist, sagt er Bescheid, dass er wieder am Platz ist. Er muss seine Toilettenzeiten sogar in einer Tabelle dokumentieren.

Die Arbeit unter diesem Abgeordneten ist der Horror. Selbst aus dem Büro in seinem Heimat-Wahlkreis kontrollierte er uns – per Computer. Tag für Tag überprüft er, wann und wie lange wir in Berlin am Arbeitsplatz sind. Als ich einmal morgens um neun ins Büro kam, den PC aber erst etwa eine Viertelstunde später hochfuhr, bekam ich einen »Anschiss« der übleren Sorte. Von da an wusste ich, wie wichtig es ist, hier keine Angriffsfläche zu bieten. Seitdem ist das Erste, was ich morgens im Büro mache: Rechner anschalten und eine E-Mail schreiben – damit ich im Fall der Fälle nachweisen kann, dass ich anwesend war. Ist es nicht traurig, dass es solche vom Volk gewählten Chefs gibt und man unter derart unwürdigen Bedingungen arbeiten muss? Das raubt einem jeden Idealismus, jede Menge Kraft und Nerven, die man besser ins politische Geschehen einbringen könnte.

Umgang mit Mitarbeitern

Mitarbeiter sind für die zwanghafte Führungskraft nichts weiter als Untergebene, die ständig kontrolliert und autoritär reglementiert werden müssen. Die dadurch oftmals ausgelöste übertriebene Unterwürfigkeit von Mitarbeitern führt zu Passivität und mangelnder Kreativität im Unternehmen.

Probleme entstehen meist bei der Zusammenarbeit auf gleicher Ebene. Da Zwanghafte nur die Kategorie Dominanz oder Gefügigkeit kennen, ein Oben oder Unten, versuchen sie meist, nach oben und bis an die Spitze zu kommen oder – wenn dies nicht möglich ist – sich notgedrungen zu unterwerfen. »Eine kollegiale Zusammenarbeit auf gleicher Ebene ist mit ihnen schwer vorstellbar.«[70]

Wie der Narzisst Mitarbeiter benötigt, die ihn bewundern, und der Schizoide solcher bedarf, die seine Kontaktscheu ausgleichen, sucht der Zwanghafte in seiner Umgebung nach Mitarbeitern, die sich ein autoritär-beherrschendes strenges Reglement wünschen oder zumindest bieten lassen. Seine Existenz und damit seine subjektive Berechtigung wären ohne geeignete Gegenspieler nicht denkbar.

Genauso wie der Arzt den Kranken braucht, um zu existieren, braucht dieser Vorgesetztentypus auch die schwarzen Schafe in seinem Bereich, über die er sich zwar beklagt, ohne die er aber nicht glücklich wäre.

Eine Anekdote über den Konzernlenker Robert Bosch beleuchtet nicht nur dessen ausgeprägten Sparsamkeitssinn. Es wird berichtet, dass Bosch bei einem Firmenrundgang eine auf der Treppe liegende Büroklammer aufhob und die ihn begleitenden Führungskräfte fragte: »Was ist das?« Als sich jemand aus der Begleitung zu der Antwort verleiten ließ: »Eine Büroklammer, Herr Bosch!«, entgegnete dieser: »Ach was, das ist mein Geld, das hier am Boden herumliegt!«[71]

Gefahren

Die zwanghafte Störung wirkt sich im beruflichen Bereich häufig sehr stark leistungsmindernd aus – sowohl beim Zwanghaften selbst wie auch in seiner Umgebung. Gerade in unserer Arbeitswelt, die sich im digitalen Umbruch befindet, gelten viele erlernte Regeln nicht mehr: Bewährte Muster werden wertlos, starre Strukturen wirken lähmend. Die Fähigkeit, innovative Konzepte zu entwickeln oder mit flachen oder wechselnden Hierarchien umzugehen, geht dem zwanghaften Chef völlig ab. Wenn dann noch eine ausgeprägte Unfähigkeit hinzukommt, Entscheidungen zu treffen, wird es ganz schwierig – hier ist ein Scheitern beinahe vorprogrammiert.

Das vorherrschende Bedürfnis des Zwanghaften, Untergebene sadistisch unter Kontrolle zu halten, hat in der Regel stark demotivierende Auswirkungen auf die Mitarbeiter und damit negative Konsequenzen für die gesamte Funktionsstruktur einer Organisation. Das ausgeprägte Kontrollbedürfnis führt häufig zur weiteren Verstärkung bereits vorhandener bürokratischer Strukturen im Unternehmen. Ergebnis: allseitige Lähmung.

Positives

Zwanghafte Persönlichkeiten sind verlässlich, verantwortungs- und pflichtbewusst sowie ausdauernd. Was sie erledigen, machen sie gründlich – sofern sie wegen ihres Perfektionismus überhaupt damit fertig werden. »Positiv gesehen kann die Konzentration auf Ordentlichkeit, Genauigkeit, Klarheit und Kontrolle bei Entscheidungsprozessen eine gute und stabile Delegation von Autorität sowie Klarheit fördern.«[72] Zwar sehen sie die Welt nicht grundsätzlich negativ, haben aber die Einstellung, dass das (Arbeits-)Leben vor allem mit Mühe, Anstrengung und Pflichterfüllung verbunden ist, was sie in vielen Aufgabenbereichen zu guten »Abarbeitern« macht.

Zum Beispiel blühen sie im Rechnungswesen und im Controlling auf. Das zumindest glaubt die Personalentwicklerin der Deutschen Bahn, Ursula Schütze-Kreilkamp, die für das Recruiting von Managern verantwortlich ist. Auf einer Konferenz erklärte sie laut einem *Spiegel*-Bericht, dass sie für die Bereiche Finanzen, Controlling und Compliance »gerne Zwanghafte« einstelle. Denn die seien »super pedantisch« und könnten »dann die ganze Nacht nicht schlafen, weil die Zahlen nicht stimmen«. Weiter: »Sie haben immer tolle Budgets, und es gibt wenig Ärger.«[73] Von dem Vortrag gab es ein Video im Netz, das aber sofort gelöscht wurde, als die Presse die Aussagen aufgriff und der Wirbel zu groß wurde.

Umgangsstrategien

Selbsterkenntnis: In vielen von uns steckt etwas von dieser Charakterstruktur. Der Hang zu Ordnung und Sauberkeit ist gerade hierzulande weitverbreitet, Pünktlichkeit und Zuverlässigkeit sind »typisch deutsche Tugenden«. Ganz besonders die Liebe zum Militär und zur Macht ist in unserer zum Teil doch sehr leidvollen Geschichte in eindrucksvoller Weise dokumentiert.

Es kommt allerdings auf das Ausmaß an. Falls Sie selbst das Gefühl haben, Tendenzen ins Zwanghafte zu haben: Der erste und sicherlich nicht ganz leichte Schritt ist die kritische Distanz zu den eigenen Kontroll- und Machtwünschen über andere. Ist es unbedingt notwendig, ein aus der Kindheit stammendes Szenario tagtäglich zu wiederholen? Warum machen Sie es anderen und letztendlich sich selbst so schwer?

Selbstbehauptung: Die zentrale Frage im Umgang mit Zwanghaften ist, inwiefern es gelingt, sich einer Rolle als Objekt für die beherrschend-kontrollierenden Tendenzen dieser Menschen zu entziehen. Wo bereits Fachleute von nur äußerst schwer zu therapierenden Persönlichkeiten sprechen, braucht sich der Laie nicht zu wundern, wenn er auf schier unüberwindbare Alltagsbarrieren stößt. Das ist aber kein Grund, an einem zwanghaften Chef zu verzweifeln oder vorschnell aufzugeben; oft ist es am sinnvollsten, sich einfach zu arrangieren.

Was Sie tun können: Haben Sie es mit einem Oberkontrolleur zu tun, ist vielleicht das Wichtigste, die Quelle seiner größten Angst zu erspüren. Was fürchtet Ihr Chef am meisten, was darf sich auf keinen Fall seiner Kontrolle entziehen? Ihre Antwort könnte jetzt sicherlich verkürzt »alles und jedes« lauten. Aber bei genauerer Betrachtung lassen sich vielleicht doch graduelle Unterschiede herausarbeiten.

Ist es die Pünktlichkeit und Einhaltung der Arbeitszeiten, erfordert dieses Symptom eine andere Reaktion Ihrerseits als der absolute Kontrollwunsch eines Chefs, was beispielweise die Außenkommunikation oder Abwesenheiten außerhalb seines Kontrollbereichs betrifft.

Sich vor diesen Überwachungen und Unterwerfungsversuchen durch Entzug zu schützen, also sich heimlich still und leise einen kleinen Freiraum zu erobern, wird bei Psycho-Chefs dieser Machart wenig nützen, wenn nicht sogar schier unmöglich sein. Da hilft alles nichts: Sie müssen, wenn Sie bleiben und überleben wollen, die Kontrollzwänge bedienen. Sie tun sich sogar einen Gefallen damit, wenn Sie die Ängste Ihres Chefs zeitweilig selbst durch geeignete und vor allem laut ausgesprochene Selbstzweifel schüren, bis hin zur offenen Selbstdenunziation. In Fachkreisen gibt es dafür den Fachbegriff »paradoxe Intervention«. Dies ist bei der Überwachung der Korrespondenz leicht durchführbar, indem Sie etwa jeden Brief zunächst als Entwurf Ihrem Chef vorlegen und ihm dann als »eilige« Korrespondenz in Kopie zur Dokumentation noch einmal zukommen lassen, damit er stets auf dem Laufenden ist.

Der Hintergrund dieser Strategie: Überschwemmung. Im besten Fall winkt der Chef, durch ihre laut geäußerten Selbstzweifel beschwichtigt, ab und sieht sich sogar veranlasst, die Situation auch für sich selbst zu entspannen (»Ich weiß, Sie machen das immer sehr korrekt«).

Bei der Pünktlichkeitsneurose hilft nur, zumindest eine Zeit lang demonstrativ immer schon vor dem Chef zu kommen. Der Abgang darf außerdem nicht ohne seine ausdrückliche, persönlich eingeholte mündliche Erlaubnis geschehen. Das müssen Sie so lange durchhalten, bis es ihn hoffentlich so nervt, dass er Sie selbst bittet, nicht mehr in dieser Angelegenheit bei ihm vorstellig zu werden.

Wenn die Chancen auf ein verträgliches Arrangement auf Dauer auch nicht allzu groß sind: Ziel dieser Maßnahmen ist es, eine Vereinbarung zu treffen, die dem Zwangsneurotiker ein gewisses Maß an Sicherheit gibt, dass wichtige Dinge genauso laufen, wie er es sich wünscht. Es soll Mitarbeiter geben, die sich auf diese Weise in Sisyphos-Manier einen gewissen Überlebens- und Handlungsspielraum geschaffen haben ...

8 Tipps für den Umgang mit zwanghaften Chefs

1. **Beruhigen Sie sich selbst und Ihren Vorgesetzten.**
   Geben Sie dem Zwanghaften das Gefühl, dass die Dinge so laufen, wie er es will – weil Sie verstanden haben, worauf es ihm ankommt.
2. **Identifizieren Sie seine größten Ängste.**
   Finden Sie heraus, was Ihr Chef am meisten fürchtet, und zeigen Sie ihm immer wieder auf, dass Sie darauf besonderes Augenmerk legen und Verantwortungsbewusstsein praktizieren.
3. **Sorgen und Ängste vorsichtig *peu à peu* relativieren.**
   Da Zwanghafte oft irrationale Ängste vor Fehlern hegen, die sie zu verantworten haben, ist es sinnvoll, hier auch immer wieder eine relativierende Position zu vertreten.
4. **Versuchen Sie, sich ein Stück weit anzupassen.**
   Bedienen oder nehmen Sie für eine gewisse Zeit wenigstens Rücksicht auf seine Kontrollzwänge.

5. **Schließen Sie Kompromisse.**
   Legen Sie ihm jeden Brief »zur Kenntnis« vor. Vermeiden Sie ein Verhalten, das er als Übergehen seiner Person und Funktion interpretieren könnte.
6. **Fördern Sie die Motivation zu Veränderungen.**
   Da Zwanghafte starr an ihren bisherigen Einstellungen und Verhaltensweisen festhalten, ist es wichtig, ihre Motivation zu fördern, Veränderungen zuzulassen, um Arbeitsabläufe neu zu gestalten.
7. **Kultivieren Sie das Prinzip Hoffnung.**
   Gewinnt der Zwanghafte durch die genannten Maßnahmen Sicherheit, und hoffentlich auch ein Stück weit Vertrauen und Zutrauen in Ihre Person, kann das zu einer leichten Entspannung führen.
8. **Scheuen Sie nötigenfalls keine Konsequenzen.**
   Bei extremen Ausprägungen und einer starken Unverträglichkeit Ihrerseits hilft leider auch hier nur der Arbeitsplatzwechsel.

Der Depressive: ausbremsen, aussitzen, aushalten

Die Schwarze Witwe

An meine ehemalige Chefin in der Krankenversicherung, für die ich heute noch arbeite, erinnere ich mich mit gemischten Gefühlen. Frau Windisch war auf den ersten Blick gar nicht unangenehm. Sie hat nie herumgeschrien, war eher bescheiden, und ja, sie konnte manchmal sogar ausgesprochen nett sein. Trotzdem war es für mich – ich möchte sogar sagen, für uns alle – keine leichte Zeit, als sie unsere Vorgesetzte wurde. Ich brauchte jedoch eine ganze Weile, um zu merken, dass ihr Führungsstil der Grund dafür war.

Als Frau Windisch neu in unsere Abteilung kam, dauerte es nicht lange, da bat sie mich in ihr Büro. »Zoe, ich muss mal mit Ihnen reden. Ich frage mich schon seit einigen Tagen, ob wir das richtig machen mit der Einstufung der Versicherten nach dem neuen System. Weil ich Ihnen vertraue, möchte ich Sie gerne um ihren Rat bitten.« Da fühlte ich erst einmal so etwas wie Stolz. Ich stand Frau Windisch zwar nicht näher als meine Kolleginnen, aber dass sie ausgerechnet mich fragte, schmeichelte mir schon etwas.

Dann kam es immer häufiger vor, dass sie mich in ihr Büro bat. Dabei ging es nicht immer nur um Fachfragen, sondern auch um meine Kolleginnen und Kollegen, deren Arbeitsleistung und ihr Privatleben. Dann fielen Sätze wie: »Ach, die Ingrid ist doch quasi schon in Rente. Wenn die mal noch 40 Prozent Arbeitsleistung bringt, ist das schon viel. Na ja, wir lassen sie mal laufen. Das fangen wir schon auf.« Oder: »Der Marco ist immer so unkonzentriert und ist ja mit seinem Reizdarm auch psychisch schwer angeschlagen. Da müssen Sie auch mit draufschauen. Unbedingt!« Und: »Der Thorsten macht mir Sorgen, der vergisst ja immer so viel. Seine Mutter hat auch schon Alzheimer. Da sollten wir unbedingt ein Auge darauf haben. Das würde mir so leidtun für seine Frau, die ja gerade ihren Job verloren hat.«

Anfangs merkte ich gar nicht, was sie da machte. Ich empfand das Ganze als Vertrauensbeweis. Aber irgendwann wurde mir klar, dass sie anderen gegenüber wahrscheinlich auch die eine oder andere Geschichte über mich erzählte. Und mir fiel auf, dass sie nie etwas wirklich Positives über ihre Mitarbeiter sagte.

Auch sonst war sie irgendwie sehr negativ. Meinen Rat zum Prozedere bei den Einstufungen hat sie zwar für gut befunden, aber letztlich schien er ihre Zweifel nicht ausgeräumt zu haben. »Es ist ja sowieso egal. Wir machen es so, wie die Geschäftsleitung es vorgegeben hat. Das Fass will ich nicht aufmachen.« Häufig zweifelte sie bei Abteilungssitzungen den Sinn dessen, was wir gerade taten, deutlich an. Entsprechend lebte sie eine antriebslose Haltung vor, die uns alle sehr irritierte und die einen mit der Zeit immer mehr »runterzog«. Spaß und Interesse gingen dabei irgendwie verloren, die Arbeitsatmosphäre entwickelte sich insgesamt ungut. So machte sich mehr und mehr eine negative, bedrückende Stimmung breit – wie ein schleichendes Gift.

Als sie nach zwei Jahren ging, war nicht nur ich erleichtert. Meine Kolleginnen und ich hatten das Gefühl, dass sie all unsere Energie aus uns herausgesaugt hatte. Wenn wir heute über sie reden, nennen wir sie »die Schwarze Witwe«. Ich weiß, das ist eigentlich nicht okay, aber es bringt uns zum Lachen. Und weil wir damals nichts zu lachen hatten, holen wir es eben jetzt nach.

Ausgebrannt

Ein Tag im Leben von Herrn Schummer, 54 Jahre, sah jahrelang so aus: Um halb sieben aufstehen, frühstücken, ab ins Büro. 14, 15 Stunden täglich für die Firma leben. Seine Familie sah ihn in dieser Zeit nur selten. Es ist seine Firma, er führt den mittelständischen Familienbetrieb in dritter Generation. Schummer ist leistungsorientiert, fleißig und hat sehr hohe Ansprüche an sich selbst. In den letzten fünfzehn Jahren war er sehr erfolgreich. Die Mitarbeiterzahl hat sich fast verdoppelt, der Umsatz verdreifacht, und der Gewinn ist auch ordentlich mitgewachsen.

Vor etwa fünf Jahren bekam er zum ersten Mal Probleme. Er konnte seine Hand nicht mehr spüren. Ein Nerv war eingeklemmt. Es musste operiert werden. Als der Schaden »repariert« war, ging es weiter im selben Takt. Er kann ja seine Firma nicht lange im Stich lassen, und erst recht nicht seine Mitarbeiter. »Ich liebe meine Leute«, sagt Schummer, »wir sind ein Familienunternehmen, und wir sind auch eine Familie. Darauf bin ich stolz.«

Bei seinen Mitarbeitern ist Schummer beliebt. Er ist ein echter »Kümmerer«, der hilft, wo er kann, sich aber auch in alles immer einmischt und seinen Senf unbedingt noch dazugeben muss. Oftmals weiß und kann er es mit seiner Erfahrung allerdings auch tatsächlich besser. Wenn es einmal schwierig oder echt schmutzig wird, ist er der Erste, der die Ärmel hochkrempelt, zupackt und keine Angst hat, sich dreckig zu machen.

Und privat? Die Kinder sind noch vor der Volljährigkeit aus dem Haus geflüchtet. Nicht viel später trennte sich seine Frau von ihm. Das kam sehr überraschend und hat ihn sichtlich stark mitgenommen. Darüber im Betrieb zu reden, das ging gar nicht für ihn. Abends ist er jetzt immer allein. Niemand erwartet ihn zu Hause. Und an den Wochenenden? Keiner weiß so richtig, was er eigentlich macht, wenn er mal nicht arbeitet.

Als die Firma vor gut drei Jahren in eine Krise geriet, stieg der Druck auf Schummer. Er arbeitete noch härter und lebte Arbeitsdisziplin vor, bis zum Umfallen. Das ist ihm wichtig: Vorbild zu sein. Zu dieser Zeit fingen seine unspezifischen Nierenschmerzen an – erst ab und zu, dann immer öfter, und schließlich gehörten sie zu seinem Leben. Der Arzt sagte, es gibt dafür keine körperliche Ursache – keine Entzündung, keine Steine, auch keinen Krebs. Schummer wäre es am liebsten gewesen, man hätte die Schmerzen einfach wegoperieren können. Geht nicht? Dann eben nicht – schließlich gibt es Medikamente. Kein Grund, nachzulassen; das Unternehmen brauchte ihn gerade mehr denn je.

Trotzdem lief es nicht mehr so, wie er es gewohnt war. Er konnte sich nicht mehr so gut konzentrieren, fing an, zu grübeln, musste immer öfter an den Tod denken. Seine Motivation sank immer tiefer, seine Kraft ließ nach. Er fühlt den Absturz nahezu körperlich. An manchen Tagen saß er stundenlang im Büro und starrte einfach nur auf den Bildschirm. Ein Angebot für einen Großauftrag schickte er einfach nicht an den Kunden – selbst das war plötzlich zu viel. Sein ganzer Elan war weg. Das quälte ihn. Nachts konnte er kaum noch schlafen.

Trotzdem ging Herr Schummer aus innerem Pflichtgefühl weiterhin Tag für Tag für mindestens zwölf Stunden in die Firma. Gleichzeitig wuchsen die Zweifel, sogar an seinem Unternehmen: Lohnte sich diese Branche denn überhaupt noch? Sollte man nicht alles aufgeben? Wenn es um innerbetriebliche Entscheidungen ging, ließ er immer häufiger seinen Prokuristen entscheiden, zog sich immer mehr zurück und war schließlich kaum noch ansprechbar. Noch sechs Monate zuvor wäre das undenkbar gewesen. Wenn jemand fragte, ob etwas mit ihm nicht stimmte, schüttelte Schummer den Kopf. »Nein, nein, ich lass jetzt mal die anderen ran. Ihr habt ja lange genug von mir gelernt. Macht euch bloß keine Sorgen.«

Drei Monate später ging schließlich gar nichts mehr. Die Schmerzen waren zu stark geworden, der Körper hatte keine Reserven mehr. Schummer musste sich in eine Klinik einweisen lassen. »Am schlimmsten war, das meinen Mitarbeitern zu erzählen«, sagt er später. Sechs Monate lang war er in Behandlung. Yoga, Meditation, Malen, Spazierengehen. Das Gegenteil von dem, was er gewohnt war. Aber er gewöhnte sich daran. Am Ende der Behandlung ging es ihm tatsächlich wieder besser.

Heute arbeitet Herr Schummer wieder, aber viel weniger. Er hat einen Geschäftsführer eingestellt und sich selbst eine 40-Stunden-Woche verordnet. Das fällt ihm schwer, und manchmal überzieht er doch wieder. Aber er glaubt jetzt fest daran, sich im Griff zu haben.

Einleitung

Depressionen gehören heutzutage in Deutschland zu den am häufigsten diagnostizierten psychischen Erkrankungen. Obwohl jeder fünfte Bundesbürger in seinem Leben mindestens einmal daran erkrankt, warnen Experten: Sie schätzen, dass nur bei einem Bruchteil der Betroffenen die Symptomatik richtig erkannt wird.

Vielleicht denken Sie jetzt: Aber depressive Chefs gibt es doch gar nicht! Weit gefehlt: Es kann jeden treffen. Auch und gerade die Führungskraft, die dann übermäßig ernst, humorlos, angespannt und dünnhäutig (re-)agiert und eine Art pessimistisch eingefärbtes Problem-Grübeln entwickelt. In beruflicher wie auch zwischenmenschlicher Hinsicht kann aufgrund dieser negativen Grundeinstellung eine verhängnisvolle Konsequenz aus einer sich ständig selbst erfüllenden Prophezeiung drohen.

Wir unterscheiden verschiedene Verlaufsformen und Schweregrade: beispielsweise bei der »depressiven Episode«, die in einer leichten, mittleren oder schweren Form auftreten kann. Sie kann einmalig oder abwechselnd mit längeren gesunden Phasen daherkommen. Tritt eine Depression dauerhaft auf, handelt es sich um eine »chronische Depression«. Sind die Beschwerden dabei eher gering, spricht man von einer »Dysthymie« – der Form, mit der wir uns hier vorrangig beschäftigen wollen. Denn wirklich schwere, länger andauernde Depressionen lassen die Tätigkeit in einer Führungsposition kaum noch zu.

Auch wenn es nicht zum Bild des typischen Managers oder der typischen Managerin passt: Depressionen in den Führungsetagen sind ein reales Problem. Eine Umfrage hat ergeben, dass 13 Prozent aller Führungskräfte Anzeichen einer leichten und vier Prozent sogar Anzeichen einer schweren Depression zeigen.[74] Dazu zählen sicher auch viele Chefs, die durch hohe Arbeitsbelastung und Druck an einem Burn-out leiden, das sich längerfristig zu einer wirklichen Depression auswachsen kann.

Merkmale

Eine Depression kann ganz unterschiedliche Ausprägungen haben und sehr vielfältige Symptome hervorrufen. Bisweilen treten sogar nur körperliche Symptome auf, während die eigentliche Ursache dem Betroffenen, aber auch seiner Umgebung verborgen bleibt.

Menschen mit einer depressiven Persönlichkeits-Akzentuierung sind oftmals gedrückter Stimmung, eher anklammernd, antriebslos und aggressionsgehemmt. Sie leiden häufig unter einem Mangel an Initiative, Gefühlen von Schuld und Versagen, mangelndem Selbstvertrauen, Hilf- und Hoffnungslosigkeit.

In der Regel unterschätzen depressive Charaktere in ihrer passiven Zurückhaltung und Bescheidenheit ihre Chancen und Möglichkeiten. Selbst kaum oder nur schlecht in der Lage, Forderungen zu stellen, lassen sie sich leicht überfordern, vermeiden (vordergründig) aggressive Selbstbehauptung und gehen Auseinandersetzungen gern aus dem Weg. Ihr Mangel an Selbstvertrauen und positivem Selbstwertgefühl lässt sich vor den Augen anderer kaum verbergen. Ihre größte Sorge gilt der Gefahr, alleingelassen bzw. verlassen oder verraten zu werden. Andererseits zeigen sie aber häufig ein gutes Einfühlungsvermögen, wirken warmherzig, zuhörbereit, anpassungswillig und auch -fähig.

Auf den Punkt gebracht: Depressive Führungspersönlichkeiten in der Arbeitswelt zeichnen sich durch Gefühle von Hilf- und Hoffnungslosigkeit, Verlassenheitsängste und eher abhängiges, überangepasstes bis unterwürfiges Verhalten aus.

Depressive Chefs:

- haben einen Mangel an Selbstvertrauen, Selbstwertgefühl und Durchsetzungskraft;
- leiden häufig unter gedrückter Stimmung mit der Tendenz zum Grübeln und entwickeln schnell Selbstzweifel bis hin zu unbegründeten Selbstvorwürfen und Schuldgefühlen;
- haben Schwierigkeiten bei allen Arten von Eigeninitiative oder Eigenaktivität;
- zeigen eine quälende Unentschlossenheit, einen verminderten Antrieb;
- beklagen Denk- und Konzentrationsstörungen;
- leiden unter Schlafstörungen, psychomotorischer Unruhe oder Hemmungen;
- sind häufig unfähig, alltägliche Entscheidungen zu treffen, ohne ständig die Meinung oder den Rat anderer einzuholen bzw. sich ihr Verhalten »genehmigen« zu lassen;
- pflichten anderen gerne auch dann bei, wenn sie diese im Unrecht wissen, nur um Auseinandersetzungen aus dem Weg zu gehen;
- haben die Tendenz, Aufgaben, die für sie unangenehm oder erniedrigend sind, zu übernehmen, um Aufmerksamkeit, insbesondere aber die Zuneigung anderer zu gewinnen;
- fürchten sich vor Niederlagen, aber gleichzeitig auch vor möglichem Erfolg (wegen eventueller Neider);
- leiden unter Einsamkeitsgefühlen und fühlen sich allein oft unwohl und hilflos;
- haben gewöhnlich Angst davor, verlassen und/oder enttäuscht zu werden;
- müssen sich wiederholt Gedanken machen über Tod und Sterben, denken bisweilen auch an Suizid;

— suchen – wenn etwas schiefgegangen ist – oftmals sofort die Schuld bei sich;
— können schlecht Verantwortung übernehmen;
— sind empfindlich gegenüber Kritik, schnell gekränkt und enorm nachtragend;
— zeigen aber eine gut entwickelte Zuhörfähigkeit;
— sind auch relativ verlässliche Partner;
— und durchaus authentisch, wenn auch im Inneren total unsicher.

Ursachen: Kindheitserfahrungen des Depressiven

Für die Erklärung dieser Persönlichkeits-Akzentuierung kommen verschiedene, genetische wie psychologische und gesellschaftliche Faktoren zusammen. Aus psychoanalytischer Sicht kann man sich eine solche Entwicklung etwa so vorstellen: Vonseiten der Eltern kommt es (meist schon im ersten Lebensjahr, in der oralen Phase der psychosexuellen Entwicklung) zu einer Versagung der elementaren Bedürfnisse nach Liebe, Zuwendung und Versorgung. In Reaktion auf diese Enttäuschungen entsteht eine massive Wut, die aber gegen die eigene Person gewendet wird. Auf eine Kurzformel gebracht: Depression ist nach innen gewandte Aggression, niedergedrückte (unterdrückte) Wut.

Dem späteren abhängigen Verhaltensmuster und dem Mangel an Selbstvertrauen und Konkurrenzgeist kann aber auch elterliche Überbehütung und extreme Verwöhnung zugrunde liegen: »Die Unfähigkeit der Eltern, ihrem Kind die selbstständige Entwicklung zur Einzelperson zu erlauben, erstickt die Entwicklung des Individuums zum autonomen Wesen. Insofern wird diesen Kindern nicht erlaubt, weniger abhängig zu werden, ihre eigenen Wünsche zu entdecken, zu befriedigen und für sich selbst zu sorgen.

Ein zusätzlicher Faktor kann ein überängstlicher Elternteil sein – meistens ist es die Mutter. Der Gedanke, dass das Kind alles ist (ein Verhalten, das sich vielleicht während einer Krankheit des Kindes herausgebildet hat), oder die Angst der Eltern davor, ›ihr Baby zu verlieren‹, was für sie selbst mit dem Älterwerden und der Einsamkeit verbunden ist«[75], begünstigen diese ungute Einflussnahme auf die Kindesentwicklung und spätere Weichenstellung im Erwachsenenalter.

Motive

»Die Karrieren depressiver Führungspersonen sind in der Regel von Stagnation und Rückschritt gekennzeichnet; wenn sie überhaupt trotz ihrer Passivität Spitzenpositionen erreichen, können sie sich dort normalerweise nicht lange halten.«[76] Nicht selten kann jedoch auch eine reaktive depressive Persönlichkeitsentwicklung bei Führungskräften eintreten, die zum Beispiel eine Serie von Fehlschlägen zu verkraften, ungerechte Behandlung durch den obersten Chef zu ertragen oder einen privaten Schicksalsschlag zu bewältigen haben. So ähnlich wie bei Herrn Schummer in unserem Beispiel am Anfang des Kapitels.

Wie auch den noch folgenden Typus der phobischen Führungskraft trifft man die Depressiven eher auf der mittleren Führungsebene im Öffentlichen Dienst und seinen diversen Institutionen an. Sie arbeiten bemüht und fleißig und sind aufgrund ihrer Zugehörigkeit zum Unternehmen, passabler Leistungen und ihrer angenehm angepassten Wesensart positiv aufgefallen. Da die Betroffenen Schwierigkeiten haben, sich bei divergierenden Standpunkten deutlich abzugrenzen, und sich höhergestellten Personen gegenüber lieber besonders kooperativ und unterstützend verhalten und daher auch schlecht Nein sagen können, erleben sie oftmals eine Beförderung wider Willen, die weder ihnen selbst noch ihren Mitarbeitern guttut.

Arbeitsverhalten

Vorgesetzte mit einer depressiven Persönlichkeits-Akzentuierung verkörpern das krasse Gegenteil des gängigen Manager-Ideals, das ein starkes Selbstbewusstsein und ein gutes Durchsetzungsvermögen verlangt.

Wenn Betroffene über einen deutlich längeren Zeitraum (bis hin zu mehreren Jahren) unter immer wiederkehrenden mehr oder weniger starken Phasen der Müdigkeit, allgemeiner Missstimmung, deutlichen Grübeleien und quälenden Schlafstörungen leiden, entwickeln sie einen depressiven Führungsstil, der in seinen Auswirkungen auch ihrer Umgebung nicht lange verborgen bleibt.

Depressiv strukturierte Führungskräfte werden nie als laut oder gar autoritär wahrgenommen. Sie sind vielmehr darauf aus, die Harmonie einer Nähe garantierenden Teamarbeit zu suchen und stärken zu wollen, denn ihr Selbstwertgefühl ist leicht bis stärker beschädigt. Dies hat in der Regel seine Auswirkungen: Oft verspüren die Betroffenen ein erhebliches Gefühl der Macht- und Wirkungslosigkeit, unter dem sie bewusst leiden. Sie nehmen es aber nicht zum Anlass, Gas zu geben oder es wie der Tyrann oder der Theatralische beispielsweise durch aktionistische Machtspiele zu kaschieren.

Neben mangelnder Initiative und Risikobereitschaft dominiert sogar die Angst vor dem Erfolg. Dahinter steckt primär die Sorge, dass mit dem Erfolg auch Neider auf den Plan treten und sich aggressive Auseinandersetzungen anbahnen könnten. Die Produktion von Mittelmäßigkeit bis Misserfolg ist dabei auch als eine Art selbst auferlegte Strafe zu verstehen.

Depressive Führungskräfte suchen eher Schutz und Halt. Sie fürchten sich, wenn von ihnen verlangt wird, wichtige Entscheidungen zu treffen. Aus diesem Grund benötigen sie die Nähe zu einem Kreis von ihnen vertrauten Beratern, die sie idealisieren. Diese Tendenz kann so weit gehen, quasi heilsartige Erwartungen an jemanden zu richten und zu glauben, dass von der auserkorenen Person alle Probleme gelöst werden könnten – ohne oder bei nur minimaler Veränderung bestehender Strukturen, also ohne jemandem zu nahe zu treten, ihn zu enttäuschen oder sich zum Gegner zu machen. In der Realität ist das allerdings meist ein ziemlich unrealistisches Wunschdenken, selbst in bürokratisch geordneten und hierarchisch gegliederten Behörden.

Umgang mit Mitarbeitern

Im direkten Umgang mit einzelnen Mitarbeitern kann es bei depressiven Führungspersonen zu Schwankungen kommen. Sie reichen von »offen zuhörbereit« und »freundlich zugewandt« bis hin zu Abwendung und Kontaktblockade. »Ich bedauere; ich würde schon wollen, mir sind aber leider die Hände gebunden; ich kann beim besten Willen nicht mehr tun und bitte um Verständnis« – solche Vorwände werden typischerweise in einem warmen, verbindlichen und eher leisen Ton und in wohlgesetzten, moderaten Worten vorgetragen. Wenn auch der depressive Charakter schnell einen harmlos wirkenden, ungefährlichen und fast eher unbeholfenen Eindruck vermitteln kann – ein guter Teil dieser Hilflosigkeit ist vielleicht auch lediglich gespielt. Es ist eine Rolle, in der man sich gut auskennt und zurechtgefunden hat. Der depressive Typus weiß, wie man auf diesem Wege gewisse Ziele erreichen kann. Denn ganz so harmlos, unschuldig und unbeholfen, wie er wirkt, muss der Betroffene gar nicht immer sein. In seiner Vortragsweise können durchaus kalkulierte Verbindlichkeitserwartungen und Verpflichtungen stecken, in die er sein Gegenüber einspinnen kann wie in einen Kokon.

Die Mitarbeiterführung eines depressiven Vorgesetzten ist häufig deutlich durch Initiativmangel bis Lustlosigkeit gekennzeichnet. Er ist für seine Mitarbeiter meist schlecht greifbar und in seiner Handhabung von Problemen und Entscheidungsfindung auffällig inkonsistent. Am besten, alles geht seinen gewohnten, geordneten Gang. Bloß keine Veränderungen, bloß kein Risiko. Kontroverse Diskussionen, ein Ringen um den besten Weg, um letztlich die richtige, bestmögliche Entscheidung zu treffen, wird von depressiv strukturierten Vorgesetzten eher als zu anstrengend bis störend erlebt. Diese Auseinandersetzungen möchten sie sich ersparen oder möglichst auf ein Minimum reduzieren. Die wichtige interne Kommunikation gleicht somit ein wenig den berühmten drei Affen (»nichts sehen, nichts hören, nichts sagen«).

Andererseits beherrscht ein bürokratisches Reglement den Umgang miteinander und damit auch die Lösung von Problemen. Für alles und jedes sind Anträge, Genehmigungen und weitschweifige Erklärungen oder Rechtfertigungen notwendig. Bekommt man als Mitarbeiter von einem depressiven Chef endlich, was man will, ist es oftmals schon zu spät. Wieder einmal hat der Depressive etwas blockiert und ähnelt dabei in seinem Vermeidens- und Verhinderungsverhalten den zwanghaften und phobischen Vertretern.

Gefahren

Aufgrund ihrer Unsicherheit und ihres Grundgefühls, auf die Dinge letztlich wenig Einfluss ausüben zu können, verursachen depressive Chefs oftmals »ein Führungsvakuum – ihre Abteilung oder ihr Unternehmen treibt mehr oder weniger ziel- und planlos dahin. Innerlich haben sie resigniert und den Versuch aufgegeben, ihren Bereich wirklich aktiv zu leiten. Das durch diese Führungspersonen entstehende politische Vakuum ermuntert die Mitarbeiter der nächstniedrigen Hierarchieebene nicht selten zu Intrigen und Machtkämpfen.«[77]

Als Resultat depressiven Führungsstils verfällt die Abteilung oder das ganze Unternehmen nicht selten in ein Klima von Passivität, Lethargie und Negativismus. Neben dem Ansteckungseffekt für Mitarbeiter besteht eine weitere Gefahr darin, dass aktive und kreative Kräfte das Unternehmen entnervt verlassen. Veränderungen des Marktes werden häufig nicht oder viel zu spät wahrgenommen. Depressive leben von den Erfolgen in ihrer Vergangenheit (wenn es diese überhaupt mal gab) und denken wehmütig an die Zeiten zurück, als alles (vermeintlich) besser war.

Positives

Es fällt nicht ganz so schwer, an depressiven Persönlichkeitsstrukturen auch einige gewinnende, positive Züge auszumachen, denn sie gehören im Vergleich zu anderen Charaktertypen noch zu den vergleichsweise harmloseren, besser erträglichen. Wenn nur ganz leichte, gefühlsbetonte melancholische Züge vorhanden sind, zählen sie sogar zu den eher angenehmeren Zeitgenossen, deren »Macke« man noch ganz gut ertragen und verkraften kann. Eigenschaften wie zeitweilige

Warmherzigkeit und Zugewandtheit, Asketen- und Duldertum, Verzichts- und Hilfsbereitschaft sowie treue Anhänglichkeit können bei bestimmten depressiven Persönlichkeitsstrukturen Anflüge von Beliebtheit auslösen und sie zu wohlgelittenen (Führungs-)Teamarbeitern machen. Sein Verantwortungsbewusstsein und seine Bereitschaft, Verantwortung zu übernehmen, wenn sie ihm aufgedrückt wird, sowie sich vor seine Mannschaft zu stellen und diese vor Angriffen zu verteidigen, seine Loyalität und Zuverlässigkeit, ernsthaftes Kümmern um »seine Leute« und deren Wohlergehen sowie eine außerordentlich engagierte Fürsorglichkeit sind nur einige der positiv zu vermerkenden Eigenschaften. Sie gehen einher mit einer gefühlsmäßigen Einstellung, die weitab von Narzissmus und Egomanie zu verorten ist.

Umgangsstrategien

Selbsterkenntnis: Kennen Sie Merkmale und Verhaltensweisen wie eben beschrieben auch von sich selbst, wenn auch nicht zwingend in allen hier angesprochenen Details? Sich eine depressive Grundstimmung einzugestehen, ist nicht so schwer wie andere Persönlichkeitsmerkmale. Die Chancen psychotherapeutischer Hilfe sind bei dieser gut erforschten Persönlichkeitsstruktur durchaus optimistisch einzuschätzen. Es gibt keinen Grund, sich selbst und Ihre Umwelt mit dieser Dunkelheit zu quälen. Trauen Sie sich und nehmen Sie Hilfe in Anspruch!

Selbstbehauptung: Die passive, abhängige, niedergeschlagene Gemütsverfassung von Menschen mit einer depressiven Persönlichkeitsstruktur mobilisiert nicht selten beim Gegenüber Ungeduld, Intoleranz und letztlich auch starke Aggressionen. Die Wut, den Zorn, die der Depressive unterdrückt, verspürt man selbst, aber zugleich auch das Quälende, das von seinem Verhalten ausgeht. Bertolt Brecht formulierte diesen Zusammenhang prägnant in seinen Gedichtzeilen »Die Enttäuschten und Vergrämten sind die wahrhaft Unverschämten«.

Lassen Sie sich aber warnen: Der Versuch, dieser deutlich spürbaren Aggression gegenüber dem Depressiven freien Lauf zu lassen, vielleicht sogar in der Hoffnung, den Betroffenen dadurch zu mobilisieren und aus seiner Depression herauszureißen, ist eher zum Scheitern verurteilt. Der verletzte Betreffende würde sich noch mehr in sich zurückziehen und weiter passiv vor sich hinleiden. Er wird Entscheidungen, die anstehen, weiter vertagen oder einfach blockieren. In der Tendenz gilt es, die Ich-Kräfte des Depressiven zu stärken, soweit es der Arbeitsalltag zulässt. Das ist möglich, indem man etwa seinen Bemühungen, Entscheidungen auszuweichen und diese zu delegieren, nicht um des lieben Friedens willen zu schnell nachgibt.

Was Sie tun können: Lernen Sie, sich in allen Erwartungen und in allen Ihren beruflichen Aktivitäten deutlich zurückzunehmen. Geduld, Gelassenheit und Ausdauer sind eine Methode, sich mit der Arbeitssituation und dieser Chef-Figur zu arrangieren. Entwickeln Sie trotz oder gerade wegen dieser Widerstände eine gewisse Autonomie. Treffen Sie – im Rahmen Ihrer Möglichkeiten und Kompetenzen – wichtige Entscheidungen selbst (eben ohne die quälende, ausbremsende Rücksprache) und entlasten Sie dadurch Ihren Vorgesetzten, insbesondere aber auch sich selbst. Warten Sie nicht auf ein »Okay« oder »Go«. Dies werden Sie kaum oder höchst selten in der von Ihnen gewünschten Klarheit und dem notwendigen Tempo vom Vorgesetzten bekommen.

Berücksichtigen Sie gleichzeitig, dass ganz besonders dieser

Typus auf den engen Kontakt, die gute Beziehung zu seinen Mitarbeitern angewiesen ist, und bleiben Sie mit ihm bei allen Divergenzen im Gespräch. Pflegen Sie diese Gesprächsbeziehung, indem Sie ein aufmerksamer, einfühlsamer Zuhörer sind. Wenn all das für Sie nicht infrage kommt oder Ihnen die Kraft dafür fehlt – ziehen Sie ernsthaft in Erwägung, zu gehen, lassen Sie sich nicht von durchaus auch positiv erlebten Faktoren zu lange in der Trennungs-Entscheidung ausbremsen.

8 Tipps für den Umgang mit depressiven Chefs

1. **Beruhigung und Stabilität.**
   Wirken Sie beruhigend und damit stabilisierend auf Ihren Vorgesetzten (und so auch auf sich selbst) ein. Vermitteln Sie ihm das gute Gefühl, dass die Dinge so laufen, wie er oder sie es letztlich will – weil Sie stets begreifen, worauf es dem Vorgesetzten ankommt.
2. **Stärken Sie Ihre Geduld und Gelassenheit.**
   Bleiben Sie zuhörbereit für die Sorgen und Ängste Ihres Vorgesetzten, respektieren Sie seine Sichtweisen und persönlichen Grenzen. Vermeiden Sie Überraschungen und vor allem Überrumpelungsversuche. Bieten Sie keine zusätzlichen Angriffsflächen durch übermäßige Annäherungsversuche und überfordernde Kontaktwünsche.
3. **Entlasten Sie den Depressiven.**
   Helfen Sie ihm insbesondere, indem Sie ihm signalisieren, jederzeit ansprechbar und zuhörbereit zu sein. Absichernde Nähe entlastet diesen Typus, wenn er Ihnen erzählen darf, was aus seiner Erfahrung alles schiefgehen kann.
4. **Bleiben Sie möglichst stets im Dialog und in seiner Nähe.**

Durch gleichbleibend-zugewandte Aufmerksamkeit bestehen gute Chancen, den Sorgen bis Selbstzweifeln mittels positiver Vorbildfunktion wenigstens ein bisschen »den Wind aus den Segeln zu nehmen«.

5. **Zeigen Sie weder Verunsicherung noch Angriffsfläche.**
   Muten Sie diesem Typus keine weiteren Verunsicherungen und sich selbst keine zusätzlichen Angriffsflächen zu. Bleiben Sie stattdessen demonstrativ loyal und zuverlässig, möglichst unangreifbar und erledigen Sie Ihren Job, auch wenn Sie vieles bisweilen lieber ganz anders machen würden.
6. **Identifizieren Sie die Hauptsorgen und Ängste und sprechen Sie darüber.**
   Zeigen Sie immer wieder, dass Sie die Sorgen bis Ängste Ihres Chefs ernst nehmen und bereit sind, ihnen jederzeit besonderes Augenmerk und höchste Aufmerksamkeit zu schenken, also für Gesprächsbedarf zur Verfügung stehen.
7. **Stärken Sie Ihre Eigeninitiative und Kompromissbereitschaft.**
   Arbeiten Sie an Ihren Eigeninitiativkräften, Verantwortungsbewusstsein sowie Kompromissfähigkeit. Entwickeln Sie eine Stärke aus sich heraus, die Ihnen Motivation und Spaß an der Arbeit ermöglicht.
8. **Ziehen Sie nötigenfalls Konsequenzen.**
   Lassen Sie sich bloß nicht von Mitleid- oder Schuldgefühlen ausbremsen, wenn Sie mit der Unterstützung des Depressiven überfordert sind und selbst zunehmend leiden. Bei extremer Inkompatibilität hilft auch hier nur ein Arbeitsplatz- und Vorgesetztenwechsel!

Der Phobische: die Angst im Nacken

Hoffnungsvoll überfordert

Jan arbeitet in einem großen Medienunternehmen. Seit vier Monaten hat er einen neuen Chef: seinen ehemaligen Kollegen Denis. Obwohl beide sich gut verstehen und er ihm die Beförderung eigentlich von Herzen gegönnt hat, sieht er diese inzwischen als großen Fehler an. Warum, hat er uns erzählt.

»Denis war als Redakteur wirklich top. Er hat die besten Reportagen verfasst und packte mutig heiße, kontroverse Themen an, ohne Angst, sich die Finger zu verbrennen. Er konnte Türen öffnen, kam bei Recherchen an Leute ran, die sonst niemanden an sich heranließen, lieferte tolle Texte, bekam viele Auszeichnungen. Er wusste, dass er gut ist. Und als unser alter Redaktionsleiter sich selbstständig machte, dachte er vielleicht, er könne den Posten noch besser ausfüllen und gleichzeitig mehr von seinen Ideen realisieren. Also warb er bei der Geschäftsleitung für sich – und wurde tatsächlich auch ausgewählt. Bei seiner Vorstellungsrunde schaute Denis zwar noch etwas verlegen, aber in seiner Antrittsrede versprach er, dass er die Qualität des Magazins noch steigern könne. Ich merkte schon, dass er sich auf diesen Moment wohl wochenlang vorbereitet hatte. Auch wenn seine Antrittsrede ambitioniert war, sie wirkte so was von verkrampft und aufgesetzt …

Obwohl Denis eigentlich die Redaktion führen soll, schreibt er weiter gern selbst. Verständlich, aber es schafft Probleme! Denn dann zieht er sich zurück und ist nicht erreichbar. Das ist für uns Redakteure natürlich ungünstig. Jeden Tag kommen neue Themen rein, und wir müssen entscheiden, was wir ins Blatt nehmen und was nicht. Und dann ist Denis oft, zu oft überhaupt nicht greifbar.

Wenn er da ist, wie bei den Redaktionskonferenzen, diskutiert er die Themen ewig aus. ›Was haltet ihr denn davon?‹; ›Wo liegen eure Prioritäten?‹ Wenn wir dann einen Vorschlag machen, hinterfragt er diesen sofort – vor allem, wenn dieser polarisiert: ›Man kann das aber auch anders sehen. Das ist gefährlich für das Standing unseres Magazins.‹ Selbst Anzeigenkunden – die ihm als Redakteur noch egal waren – sind mittlerweile unter Artenschutz gestellt. Schon etwas kritischere Berichte lehnt er ab – und argumentiert plötzlich mit ›fachlichen Gründen‹. Ich weiß nicht, ob er deswegen einmal einen Anpfiff von den Herausgebern bekommen hat. Vielleicht hat er aber einfach auch nur Schiss, es sich mit irgendjemand Wichtigem zu verscherzen und seinen Posten zu riskieren.

Überhaupt hat er sich sehr verändert, seit er Chef ist. Mit der Verantwortung kam auch die Angst. Die Angst, anzuecken, etwas zu verlieren.

Bei Fragen rund ums Personal ist Denis eine Katastrophe. Redakteure und Journalisten auf Themen ansetzen, Urlaubspläne, Neueinstellungen – alles dauert ewig lange. Denis macht jedem seiner Mitarbeiter Versprechungen, die er am Ende gar nicht einhalten kann. Dann entschuldigt er sich wortreich; er meint es bestimmt nicht böse. Er ist ja auch ein Netter. Aber immer häufiger werde ich sauer, bekomme ich sogar eine richtige Wut auf ihn. Er wurde befördert, und er hat Ja gesagt. Also sollte er gefälligst auch seinen Job machen, und zwar ordentlich. Dazu gehören nun mal auch klare Ansagen und Mut, sich zu positionieren. Tut er aber nicht, das traut er sich irgendwie nicht.

Das alles wirkt sich mittlerweile negativ auf den Spirit in der Redaktion aus. Wer am lautesten schreit, gewinnt. Wer am dreistesten etwas fordert, bekommt es. Es gibt keinen Zusammenhalt mehr. Denis will das aber nicht sehen. Er zieht sich immer weiter in sein Schneckenhaus zurück. Glücklich, nein das ist er bestimmt nicht in dieser Position. Und mit seinen Kollegen schon gar nicht. Er war mal ein echter Tiger und ist jetzt eher ein Schoßkätzchen. Als Chef ist er hoffnungsvoll gestartet, aber inzwischen halte ich ihn für hoffnungslos überfordert.«

Mut- und orientierungslos

Als stellvertretender Leiter des Referats »Soziales und Gesundheit« bei einer kommunalen Verwaltung erwarb sich Herr Dr. Bauer Anerkennung und Vertrauen. Er war zuverlässig und einsatzstark, wenn es galt, politische Vorgaben umzusetzen und die Verwaltung in Bewegung zu bringen. Seinen vielen Gesprächspartnern imponierte er durch seine freundliche, ruhige, unaufdringliche, aber doch stets verbindliche Wesensart. Das war gelebte Nachhaltigkeit.

Als sein Chef die politische Karriereleiter »hinauffiel« und sich der entsprechende verantwortliche Personenkreis Gedanken darüber machte, wer die Leitung des Referats nun übernehmen sollte, konnte man sich zunächst auf keinen Kandidaten einigen. Nach geraumer Zeit und einigen missglückten Versuchen bestand Einigkeit darüber, den bisherigen zweiten Mann, unseren Herrn Dr. Bauer, zum zukünftigen ersten Mann zu machen.

Die vermeintlich gute Nachricht der »Beförderung« traf Herrn Dr. Bauer nicht ganz unerwartet, löste in ihm jedoch kein Glücks- oder Zufriedenheitsgefühl aus. So im Licht der Öffentlichkeit zu stehen und allein Verantwortung tragen zu müssen, ängstigte ihn eher. Um seine Befürworter nicht zu enttäuschen, nahm er nach anfänglichem Zögern die ihm gebotene Chance dankend an. Im engsten Familien- und Freundeskreis hatte er das Für und Wider ausführlich diskutiert. Seine Entscheidung war ihm nicht leichtgefallen. Letztendlich hatte seine Frau den Ausschlag gegeben und ihm Mut gemacht, ihm gut zugeredet.

Schon bei der Auswahl seines persönlichen Referenten sah sich Herr Dr. Bauer dann jedoch vor eine schwierige Entscheidung gestellt. Als dieses Problem endlich bewältigt war und es darum ging, durch geeignete Maßnahmen innerhalb der ersten 100 Tage nach Amtsantritt ein deutliches Profil erkennen zu lassen, nahmen seine skeptischen Gefühle überhand. Obwohl ihm die Materie keineswegs fremd war, fühlte er sich orientierungslos. Was war es, was man von ihm erwartete? Bis in seine Träume hinein beschäftigte er sich mit realen oder vermeintlichen Attacken, die politische Gegner oder »die Journaille« gegen ihn vorbringen könnten, wenn er dieses oder jenes täte.

Was immer von seinen Abteilungsmitarbeitern an Kampagnen, Stellungnahmen oder Empfehlungen vorbereitet und ausgearbeitet wurde, stets hatte er massive Zweifel, waren ihm die Argumente nicht schlüssig genug, passte ihm das Gesamtkonzept irgendwie nicht. Immer und bei allem kamen ihm Bedenken. Trotz aller Bemühungen seiner Mitarbeiter war er nie zufriedenzustellen und schien nie so etwas wie festen Boden unter den Füßen zu spüren. Insbesondere sein Referent musste sehr darunter leiden.

Statt beherzt Entscheidungen zu treffen, schob er wichtige Dinge wie eine Bugwelle vor sich her, verhielt sich zögerlich-abwartend und ging wichtigen Besprechungsterminen aus dem Weg, wann immer es möglich war. Dies führte zu schwierigen administrativen Situationen, die vor allem auf seine mangelnde Entscheidungsbereitschaft und sein ängstliches Taktieren zurückzuführen waren. Die zwischenmenschliche Atmosphäre gegenüber seinem politischen Vorgesetzten war deutlich angespannt, ohne dass es zwischen den Beteiligten zu klärenden Aussprachen kam.

Sein persönlicher Referent bat ein halbes Jahr nach Amtsantritt um Versetzung …

Einleitung

Ängste sind in unserer Gesellschaft weitverbreitet, insbesondere auch am Arbeitsplatz. Bei schwächeren Formen spricht man von Selbstunsicherheit, bei stärkeren Formen von einer Phobie (von griech. phóbos = Furcht) oder einer phobischen Persönlichkeitsstörung.

Je stärker der Druck am Arbeitsplatz, desto stärker können Ängste bei Menschen werden, die selbstunsicher sind. Leistungsdruck und die Angst, zu versagen oder falsche Entscheidungen zu treffen, sind nicht selten. Am häufigsten verbreitet ist die Angst, vor einer Gruppe zu sprechen, etwa eine Präsentation halten zu müssen. Davor fürchten sich tatsächlich noch mehr Menschen als vor dem Tod.

Etwa 25 Prozent aller Menschen sind im Laufe ihres Lebens von einer Angststörung betroffen. Die meisten reden nicht gern darüber – aus Scham oder aus strategischen Überlegungen. Besonders Führungskräfte wollen sich keine Blöße geben und die Fassade einer starken Persönlichkeit nach außen wahren. Deshalb bleibt ihr Leiden im Job in der Regel auch ein absolutes Tabuthema.

Merkmale

Menschen mit einer lediglich selbstunsicheren Persönlichkeit wirken unsicher im Umgang mit anderen, neigen zu erhöhter Selbstkritik und verhalten sich insgesamt eher vorsichtig, abwartend und stark zurückhaltend. Auf leiseste Kritik oder vermeintliche Ablehnung reagieren sie sensibel und sind schnell bereit, ihre eigenen Erwartungen und Vorstellungen an die der anderen anzupassen.

Bei stärkeren Formen – einer phobischen Persönlichkeits-

Akzentuierung oder gar -störung – trifft das Bild einer fast ständig »im Nacken« sitzenden Angst bei den Betroffenen sehr gut zu. Soziale Gehemmtheit, Insuffizienzgefühle und eine Überempfindlichkeit gegenüber negativer Beurteilung durch andere sind omnipräsent.

Eine Phobie äußert sich durch ein diffuses, unbehagliches Gefühl der Beklemmung, des Bedroht- und Ausgeliefertseins und der Verschüchterung. Ängste können sich in der Vermeidung bestimmter Situationen oder Objekte manifestieren und auch körperlich (etwa als Herzrasen, Schweißausbruch) spürbar werden. Ein Phobiker braucht zur Angstvermeidung oft jemanden, der ihn an die Hand nimmt. Typische Angstthemen sind die Angst vor Trennung und Liebesverlust, vor dem Verlust der Autonomie, vor narzisstischer Kränkung (also auch vor Versagen), vor vernichtender Verurteilung oder Verachtung durch andere sowie die Furcht vor Bestrafung und Jobverlust.

Betrachten wir die unterschiedlichen Formen von Ängsten anhand ihrer typischen Erscheinungsformen genauer:[78]

— **Panikstörung:** Wiederholte, wie aus heiterem Himmel auftretende Panikattacken. Die Betroffenen erleben dabei starke körperliche Symptome wie Herzrasen, Schwitzen, Zittern, Atemnot oder Schwindel, die Angst, die Kontrolle zu verlieren, in Ohnmacht zu fallen und sogar zu sterben. Diese als extrem unangenehm erlebten Ängste führen auch zu einer »Angst vor der Angst«.
— **Generalisierte Angststörung:** Ist durch große Sorgen, Befürchtungen und Verlustängste gekennzeichnet. Etwas Schlimmes könnte geschehen, Fehler passieren, ein Scheitern oder eine Riesenblamage sind zu befürchten. All das wird als sehr intensiv und wenig kontrollierbar erlebt und führt zu Symptomen wie körperlicher Anspan-

nung, Ruhelosigkeit, Nervosität, Schlafstörungen, Konzentrationsstörungen und verminderter Leistungsfähigkeit.

— **Soziale Phobie:** Tritt auf, wenn man im Mittelpunkt der Aufmerksamkeit anderer zu stehen glaubt, sich in einer Leistungssituation befindet (auf dem Prüfstand) und fürchtet, sich zu blamieren. Diese Angst kann alle Bereiche des Alltags überschatten, zum Beispiel eine zu haltende Präsentation, einen Vortrag vor (Fach-)Publikum oder auch nur die Begegnung im Rahmen einer Zusammenkunft und eines kommunikativen Austausches mit Kollegen oder anderen Personen.
— **Spezifische Phobie:** Ein Beispiel dafür ist die Agoraphobie, eine Form der Angst vor großen öffentlichen Plätzen, Menschenmengen oder anderen Situationen, in denen eine Flucht schwierig oder peinlich erscheint und Hilfe nicht erreichbar sein könnte. Dazu kann auch das Schlangestehen im Supermarkt zählen sowie die Nutzung öffentlicher Verkehrsmittel oder Kino- und Theaterbesuche.
— Weitere Beispiele sind **Ängste vor spezifischen Objekten** wie Tieren (Hunden, Spinnen, Schlangen), vor Blut und Spritzen oder vor konkreten Situationen wie Höhe, Fliegen mit dem Flugzeug, engen Räumen oder Gewitter.

Auf den Punkt gebracht: In der Arbeitswelt fallen phobische Führungspersönlichkeiten durch übertriebene Sorge, Angst und Furcht auf, was zu einem spezifischen Vermeidungsverhalten in verschiedenen Lebensbereichen führt.

Phobische Chefs:

— wirken auf den ersten Blick sympathisch und friedfertig, scheinen immer ein offenes Ohr zu haben;

- wirken aber auch stets etwas zurückgenommen bis gehemmt, haben und vertreten keinen oder nur sehr selten einen klaren eigenen Standpunkt und sind ständig versucht, es allen irgendwie recht zu machen;
- zeigen eine Verhaltensmischung aus diffuser bis hin zu konkreter Sorge und Angst;
- zögern Entscheidungen hinaus und schieben Aufgaben (zu lange) vor sich her;
- fühlen sich häufig unsicher, hilflos, gefährdet bis bedroht und entwickeln deshalb Vermeidungsstrategien für bestimmte, bei ihnen immer wiederkehrende Angst auslösende Situationen;
- sind schnell unter Druck zu setzen und zu beeinflussen;
- versuchen, sich nach allen Seiten und für alle Eventualitäten abzusichern;
- klammern sich an Personen, die Schutz und Orientierungshilfe bieten;
- haben Angst vor offenen Auseinandersetzungen und meiden diese deshalb;
- verhalten sich Veränderungen und Neuem gegenüber skeptisch und eher wenig aufgeschlossen;
- versuchen krampfhaft, ihre enorm starke Selbstunsicherheit zu verbergen, und wirken dadurch unecht, nicht authentisch;
- sind empfindlich gegenüber Kritik, schnell gekränkt, lange nachtragend;
- können schlecht Verantwortung übernehmen und ertragen;
- sind aber prinzipiell zuhörfähig und -bereit;
- sind relativ verlässliche Partner.

Ursachen: Kindheitserfahrungen des Phobischen

Wie bei vielen anderen Persönlichkeitsstörungen wird auch hier wieder ein Zusammenspiel von biologisch-genetischen, psychischen und umweltbezogenen Faktoren vermutet. Studien legen nahe, dass Betroffene genetisch bedingt dazu neigen, sich innerlich unruhig, angespannt, nervös und leicht verletzbar zu fühlen. Wenn zusätzlich negative psychische oder soziale Einflüsse hinzukommen, kann dies die Entstehung der Störung deutlich begünstigen.

Phobische Persönlichkeiten haben die Lebenseinschätzung und den Erziehungsstil ihrer ängstlichen Eltern verinnerlicht, die sie in ihrer Kindheit nicht selbstständig gewähren ließen, weil »ja immer so viel passieren kann«. Deshalb trauen sie sich häufig viel weniger zu, als sie eigentlich leisten können, bleiben initiativlos und entscheidungsschwach. Es fehlten die Voraussetzungen für die Entwicklung eines stabilen Ich- und Selbstbildes.

Aus psychoanalytischer Sicht kann aber auch ein emotionsarmes und abwertendes Verhalten der Eltern – wie beispielsweise die Neigung, die eigenen Kinder immer wieder lächerlich zu machen, dem Gespött anderer preiszugeben – zur Entstehung der Störung beitragen. Dieses Verhalten führt dazu, dass sich die Betroffenen selbst abwerten, kein stabiles Selbstwertgefühl entwickeln können und zu negativen und stark selbstkritischen Gedanken neigen.

Der verhaltenstherapeutische Erklärungsansatz sieht als Ursache, dass die Betroffenen in ihrer Kindheit wiederholt Ablehnung und Kritik erleben mussten, die zur Entstehung eines deutlich negativen Selbstbildes und entsprechender Versagensdenkmuster maßgeblich beigetragen haben. Aus Angst vor immer wiederkehrender, erneuter Abwertung werden soziale

Kontakte und Freundschaften vermieden, was die Entwicklung sozialer Fertigkeiten behindert und gleichzeitig den Rückzug der Betroffenen verstärkt.

Motive

Phobisch strukturierte Menschen gelangen eher selten in allerhöchste Chefpositionen, sie spielen lieber »die zweite Geige«. Die erste Geige ist dann als beschützendes, »steuerndes Objekt«[79] jemand, den der Phobische in seiner Entscheidungsunsicherheit um Rat fragen kann, der im Krisenfall mehr im Zentrum der Aufmerksamkeit und damit in der Hauptverantwortung steht. Auch ein Team kann für einen phobischen Vorgesetzten eine Halt gebende, schützende Funktion haben.

Im Öffentlichen Dienst und seinen Institutionen trifft man diesen Typus häufig auf der mittleren Führungsebene an, weil seine guten Leistungen mit der Zeit auffallen und nach jahrelangem Engagement irgendwann eine Beförderung ansteht, ohne dass wirkliche Führungsqualitäten vorhanden sind. »Bei Bewerbungen machen sie oft den Eindruck, gut kooperieren und sich vorhandenen Strukturen gut anpassen zu können. So gefallen sie einem Auswahlgremium, das jemanden sucht, der voraussichtlich keine Schwierigkeiten machen wird.«[80]

Da dieser Typus Probleme hat, sich bei einem divergierenden Standpunkt von seinem Gegenüber klar und entschieden abzugrenzen, und sich lieber kooperativ und unterstützend verhält, als »Nein, danke« zu sagen, erlebt er oftmals eine Beförderung wider Willen. Unter diesem Fehler haben früher oder später sowohl er selbst als auch seine Umgebung zu leiden.

Arbeitsverhalten

Phobische Führungskräfte haben häufig Angst, initiativ zu werden, Entscheidungen zu treffen und sich zu exponieren. Sie befürchten, auf diese Weise zu sehr in den Blick zu geraten und zum Gegenstand von Beurteilungen zu werden – und fantasieren, die Ergebnisse könnten schlecht oder zweifelhaft für sie ausfallen. Sie haben Angst vor Kritik, Ablehnung oder Zurückweisung und fürchten, persönlich zur Verantwortung gezogen zu werden. Das führt nicht selten zu einem ängstlichen Rückzug und zu wenig produktiven Arbeitsergebnissen, wobei Routineaufgaben deutlich besser bewältigt werden als kreative. Situationen, in denen es auf schnelle Entscheidungen ankommt, überfordern diesen Typus, weil eine gründliche Vorbereitungszeit zum Abwägen aller Aspekte – insbesondere der Risiken – nicht zur Verfügung steht.

Besonders in der Führungsposition vermeiden phobische Vorgesetzte Auseinandersetzungen und Risiken, fürchten, ihren mühsam erreichten Status zu gefährden, wenn nicht sogar zu verlieren. Berufliche Aufgaben oder auch Entscheidungen, die mit Verantwortungsübernahme verbunden sind, zögern sie gern hinaus, oder diese werden – falls irgend möglich – von ihnen delegiert. Im sozialen Umgang liegt ihnen sehr daran, was andere von ihnen denken; die eigenen Vorgesetzten, aber auch ihre Mitarbeiter. Von beiden Seiten sehen sie sich unter Druck gesetzt und empfinden ihre Stellung oft als leidvolle Sandwichposition.

Aus diesen Gründen sind Phobische bemüht, stets umsichtig und taktvoll aufzutreten, und verhalten sich meist liebenswürdig, beherrscht und mit höflicher Zurückhaltung. Weil sie sich nicht in den Vordergrund drängen, relativ verlässlich sind und sich bei Konflikten stets um einen Ausgleich bemühen, stoßen sie bei Menschen in ihrer Umgebung auf ein hohes Maß an Sympathie, Anerkennung und Wertschätzung.

Umgang mit Mitarbeitern

Da phobische Chefs in der Regel offenen Ärger und Streit mit ihren Mitarbeitern zu vermeiden suchen, bricht dieser dafür umso leichter innerhalb der Mitarbeiterschaft aus. Hier werden Stellvertreter-Konflikte und heftige Auseinandersetzungen geführt, weil die Führungsschwäche und das Verdrängen von Aggression zu Machtkämpfen einladen.

Vielleicht kennen Sie diese Situation: Im Laden brennt es, aber der Chef duckt sich weg. Er kann oder will nicht Stellung beziehen. Selbst wenn ein Kollege klare Grenzen überschreitet, zeigt der Chef noch Verständnis, nach dem Motto: »Der hat es sicher nicht so gemeint. Gebt euch die Hand, und gut ist.«

Leider gehört aber auch der Phobische zu den Chefs, denen man es als Untergebener nie hundertprozentig recht machen kann. Das liegt daran, dass er immer Gefahren und damit Angriffsflächen wittert, potenzielle Kritiker fürchtet und sich über negative Konsequenzen für ihn persönlich den Kopf zerbricht.

Der phobisch geprägte Vorgesetzte sucht einerseits Schutz und Unterstützung bei seinen Mitarbeitern, kann sich gleichzeitig aber auch von einem Team ähnlich eingeengt fühlen wie von seiner ängstlichen, überbehütenden Mutter, die ihm in der Kindheit immer alles aus der Hand nahm. Am Arbeitsplatz bringt er – diese Situation wiederholend – das Team unbewusst in eine vergleichbare Position. So gängelt er bisweilen aus seiner schrecklichen Angst heraus seine Mitarbeiter, was sehr schnell demotivierend wirkt.

Gefahren

Jede Kreativität bleibt auf der Strecke, ängstliche Lähmung und Mangel an Initiative kennzeichnen die Arbeitsatmosphäre. Es scheint, als ob die Angst des Phobikers ansteckend wirkt. Schon bald machen sich Ungeduld und zunehmende Unzufriedenheit unter den Mitarbeitern breit und sorgen oft auch für Kündigungen der fähigeren Köpfe.

Weil Entscheidungen immer wieder hinausgezögert werden, können die Leistungen des Unternehmens oder der Abteilung extrem unter den Sorgen und Befürchtungen des Phobikers leiden.

Positives

Mit einer gewissen Unterstützung und angemessener Begleitung kann beispielsweise sein sorgfältiges, vorsichtiges und kooperationswilliges Planungsverhalten nutzbringend in strategische Fragen einbezogen werden.

Umgangsstrategien

Selbsterkenntnis: Wer sich nach einem langen Klärungs- und Abwägungsprozess endlich zu dem Eingeständnis durchringt, bei sich phobische Charaktermerkmale zu erkennen, befindet sich bereits auf dem Weg eines konstruktiven Veränderungsprozesses. Die Entscheidung für psychotherapeutische Unterstützung fällt naturgemäß nicht leicht. Andererseits ist man als phobisch Strukturierter aber für Kooperation, insbesondere auch Orientierungshilfe und Unterstützung, durchaus aufgeschlossen, was bei der Überwindung hilfreich sein kann. Auch hierfür müssen Sie allerdings einen gewissen Mut aufbringen, an dem es gerade fehlen mag ... Springen Sie doch einfach mal über Ihren Schatten (geht doch aber gar nicht, denken Sie ...). Sie werden staunen und erleben, es ist gar nicht so schlimm!

Selbstbehauptung: Dass man es mit einem zögerlichen, ängstlichen und furchtsamen Vorgesetzten zu tun hat, ist für die Umgebung des phobischen Typus unschwer zu erkennen. Die ausgelösten Gefühle reichen von Mitleid über die Befürchtung, von der Angst selbst erfasst und angesteckt zu werden, bis hin zu aufkommender Verzweiflung und Wut.

Wegen seiner überängstlichen Bremser-Haltung provoziert der phobische Chef Ungeduld und Frust. Sollten Sie je Spaß an Ihrer Arbeit gehabt haben, könnte es damit bei solcherlei Vorgesetzten schnell vorbei sein, und schlimmer noch: Die phobische Führung könnte ein Gefühl der Lähmung verursachen. Gehen Sie dagegen an – bei sich selbst zuerst, einfühlsam und vorsichtig bei Ihrem Chef.

Was Sie tun können: Ansprech- und Zuhörbereitschaft sowie absichernde Nähe im persönlichen Kontakt entlasten diesen Typus. Er braucht stets ein Ohr, eine Art Trichter, in den er seine Sorgen, Befürchtungen und all seine Schreckensfantasien hineinschütten kann.

Sie können ihm ja Ihres anbieten. Fragen Sie ihn und lassen Sie ihn ausführlich erzählen, was aus seiner Sicht alles schiefgehen kann und wie die größtmögliche Katastrophe aussehen könnte. Das hilft ihm für einen Moment, wie das Abschöpfen des Tropfens, der das Fass zum Überlaufen gebracht hätte. Bleiben Sie unbeeindruckt und schenken Sie ihm geduldig Ihre Aufmerksamkeit. Nur so besteht – wenn überhaupt – die Chance, seinen phobischen Tendenzen quasi per positiver Vorbildfunktion den Wind aus den Segeln zu nehmen.

Dadurch, dass man selbst die Katastrophe nicht auf sich zukommen sieht, die der Ängstliche ständig befürchtet, hilft man ihm vielleicht, seine verzerrte Wirklichkeitswahrnehmung zumindest zeitweise zu korrigieren. An Ihrem Beispiel demonstrativer Unerschrockenheit kann er sich orientieren – was aber natürlich auch nicht jeder ohne Weiteres zu verkörpern imstande ist.

8 Tipps für den Umgang mit phobischen Chefs

1. **Wirken Sie beruhigend auf den Vorgesetzten ein.**
   Stärken Sie dafür zuerst Ihre eigene Gelassenheit und Geduld und vermitteln Sie Ihrem Chef deutlich Ihre Gesprächs- und Zuhörbereitschaft.
2. **Demonstrieren Sie Verlässlichkeit und Verständnis.**
   Geben Sie ihm das gute Gefühl, dass Sie ihn und seine Bedenken ernst nehmen und diese immer berücksichtigen werden. Bieten Sie ihm im Kontakt außerdem absichernde Nähe an.
3. **Identifizieren Sie seine Ängste.**
   Zeigen Sie Ihrem Chef immer wieder, dass Sie seine Sorgen und Ängste im Blick haben, verstehen, woher diese kommen, und verantwortungsvoll damit umgehen.
4. **Seien Sie ein Vorbild.**
   Präsentieren Sie sich bei allem Verständnis weitestgehend unbeeindruckt von den Gefahren, die Ihren Chef ängstigen. So besteht die – wenn auch kleine – Chance, seine phobischen Tendenzen quasi per positiver Vorbildfunktion ein wenig abzuschwächen, wenn auch nicht auf Dauer.
5. **Unternehmen Sie den Versuch, Sorgen und Ängste vorsichtig zu relativieren.**
   Da Phobiker irrationale Ängste vor Fehlern, Versagen und

Blamage haben, hilft es ihnen, wenn ihre verzerrte Wirklichkeitswahrnehmung behutsam korrigiert wird.

6. **Probieren Sie einmal, den Spieß umzudrehen,**
   also die Sorgen und Ängste Ihres Vorgesetzten zu übernehmen und ihm diese in noch übersteigerter Form vorzutragen. Im Rahmen dieses Rollentausch-Angebots könnte Ihr Vorgesetzter nun sagen: Na, so schlimm muss es ja nicht unbedingt werden … Bei dieser Methode handelt es sich um die sogenannte »paradoxe Interventionsstrategie«.
7. **Stärken Sie Ihre Eigenverantwortlichkeit und Initiative.**
   Sorgen Sie selbst dafür, dass Sie Spaß haben und motiviert bleiben, denn diese Rolle wird Ihr Vorgesetzter nicht ausfüllen. Helfen Sie sich, wenn möglich, im Team gegenseitig dabei.
8. **Wechseln Sie, falls nötig.**
   Natürlich haben Sie jedes Recht, sich einen neuen Arbeitsplatz und einen weniger komplizierten Vorgesetzten zu suchen, wenn Sie mit den spezifischen Verhaltensmustern eines phobischen Vorgesetzten zu große Schwierigkeiten haben. Mitleid nützt auf Dauer weder Ihnen noch ihm.

Der Süchtige: Gier, Trostsuche und Selbstzerstörung

Sucht-Flucht in den Alkohol

Immer freitagnachmittags klinkte sich der Oberstudiendirektor Hinzel aus. Dann zog er sich zurück, mal mit Freunden, häufiger alleine, und trank sich ins Wochenende. Mit zittrigen Händen wurde die erste Flasche Bier geköpft, dann schnell mit eisgekühltem Klarem nachgespült. Gegen 22 Uhr hing der

Mann bewegungsunfähig auf dem Sofa in seinem Arbeitszimmer herum.

So begannen seine Wochenenden. Samstag und Sonntag lagen vor ihm und der Familie. Die Regenerationszeit wurde immer kürzer, sodass bereits am Samstagnachmittag weiter gesoffen werden musste. Wenn dies auch am Sonntagnachmittag geschah, weil er die Kurve nicht kriegte, half nur noch der »Blaue-Montag-Effekt«: Frau Hinzel musste dann montagmorgens die Schulsekretärin mit immer neuen Krankheitslegenden füttern. Im Lehrerzimmer gab es entsprechende wissende Blicke unter den Kollegen. Man ahnte allzu gut, was mit dem Chef los war. Aber mit ihm darüber zu reden, das traute man sich nicht.

Unter der Woche litten sowohl Frau Hinzel als auch die Lehrkräfte unter seiner schlechten Laune oder der kühlen, in sich zurückgezogenen Art. An seiner Schule gab es viele Konflikte, aber Herr Hinzel war unfähig, sie zu moderieren. Entweder war er »nicht zu sprechen«, oder er sprach willkürlich ein »Machtwort«, um jede Angelegenheit möglichst schnell vom Tisch zu haben. Gab es Widerstand, wurde er auch schon mal laut. Dann gab es wieder diese Blicke und das wissende Schweigen – denn niemand wollte in die Situation kommen, selbst angeschrien zu werden.

Nach Feierabend saß Herr Hinzel stumm im Wohnzimmer und schaute fern oder zog sich zurück, um administrative Planungsaufgaben vorzubereiten. Insgeheim wartete er auf den befreienden Freitagnachmittag. Die Mühlen der Bürokratie, als deren ersten Repräsentanten und Opfer er sich selbst sah, galt es gedanklich runterzuspülen. Die ewigen Querelen im Lehrerkollegium, anstrengende Eltern und die sich immer unerträglicher gebärdenden Schüler mussten möglichst effektiv verdrängt werden.

Seine Frau hasste die Wochenenden, und zunehmend auch ihren Mann. Immer, wenn es Schulferien gab, nahm der Ober-

studiendirektor sich jedoch auch vom Alkohol frei. In dieser Zeit wurde nicht getrunken, kein Tropfen. Da schien die Welt für eine begrenzte Zeit wieder in Ordnung zu sein, da er sich von einer ganz anderen, sympathischen Seite zeigte.

Die selbst verordneten und erstaunlich diszipliniert durchgehaltenen Zwangspausen zogen das Leiden letztlich aber nur in die Länge. Über fast zehn Jahre fiel der exzessive Alkoholmissbrauch professionell nicht sonderlich auf. Ja, Herr Hinzel hatte manchmal extreme Launen, aber haben die nicht andere Führungskräfte auch? Obwohl es hin und wieder Gerüchte gab, hielt die Fassade stand. Insbesondere seiner Frau fühlte sich Hinzel dankbar verbunden, da sie ihn immer wieder vor schulrechtlichen Disziplinarmaßnahmen und dem wirklichen Absturz rettete.

Irgendwann machte seine Leber trotzdem nicht mehr mit, und Oberstudiendirektor Hinzel wurde frühberentet.

Von Zockern und Workaholics

Bis zum 20. März 2013 kannte man Uli Hoeneß als personalisierten Fußballweltmeister, Manager und Präsidenten von Bayern München – und als sehr erfolgreichen Wurstfabrikanten. Doch an diesem Tag wurde eine andere Seite seiner Persönlichkeit offenbar, und gleich noch öffentlich dazu. Hoeneß entpuppte sich als Zocker, der einen zweistelligen Millionenbetrag an Steuern hinterzogen hatte. Jahrelang hatte er im großen Stil an der Börse spekuliert und ein geheimes Konto in der Schweiz geführt. Nun war die Bombe geplatzt, und Hoeneß musste sich offenbaren.

»In den Jahren 2002 bis 2006 habe ich richtig gezockt, ich habe teilweise Tag und Nacht gehandelt, das waren Summen, die für mich heute auch schwer zu begreifen sind, diese Beträge waren schon teilweise extrem. Das war der Kick, das pure Adre-

nalin«, so Hoeneß.[81] Schon zu Zeiten der Dotcom-Blase habe er mit der Börsenspekulation angefangen.

Die Suchttherapeutin und Spielsuchtexpertin Melanie Schubert äußerte sich später zu dem Fall: »Hoeneß hat eindeutig Symptome spielsüchtiger Börsenspekulanten.«[82] Diese – meist Männer – wollen anfangs nur ihr Geld anlegen, geraten dann aber in eine Art Sog. Sie setzen Gewinne wieder ein und wollen dadurch Verluste ausgleichen. Laut Schubert sind das »dieselben Anzeichen wie bei anderen Glücksspielsüchten, wie etwa im Spielkasino, beim Online-Pokern, Wetten oder am Automaten«.[83]

Hielt Hoeneß sich selbst für spielsüchtig? Im Jahr 2013 sagte er: »Ich halte mich nicht für krank, wenn Sie das meinen. Zumindest heute nicht mehr. Sollte ich vor Gericht müssen, erscheine ich dort nicht als kranker Mann. Ein paar Jahre lang war ich wohl nah dran. Aber inzwischen halte ich mich für kuriert.«[84]

Eine andere Art von Sucht scheint den Superstar unter den amerikanischen Managern umzutreiben, den Chef des Elektroauto-Herstellers Tesla und des Raumfahrtunternehmens SpaceX, Elon Musk. Er ist bekannt dafür, bis zum Exzess zu arbeiten. Die Süddeutsche Zeitung schrieb: »Möglichst viel tun, ohne Unterlass, das ist Musk. Einst baute er den Bezahldienst Paypal mit auf und macht nun in E-Autos, Marsraketen und Überschallzügen. Einiges ist genial, insgesamt ist es fordernd, wohl überfordernd.«

Musk selbst geht offen damit um. In einem Interview mit der New York Times gab er zu, bis zu 120 Stunden pro Woche zu arbeiten. Manchmal schlafe er im Büro und verlasse die Fabrik mehrere Tage nicht. Auch an seinem Geburtstag habe er durchgearbeitet. »Die ganze Nacht – keine Freunde. Nichts.«

Diese extreme Arbeitsbelastung hat ihren Preis. Musk hat Probleme, zu schlafen. Er muss Tabletten nehmen, um Entspannung zu finden. »Häufig ist es eine Wahl zwischen keinem Schlaf *oder Ambien.«[85] Ambien ist ein starkes verschreibungspflichtiges Schlafmittel, das abhängig machen kann. Es enthält das Sedativ Zolpidem, das für schnelleres Einschlafen und längeren Schlaf sorgt. Der Schauspieler Charlie Sheen nannte es einmal »das Aspirin des Teufels«.[86] Dass ein Topmanager so offen mit seinen Problemen umgeht und die Kehrseite der Medaille des Erfolgs zeigt, ist allerdings leider selten – die meisten stecken zu tief in der Selbstverleugnung.*

Einleitung

Suchtkrankheiten machen weder vor Werkstoren noch vor Bürotüren halt und können auch sehr gut (Karriere-)Treppen steigen. Häufig genug kommen sie bei Führungskräften vor, die bereits unter einer anderen Persönlichkeitsstörung leiden. Mitarbeiter sind meistens ratlos und fragen sich: Wie erkenne ich ein Suchtproblem bei meinem Chef, und welche Möglichkeiten der Hilfe gibt es?

Nach Definition der Weltgesundheitsorganisation (WHO) ist Sucht »ein Zustand periodischer oder chronischer Intoxikation, verursacht durch wiederholten Gebrauch einer natürlichen oder synthetischen Substanz, der für das Individuum oder die Gemeinschaft schädlich ist«[87]. Wir verstehen unter Abhängigkeit und Sucht meist dasselbe, auch wenn die Fachwelt bevorzugt von Abhängigkeit spricht und darunter ein unabweisbares Verlangen nach einem bestimmten Erlebniszustand subsumiert. Diesem Verlangen werden die Kräfte des Verstandes untergeordnet. Es beeinträchtigt die freie Entfaltung einer Persönlichkeit und die sozialen Chancen eines Individuums.

Wenn im Juli die Tour de France startet, sprechen viele von der »rollenden Apotheke«. Dem Arbeitsplatz Sportwelt ist das

Thema alles andere als fremd: Die Doping-Skandale der Radsportler scheinen nur auf den ersten Blick ganz weit weg vom »normalen Leben« zu sein. Doch wie im Sport greifen auch immer mehr Berufstätige zu leistungssteigernden Mitteln. Und genauso wie die Rennradfahrer behaupten viele dann: »Alle machen es – um eine Chance zu haben, muss ich es auch.« So rechtfertigen gerade Führungskräfte und Manager ihren Konsum mit dem wachsenden Leistungsdruck in unserer Arbeitswelt.

Merkmale

Zum Einsatz kommt häufig die klassische Manager-Droge Kokain, aber auch Amphetamine oder legale, verschreibungspflichtige Medikamente. Vor allem sogenannte Neuro-Enhancer wie Ritalin (»Kokain light«) und Modafinil (»Viagra für den Kopf«) werden zunehmend für das »Hirn-Doping« genutzt. Der Konsum fällt dabei zunächst gar nicht weiter auf, denn die wenigsten nehmen Drogen so exzessiv wie etwa der von Leonardo DiCaprio verkörperte Investmentbanker im Scorsese-Film *Wolf of Wall Street*. Eine kleine Dosis hilft kurzfristig, sich länger und stärker zu konzentrieren und einfach mehr wegzuarbeiten. Ein stressiges Meeting, ein transatlantischer Call, die Präsentation, die am nächsten Morgen fertig sein muss – für immer mehr Manager sind das Gründe, sich zu pushen.

Der Berliner Psychologie-Professor Götz Mundle erklärt, warum Führungskräfte und Manager zu Drogen greifen: »Bei unserer Arbeit mit Patienten haben wir beobachtet, dass der Typ des Süchtigen, der seinen Stress mit Drogen wie Alkohol oder Ritalin bekämpft, seine eigene Leistung nie für gut genug einschätzt. Alles muss immer noch besser werden, die Grenzen müssen ständig verschoben werden. Diese Menschen haben hohe fachliche Kompetenzen, aber die Fähigkeit verloren, ihre eigene Persönlichkeit und ihre emotionale Kompetenz wahrzunehmen.«[88]

Die Umfrage einer Krankenkasse hat vor einigen Jahren ergeben, dass rund fünf Prozent aller Beschäftigten in Deutschland bereits Hirndoping betrieben haben. »Bei Managern, die viel unterwegs sind, unter großem Druck stehen und wenig Möglichkeiten zum Ausgleich haben, dürfte der Anteil eher höher sein«, so der Suchtexperte Dr. Hubert Buschmann, Facharzt für Psychiatrie und Psychotherapie. So gaben in einer *Handelsblatt*-Umfrage 7 Prozent der befragten Führungskräfte an, Upper oder Downer zum Leistungs-Boosting oder zur Beruhigung zu nehmen. Bedenkt man die Dunkelziffer, dürfte der Anteil noch weit höher ausfallen.[89] Damit man nach der Arbeit wieder runterkommen und abschalten kann, kommen zusätzlich oft Tranquilizer wie Tavor oder Valium zum Einsatz – oder auch der ein oder andere Joint.

Eine Sucht muss jedoch nicht stoffgebunden sein. Sie kann sich auch auf bestimmte Verhaltensweisen beziehen, wie beispielsweise Kauf-, Spiel-, Sex-, Arbeits- oder Internetsucht. Auch menschliche Eigenschaften wie Streitsucht oder Eifersucht fallen uns in diesem Zusammenhang ein.

Süchte sind jedem von uns bekannt. Zunächst die mehr oder weniger wohlgelittenen Alltagssüchte wie Nikotin- und Koffeinabhängigkeit, Fresslust und, klar, König Alkohol, der gesellschaftlich in Maßen akzeptiert und ritualisiert ist, dessen Missbrauch jedoch zu schwerster Abhängigkeit und Schädigung führt. Neben der Droge Alkohol spielt auch Medikamentenmissbrauch in den Chefetagen zunehmend eine Rolle.

Beim Genuss der meisten Suchtmittel – angefangen vom Alkohol über Tabletten (Psychopharmaka, Analgetika), aber selbst schon bei der Zigarette und dem Espresso geht es um den bewusst angestrebten Prozess der Erleichterung von den Mühen, Sorgen und Nöten des (Arbeits-)Lebens. Über die Konditionierung wird der Einsatz der Droge zur Bewältigung von Situationen, die mit unlustbetonten Gefühlen einhergehen, immer häufiger, gezielter und irgendwann regelrecht zwanghaft eingesetzt. So lassen sich scheinbar Depressionen, Schlafstörungen, Ängste und Hemmungen leichter überwinden sowie Beziehungen und sexuelle Kontakte schneller und erfolgreicher herstellen. Man kann (zunächst) länger und konzentrierter arbeiten. Eine kontinuierliche Dosissteigerung und die Unfähigkeit aufzuhören sowie Abhängigkeitsgefühle (physisch wie psychisch) sind die Charakteristika, die etwa beim Nikotinmissbrauch genauso zum Tragen kommen wie bei einer nichtstofflichen Sucht, beispielsweise der Arbeitssucht.

Heute zählen Abhängigkeiten bzw. Süchte zu den größten gesellschaftlichen und gesundheitspolitischen Problemen unserer Zeit – insbesondere die Alkoholsucht (1,6 Millionen Betroffene) und die Medikamentenabhängigkeit (2,3 Millionen Betroffene). Laut Bundesministerium für Gesundheit weisen 600 000 Menschen einen problematischen Umgang mit illegalen Drogen auf, 500 000 frönen in ungesunder Weise dem Glücksspiel. Immer verbreiteter tritt die exzessive Nutzung des Internets auf: Schätzungsweise 560 000 Menschen in Deutschland sind bereits heute onlineabhängig.[90]

Auf den Punkt gebracht: Die süchtige Persönlichkeitsstörung ist primär durch psychische und/oder physische Abhängigkeit von einem Suchtmittel oder Suchtverhalten charakterisiert. Dabei geht es um

— Alltagssüchte: Nikotin, Koffein, Esssucht
— Drogensucht: Alkohol, Medikamente, Neuro-Enhancer, Kokain und andere

— Andere Süchte: Arbeitssucht, Sexsucht, Fitnesssucht, Spielsucht, Computer(spiel-)sucht

Süchtige Chefs:

— können unter verschiedenen Formen der Sucht leiden: Alkohol-, Tabletten-, Drogen-, Sex-, Spiel- oder Computerspielsucht, »Hirndoping«, Selbstoptimierung usw.
— etablieren häufig ein »Schutzsystem« um sich, das auf Abschottung, Aggression oder Ausbeutung beruht;
— machen regelmäßig Gebrauch von der Droge, ggf. immer häufiger, in immer kürzeren Abständen, unter Erhöhung der Dosis;
— haben nach Drogenkonsum kurzfristig Empfindungen von Erleichterung und Entspannung;
— sind bei Nichtverfügbarkeit ihrer Droge oder dem Nichtausleben ihrer Abhängigkeit zunehmend »ungenießbar«;
— zeigen bei einer körperlichen Abhängigkeit Entzugssymptome wie Zittern, Schweißausbrüche, Unruhe, Kopf- und Gliederschmerzen oder Magenkrämpfe;
— zeigen bei nichtphysischer, rein psychischer Abhängigkeit ein zunehmendes Unwohlsein, Stimmungsabfall bis hin zu einer depressiven Verstimmung, Gereiztheit bis hin zu Aggressivität, Angstzustände und die Vernachlässigung anderer Interessen;
— stellen den beruflichen Erfolg in den Vordergrund und bringen ihre Mannschaft dazu, »mitzuziehen«;
— reagieren extrem gekränkt oder aggressiv, wenn man sie auf ihr Problem anspricht;
— entwickeln Sicherheits- und Vorratsdenken in Bezug auf die Droge;
— bevorzugen Kontakte mit Personen, die ebenfalls diese Form der Droge konsumieren;

— erklären demonstrativ, sie können jederzeit auch ohne die Droge gut auskommen;
— gestehen nur sehr selten Schuldgefühle ein oder zeigen Ansätze von Selbstkritik;
— haben gescheiterte Versuche hinter sich, von ihrer Sucht loszukommen;
— sind in der Regel schlechte Zuhörer;
— sind keine verlässlichen Partner;
— sind tief im Inneren unsicher;
— scheinen in der Kindheit deutliche Akzeptanzprobleme gehabt zu haben.

Ursachen: Kindheitserfahrungen des Süchtigen

Einsamkeit – und zwar schon die Einsamkeit des ganz kleinen Kindes – ist vielleicht einer der wichtigsten Ausgangspunkte des ganzen Elends, so der psychoanalytische Erklärungsansatz. Aber auch biologisch-genetische sowie gesellschaftliche, umweltbezogene Faktoren und Einflüsse helfen bei dem Versuch, die Ursprünge diese Persönlichkeitsentwicklung besser zu erfassen.

Es sind häufig grobe Einsamkeits- und Trennungserfahrungen im ersten Lebensjahr, die Säuglingen von ihren Müttern zugemutet werden. Sie führen zu einer lebenslangen Fixierung (Bindung) an die orale Phase, mit der Folge von unstillbarem Hunger oder Durst. Eine junge esssüchtige Frau formulierte es uns gegenüber so: »Die Leere im Mund muss ständig gefüllt werden. Essen wurde mein Freund.«

Die Droge – gleich welcher Art – wird zu einem perfekten Ersatz für das Liebesobjekt, das ständig verfügbar und zu kontrollieren ist, immer wieder von Neuem zu vereinnahmen.

Die jeder Sucht immanenten selbstzerstörerischen Impulse

sind ursprünglich »hostile Valenzen«, wie es in der Fachsprache heißt: »feindliche Impulse« an die Adresse der Mutter, die aber gegen die eigene Person gerichtet werden.

Erfolgssucht, Machtgier und Herrschsucht bilden sich meist auf dem Hintergrund von frühen, emotional defizitären Kindheitserfahrungen, die ein lebenslanges Gefühl der Unterversorgung zur Folge haben. Spitzenpositionen und Erfolg sollen die zu einem frühen Zeitpunkt ausgebliebene Liebe vergessen machen und dafür Ersatz schaffen.

Oft gehen Suchtprobleme mit anderen ausgeprägten Persönlichkeitsmerkmalen einher und erfüllen dann jeweils unterschiedliche Zwecke. So werden zum Beispiel »narzisstische Löcher«, die sich als gravierende Selbstwertzweifel äußern, in einer Art fatalem Selbstheilungsversuch mit Drogen gestopft, Ängste mit Alkohol heruntergespült oder mit Medikamenten betäubt oder Depressionen mit allen möglichen, kurzfristig stimmungsaufhellenden Suchtmitteln bekämpft.

Böse »Introjekte« – das sind verinnerlichte Moral- und Weltanschauungen anderer, mit denen das Kind sich identifiziert und von denen man sich nie wirklich hat befreien können – klingen bei Süchtigen immer noch mit Sätzen wie »Das schaffst du nicht, aus dir wird nie was« in den Ohren. Sie sollen mit dem Konsum vernichtet oder wenigstens zum Schweigen gebracht werden, auch um den Preis der schweren Selbstschädigung.

Motive

Hinter jeder Sucht steckt immer auch eine Sehn*sucht*! Mehrere Millionen Menschen sind in unserem Land süchtig nach Nikotin, Alkohol, Medikamenten und illegalen Drogen. Auch als arbeits-, spiel- und sexsüchtig sind viele einzuschätzen, und immer mehr Menschen scheinen süchtig nach Erfolg, Anerkennung, Macht oder Geld zu sein.

Sucht ist zudem nicht nur ein individuelles Problem, sondern auch ein gesellschaftliches. Unsere Kultur erzeugt einen moralischen Druck, immer mehr zu leisten. Stress und psychische Belastungen haben in der Arbeitswelt enorm zugenommen. Immer mehr überforderte Arbeitnehmer, darunter auch viele Führungskräfte, greifen immer häufiger zu suchtfördernden Stoffen wie Alkohol, Tabletten oder Drogen, um eine stimulierende, entspannende oder schmerzlindernde Wirkung zu erreichen. Insbesondere Führungskräfte sind gefährdet, wenn Überforderung und Statusunsicherheit zusammentreffen. Auch die stressverstärkende Sandwich-Position auf der Ebene des mittleren Managements macht Manager anfällig für Süchte.

Managementcoach Hartmut Stepputtis, der Führungskräfte mit Suchtproblemen begleitet, sagte hierzu: »Aufgrund ihrer Prominenz fremdeln Führungskräfte an der Spitze des Managements mit dem etablierten Hilfesystem. Sie fürchten, öffentlich bloßgestellt zu werden. Das macht sie überraschend hilflos und führt zu einem schwereren Verlauf der Suchterkrankung.«[91]

Nach Schätzungen der Bundesdrogenbeauftragten sind rund 5 Prozent der Normalbevölkerung süchtig. Stepputtis schätzt, dass der Anteil bei Führungskräften noch deutlich höher liegt. Stress wegen des Arbeitsaufkommens, die Einsamkeit an der Spitze, der Mangel an Vertrauenspersonen in hohen Positionen, der permanente Druck, Anfeindungen von Konkurrenten, die Angst vor Fehltritten – all diese Phänomene prägen die Situation von Führungskräften.

Ist es da wirklich verwunderlich, dass Führungspositionen häufig genug die Falschen anziehen, die durch ihre Persönlichkeitsmerkmale für dieses Szenario prädestiniert und zudem noch besonders geneigt sind, zu den falschen Mitteln zu greifen?

Arbeitsverhalten

Führungskräfte mit süchtiger Persönlichkeitsstruktur arbeiten über einen längeren Zeitraum gut, vielleicht sogar sehr gut, bis dann wegen der sukzessiv erfolgenden Dosissteigerung von Drogen aller Art ein jäher Absturz erfolgt. »Der dynamische, perfektionistische Manager, der nicht einmal übermäßig trinkt, kann schon auf dem Wege sein, ein Alkoholiker zu werden. Die Forschung hat große Ähnlichkeit zwischen der Persönlichkeit von Alkoholikern und Managern nachgewiesen. Viele Alkoholiker beten den Erfolg an, haben Angst vor persönlichen Beziehungen und sind autoritär [...] und perfektionistisch eingestellt. Dieselben Eigenschaften, die einem Menschen zum Erfolg verhelfen, können ihn daher auch zum Alkoholiker machen.«[92]

Kurz: Viele (potenzielle) Süchtige eignen sich aufgrund ihrer Persönlichkeitsstruktur besonders gut als Manager, und viele Manager tragen die Suchttendenz in sich.

Die Tücke liegt oft darin, dass ihre Probleme eben nicht an ihrem alltäglichen Verhalten ablesbar sind, denn Süchtige können ihren Konsum oft über lange Zeit gut verbergen. Wenn der Punkt erreicht ist, an dem sie verhaltensauffällig werden, ist die Sucht oft schon weit fortgeschritten.

Mitarbeiter

Mit dem ihm anvertrauten Personal kann der süchtig Strukturierte aufgrund seiner oralen Gier kaum anders umgehen als aussaugend und ausbeutend. Dies geschieht mit mal mehr oder mal weniger Einfühlungsvermögen und macht ihn über lange Strecken seines Berufslebens zu einem unter ökonomischen Aspekten erfolgreichen Chef, für den man sich durchaus gerne voll und ganz »ins Zeug legt«. Bisweilen hat er das Image, »hart, aber gerecht« zu sein. Solange er sich selbst nicht schont und Enormes leistet, genießt er durchaus Sympathien und übt oft auch eine Vorbildfunktion aus. Aber gerade die Ansprüche von Workaholics in Führungspositionen, die dann noch leistungssteigernde Mittel nehmen, können Untergebene stark belasten. Die Ansprüche des Süchtigen steigen ins Unermessliche – nicht nur an sich selbst, sondern auch an die Mitarbeiter. Ein enormer Druck wird aufgebaut.

Ein Mitarbeiter einer Vertriebsabteilung erzählte uns: »*Mein letzter Chef war eine Art Überperformer. Ich muss zugeben, er leistete unwahrscheinlich viel. Aber er verlangte auch unglaublich viel von uns Mitarbeitern. Zu viel. Ich weiß nicht, wie oder mit welchen Hilfsmitteln er es geschafft hat, mindestens zwölf Stunden täglich durchzuackern und dabei auch zu hundert Prozent konzentriert zu sein – aber für uns normale Menschen war das einfach nicht möglich. Jedenfalls nicht jeden Tag. Seine Anspruchshaltung war aber, dass wir uns genauso reinknien müssten wie er. Lieferten wir nicht so, wie er es wollte, schrie er uns an. ›Ihr müsst mehr Kunden ranschaffen.‹ – ›Ihr müsst mehr verkaufen!‹ – ›Die Zahlen stimmen nicht.‹ – ›Was macht ihr eigentlich den lieben langen Tag?‹ – und so weiter. Das hat uns tierisch runtergezogen. Oft habe ich von meinem Job schlecht geträumt – zum Beispiel, dass ich es nicht mehr schaffe und total versage …*«

Eine Mitarbeiterin im Öffentlichen Dienst berichtete von ihrem Chef, von dem sie vermutete, er sei alkoholabhängig: »*Das Schlimme ist seine Launenhaftigkeit. Jeden Morgen fragst du dich: Ist er gut drauf oder schlecht drauf? Und darauf musst du dich einstellen. Wenn er ungenießbar ist, versuche ich, ihm aus dem Weg zu gehen. Leider klappt das nicht immer.«*

Der Süchtige sucht – wie im Beispiel des Schulleiters – meist jemanden, der ihn abschirmt und von dem täglichen Einerlei befreit. Oft stellt der Partner, wenn vorhanden, so eine Person dar, die ihm im Idealfall die Wünsche »von den Lippen ablesen« kann. Doch derjenige kann auch Teil des Teams sein: die gute Sekretärin, der fähige Referent, die »rechte Hand« wird es schon richten, das Schlimmste verhüten und die Karre wieder aus dem Dreck ziehen. Alternativ werden für diese Rolle Personen bevorzugt, die schwach sind und vom Süchtigen in einer (beruflichen) Abhängigkeitsposition dominiert oder sogar schikaniert werden können. Singles sind dafür am besten geeignet.

Gefahren

Jeder Sucht wohnt eine selbstzerstörerische Komponente inne. Irgendwann droht der Absturz. Dann kommt an den Tag, was lange Zeit verborgen gehalten werden konnte. Da süchtig strukturierte Persönlichkeiten meist über gute schauspielerische Fähigkeiten verfügen und so ihrer Umwelt über einen längeren Zeitraum eine Fassade des Funktionierens und der Wohlanständigkeit präsentieren, wird der Tag des Erwachens umso furchtbarer.

Doch auch ohne Zusammenbruch sind die Gefahren, die von einer süchtig strukturierten Führungskraft ausgehen, vielfältig. Ihre Leistungsfähigkeit sinkt, wenn sie über einen gewissen Zeitraum hinweg von der Droge abhängig ist. So steht der Ruf des Unternehmens oder der Abteilung auf dem Spiel. Zusätzlich besteht die Gefahr, dass das Umfeld »co-abhängig« wird, also ihr Verhalten deckt, Ausreden für Fehler des Vorgesetzten erfindet und sich mitschuldig fühlt.

Ebenso wie manche der herkömmlichen Suchtmittel führten auch die neuen Formen des Hirndopings, so der Mediziner Götz Mundle, zwar »kurzfristig zu mehr Leistung – aber langfristig in die Abhängigkeit. Hinzu kommt, dass sich die Persönlichkeit verändert und die Menschen angespannt und aggressiv werden. Außerdem machen sie auch mehr Fehler.«[93]

Positives

Das Positive – so man denn in diesem Zusammenhang überhaupt von Erfreulichem sprechen kann – ist die anfängliche Leistungsmotivation, das Erreichen von ehrgeizigen Zielen und die schauspielerische Begabung von Süchtigen, über Schwierigkeiten hinwegzutäuschen.

Umgangsstrategien

Selbsterkenntnis: Hier liegt ein Hauptproblem bei Süchtigen aller Art, denn Sucht ist leider allgegenwärtig. Wer ist heutzutage nicht irgendwie süchtig? Wenn Sie bei sich selbst Anzeichen dafür sehen, dass die Grenze zwischen Genuss und Abhängigkeit überschritten sein könnte, weil sie »nicht mehr ohne können« oder auch wollen, ist das allerdings auch schon einer der wichtigsten Schritte auf dem Weg zur Besserung. Die derzeit bewährteste Therapiemethoden bei vielen Suchtformen sind der stationäre Entzug und der anschließende Besuch einer Selbsthilfegruppe (»geteiltes Leid ist halbes Leid«).

Selbstbehauptung: Durchschauen Sie beim Süchtigen die Mechanismen der Ausbeutung. Fangen Sie an, sich zu schützen, und grenzen Sie sich ab. Spielen Sie das Spiel, das auch auf Ihre Kosten geht, nicht länger mit.

Wenn Sie damit noch Probleme haben oder sich schwer in

die Denkweisen des Süchtigen hineinversetzen können, beschäftigen Sie sich zuerst mit Ihren eigenen Suchtpotenzialen: Was treibt Sie selbst vielleicht manchmal dazu, beispielsweise ein Glas mehr zu trinken?

Befragen Sie sich außerdem intensiv selbst, was am Verhalten des Süchtigen Ihnen ganz konkret Probleme macht und wie Sie sich in eine Position bringen können, in der Sie damit besser klarkommen und sich seinen Launen nicht mehr so ausgeliefert fühlen. Wann und warum fühlen Sie sich so schnell entmutigt und hilflos? Was löst dieser Typus in Ihnen aus? Woran erinnert Sie dies? Wo und wann haben Sie Ähnliches vielleicht schon einmal miterlebt und miterlitten? Süchtige gibt es überall in der Gesellschaft, und viele haben bei diesem Thema eine familiäre oder anderweitige Vorgeschichte.

Was Sie tun können: Auch hier gilt wieder das Prinzip: entweder flüchten oder standhalten. Letzteres ist sicherlich deutlich schwieriger. Doch wenn Sie (wirklich?) keine Wahl haben und fest davon überzeugt sind, an Ihrem Arbeitsplatz bleiben zu müssen: Es gibt immer die Ihnen schon bekannten zwei Verhaltensstrategien.

Entweder unterstützen Sie aktiv das Fehlverhalten und stoppen gleichzeitig alle Vertuschungsmaßnahmen und Entschuldigungsprozesse, damit das Ende eher schneller als später kommt. Sprechen Sie im wohlausgesuchten Mitarbeiterkreis über das Verhalten Ihres Vorgesetzten und die daraus für das Unternehmen, Kunden und Mitarbeiter entstehenden problematischen Konsequenzen. Bereiten Sie diese Aktionen jedoch sehr sorgfältig vor, und wählen Sie den Zeitpunkt mit Bedacht (größte Gefahr: zu frühes Ansprechen). Nicht alle Kollegen oder Vorgesetzten der nächsthöheren Stufen sind wirklich bereit, die Augen zu öffnen. Viele haben schlicht

Angst vor der Auseinandersetzung mit diesem Thema, da es nicht wenige selbst in der einen oder anderen Ausprägungsform betrifft.

Die andere Variante: Mit einer Mischung aus stoischer Gelassenheit und »therapeutischem« Langmut grenzen Sie sich so gut es geht ab, halten durch und bieten immer wieder Hilfestellungen in Form von Gesprächskontakten an, während Sie das Beste hoffen.

Je nach Situation und Voraussetzungen mag es in Ihrem Fall letztlich aber auch besser sein, doch mutig Ihre Siebensachen zu packen und zu gehen.

8 Tipps für den Umgang mit süchtigen Chefs

1. **Treffen Sie eine Entscheidung!**
   Sie müssen für sich festlegen, ob Sie sich in den Konflikt hineinbegeben oder sich, soweit es Ihnen möglich ist, heraushalten und keine Stellung beziehen wollen.
2. **Weichen Sie aus, wenn Sie sich raushalten wollen.**
   Versuchen Sie, die Launen des Süchtigen zu »lesen« und ihm möglichst aus dem Weg zu gehen.
3. **Halten Sie die Augen offen.**
   Aufmerksamkeit und eine gute Beobachtungsgabe sowie ein etwas tieferes Interesse und Engagement für die betroffene Person sind ein wichtiger Ausgangspunkt, wenn Sie aktiv werden wollen.
4. **Sprechen Sie Auffälligkeiten beherzt und schnell an.**
   Feinfühligkeit und Sensibilität, Einfühlungsvermögen und Grundkenntnisse über Suchtverhalten sind dazu vonnöten. Übertreiben Sie es aber auch nicht damit – sonst kommen Sie gar nicht dazu, dieses heikle Thema aufs Tapet zu bringen.

5. **Hören Sie sich vorsichtig im Team um.**
   Sehen auch andere Kollegen das Problem, oder stehen Sie ganz allein mit Ihrer Einschätzung da?
6. **Holen Sie gegebenenfalls gezielt Mitwisser ins Boot.**
   Überlegen Sie gut, ob und wem Sie sich als verlässlichem und diskretem Partner in dieser heiklen Sache anvertrauen wollen und können.
7. **Gehen Sie beim Ansprechen des Themas sensibel vor.**
   Gehen Sie vorsichtig vor und wägen Sie genau ab, wie Sie das Problem benennen. Ziehen Sie, falls möglich, den übergeordneten Vorgesetzten, den Betriebsrat oder auch den Betriebsarzt zurate.
8. **Flüchten Sie, wenn Sie nicht mehr standhalten können oder wollen.**
   Wenn Sie entschieden haben, aktiv zu werden: Üben Sie sich, solange es Ihnen persönlich mit zumutbarem Kraftaufwand möglich ist, in Gelassenheit. Nehmen Sie das Fehlverhalten Ihres Chefs nicht persönlich. Aber entscheiden Sie gegebenenfalls auch souverän, wann für Sie der Trennungszeitpunkt gekommen ist – entweder gleich oder dann, wenn die Maßnahmen nicht fruchten.

Die häufigsten Mischformen

An diesem Punkt haben Sie einen guten Überblick über die verschiedenen Typen »irrer« Chefs, ihrer Verhaltensweisen und ihrer spezifischen Hintergründe. Wenn Sie dabei Ihren eigenen Chef vor Augen hatten, ahnen Sie möglicherweise schon: Ausgeprägte Persönlichkeitsmerkmale treten oft nicht in Reinform und meistens auch nicht allein auf. Viele Führungspersönlichkeiten zeigen Mischformen aus mehreren

Typen. Unter diesen treten einige typische Mischungen wiederum häufiger auf als andere.

Die mit Sicherheit am häufigsten anzutreffenden Charakterdeformationen in Führungsetagen der Wirtschaft, im öffentlichen Dienst wie auch in der Politik sind die narzisstische, egomanische und tyrannische Ausprägung (Fachbegriff: Akzentuierung). Sie gibt es häufig in einer sehr stark ausgebildeten Einzelform, bisweilen aber auch in einer Zweier- oder sogar Dreier-Kombination. In letzterem Fall überlagert allerdings eine der eben genannten Verhaltensauffälligkeiten meistens die beiden anderen deutlich (etwa im Verhältnis 50 zu 30 zu 20, oder 60 zu 20 zu 20).

Theatralische Cheftypen können ebenfalls deutliche narzisstische Züge aufweisen und zusätzlich auch noch paranoide Tendenzen erkennen lassen. Läuft ihre »Inszenierung« nicht wunschgemäß, können depressive und zusätzlich tyrannische Symptome hinzukommen. Die Merkmalskombination von paranoider und/oder depressiver Verhaltensauffälligkeit trifft auf fast alle hier beschriebenen Persönlichkeiten zu. Ganz besonders die Merkmale des süchtigen Verhaltens, also das Abtauchen in die vermeintliche Entspannung, ob mittels Alkohol, Tabletten oder anderer Drogen, ist eine Erscheinung, die bei verschiedenen Typen häufig begleitend auftritt.

Egomanen sind in der Regel meistens deutlich weniger narzisstisch, neigen aber fast immer zu einer ausgeprägten Portion Tyrannei (Rechthaberei, autoritäres Gebaren) und nicht ganz selten zu schizoiden und/oder paranoiden Zügen (kühle Distanz, überall Feinde sehend).

Sich aggressiv-autoritär gebärdende tyrannische Führungskräfte haben häufiger paranoide Anwandlungen und sind bei entsprechenden Misserfolgserlebnissen stark suchtgefährdet.

Schizoide Chefs entwickeln sehr schnell zusätzlich paranoide Verhaltensweisen. Umgekehrt können paranoide Chefs dazu neigen, sich schizoid abzuschotten. Vor allem tendieren sie auch zu einer guten Portion tyrannischen Verhaltens, was man – wenngleich in deutlich milderer Form – auch bei zwanghaften Vorgesetzten antreffen kann.

Beim depressiven Typus sind Entscheidungsschwäche und Zweifelsucht häufig mit phobischen Anteilen anzutreffen, aber auch mit Misstrauen und Missstimmung bis hin zu körperlichen (somatischen) Problemen. Diese können auch mit deutlichen Suchtsymptomen einhergehen.

Extrem unangenehm bis äußerst gefährlich ist zweifelsohne das erstgenannte Trio der Narzissten, Egomanen und Tyrannen. Die Belastungen, die damit einhergehen, vornehmlich zwanghafte, depressive und phobische Führungskräfte zu ertragen, sind allerdings ebenfalls erheblich. Theatralische oder süchtige Verhaltensvarianten sind bestimmt auch keine kleine Herausforderung für Ihren Arbeitsalltag. Vielleicht bereiten die Depressiven und Phobischen ihren Mitarbeitern den etwas weniger schlimmen Stress, was jedoch immer auch von der Persönlichkeitsstruktur des einzelnen Mitarbeiters abhängig und zudem im Erleben sehr subjektiv ist. In ihrer stets wiederkehrenden ausbremsenden, lähmenden bis zerstörerischen Art bedeuten auch sie eine nicht zu unterschätzende Gefahr für Ihr berufliches Selbstbewusstsein und damit für Ihre Freude an Ihrer Arbeit und Arbeitsweise, Ihre Leistungsfähigkeit und Ihre Motivation.

Konzentrieren Sie sich bei der Einschätzung Ihres Chef-Typus auf die Hauptmerkmale eines und vielleicht auch noch eines zweiten erkennbaren Typus. Das ist genug an »diagnostischer« Arbeit, die Sie sich zumuten sollten. Bedienen Sie sich dabei am besten des Kurztests, den wir Ihnen auf S. 292 anbieten, um eine belastbarere Einschätzung der Persönlichkeit Ihres Vorgesetzten treffen zu können.

UMGANG MIT MIESEN CHEFS

»Kampfzone Arbeitsplatz«

Im vorigen Teil haben wir Ihnen eine ausführliche Typologie mit zehn verhaltensauffälligen Vorgesetzten vorgestellt, wie sie uns im Arbeitsleben leider häufiger begegnen.

Typen dieser Art gibt es auch unter Kollegen – und gelegentlich in unserem privaten Umfeld. Am Arbeitsplatz mit Machtkämpfen, Intrigen, Ausgrenzung oder Kontrollwahn klarzukommen, ist generell eine enorme Herausforderung. Hat man es dabei mit dem eigenen Chef zu tun, ist die Ausgangslage noch deutlich schwieriger – erst recht, wenn dessen Persönlichkeit psychopathische Züge aufweist. Bei Führungskräften kommen diese malignen Ausprägungen jedoch auffällig oft vor – wir haben es eingangs durch Untersuchungsergebnisse vieler Studien aufgezeigt. In der herausgehobenen Machtposition als Vorgesetzte hat dieser Personenkreis die Möglichkeit, seine Unart auszuleben und sich an den ihnen unterstellten Mitarbeitern abzureagieren.

Sicher sind nicht alle Chefs mit den beschriebenen Persönlichkeitsmerkmalen gleichermaßen unerträgliche und schlimme Psychopathen. Viele haben aber leider doch extrem störende Verhaltensweisen entwickelt, zeigen stark akzentuierte Persönlichkeitszüge oder weisen gar behandlungsbedürftige Symptome schwerer psychischer Störungen auf. Sie alle eint die von ihnen ausgehende Gefahr, ihre Mitarbeiter zu drangsalieren oder in den (mehr oder weniger sprichwörtlichen) Wahnsinn treiben zu können und das (Arbeits-)Leben zur Hölle zu machen.

Wir haben zu Beginn des Buches bereits darauf hingewiesen: Vorgesetzte machen ihren Mitarbeitern in unseren ohnehin stressreichen Zeiten zunehmend Angst, und sie machen sie auch immer öfter krank. Die Fehlzeiten in Unternehmen wegen psychischer und psychosomatischer Erkrankungen haben sich in den letzten zehn Jahren verdoppelt.[94] Immer mehr ausgebrannte Arbeitnehmer flüchten in die innere Emigration. Angesichts der immer schnelleren Anpassung an neue Arbeitsumstände – Stichwort »Digitalisierung« –, einer zunehmenden Arbeitsverdichtung und eines damit einhergehenden Konkurrenzkampfes zwischen den Unternehmen in der globalisierten Arbeitswelt ist das kein Wunder.

In diesem Kapitel möchten wie Ihnen dabei helfen, die Lage realistisch und nicht allein von Emotionen getrieben einzuschätzen, um Handlungsoptionen für den Umgang mit Ihrem Psycho-Vorgesetzten auszuloten. Ist es realistisch, dass sich die Lage bessert oder von Ihnen verbessern lässt? Ist es zumutbar, den miesen Chef eine Zeit lang zu ertragen und sich mit der Situation zu arrangieren? Oder hilft nur noch die Flucht? Mit welchem Typus Sie es auch immer zu tun haben: Überlegen Sie sich gut, was Sie sich zutrauen und zumuten wollen.

Früh- und Schnellerkennung psychopathogener Chefs

Haben Sie selbst das Gefühl, unter einem Chef mit Macken oder Persönlichkeitsstörungen zu arbeiten? Hat Sie vielleicht sogar schon der Verdacht beschlichen, einen Psychopathen zum Vorgesetzten zu haben?

Wenn Sie in den eben beschriebenen zehn psychopathologischen Chef-Charakteren deutliche Verhaltensanteile Ihres aktuellen – oder vielleicht auch eines ehemaligen – Vorgesetzten wiedererkannt haben, dann wissen Sie bereits in Grundzügen, wie sich sein Verhalten erklärt und welche Maßnahmen für den geschützten Umgang mit dieser Person von Relevanz sind. Egal, ob Ihr Chef ein ständiger Bremser oder Verweigerer ist (paranoide oder schizoide Struktur), ein Problem- und Schwarzseher (depressive Struktur), ein teuflischer Strahlemann-Killer (narzisstische Struktur) oder eine unberechenbare Tretmine (tyrannische Struktur): Es kommt für Sie darauf an, sich abzugrenzen, sich zu schützen, zu immunisieren und sich effizient aus der Schusslinie zu bringen.

Wie Sie herausfinden, mit wem haben Sie es zu tun haben

Das Handwerkszeug für die Bestimmung der zehn psychopathischen Chef-Typen haben Sie bereits an die Hand bekommen. Vielleicht sind Sie sich aber nicht sicher, ob Ihr Vorgesetzter mit seinen Verhaltensauffälligkeiten in die Liga der eher leicht Auffälligen gehört oder schon den Schwerstgestörten zuzurechnen ist. Sollte sein Verhalten zudem nicht eindeutig nur einem der zehn vorgestellten Typen zuzuordnen sein, ist es nochmals schwerer, angemessen auf ihn zu reagieren.

Damit Sie noch besser einschätzen können, mit wem Sie es zu tun haben, bieten wir Ihnen hier einen kleinen Orientierungstest an. Das Ergebnis kann Ihnen Hinweise darauf geben, wie Sie besser mit Ihrem Vorgesetzten umgehen und sich effektiver vor ihm schützen können.

In diesem Schnelltest stehen 24 Verhaltensweisen zur Auswahl. Manche sind vielleicht nicht ganz so schlimm, andere dafür absolut schrecklich. Und natürlich kommt es auch immer noch auf die Ausprägung (Intensität und Häufigkeit) an.

Test: Wie irre ist mein Chef wirklich?

Welche der nachfolgend im Test benannten Verhaltensweisen erleben Sie bei Ihrem Vorgesetzten?

— Bestimmen Sie zunächst für alle drei Symptomgruppen (leichte, mittlere, schwere) die Ausprägung der Symptome, die Sie beobachten (nicht vorhanden – leicht – mittel – schwer) sowie die Häufigkeit des Auftretens (nie – sehr selten – gelegentlich – häufiger – sehr oft – fast immer).

— Addieren Sie anschließend die Ergebnisse aller drei Gruppen zu einer Gesamtpunktanzahl.

— Die Interpretation Ihrer Ergebnisse können Sie am Ende entsprechend dem Gesamtwert nachlesen.

Ein Beispiel zur Veranschaulichung :

Kann schlecht bis gar nicht zuhören

Ausprägung:	*Häufigkeit*
☐ nicht vorhanden od. erkennbar (0)	☐ nie (0)
☑ nur leicht (1)	☐ sehr selten (1)
☐ mittelstark (2)	☑ gelegentlich (2)
☐ massiv vorhanden (3)	☐ häufiger (3)
	☐ sehr oft (4)
	☐ fast immer (5)
= Punktwert: 1	**= Punktwert:** 2

Ergebnis insgesamt = 3 **Punkte** (von insgesamt 8 möglichen)

Die Chefmacke »nicht zuhören können« ist in unserem Beispiel noch relativ milde beurteilt worden (3 von max. 8 Punkten, es könnte also auch noch deutlich schlimmer sein) und kommt in diesem Beispiel auch nur gelegentlich vor.

Test: Wie erleben Sie Ihren Vorgesetzten ?

1. EHER LEICHTE SYMPTOME

Kann schlecht bis gar nicht zuhören

Ausprägung:	*Häufigkeit:*
☐ nicht vorhanden (0)	☐ nie (0)
☐ leicht (1)	☐ sehr selten (1)
☐ mittelstark (2)	☐ gelegentlich (2)
☐ massiv vorhanden (3)	☐ häufiger (3)
	☐ sehr oft (4)
	☐ fast immer (5)
= Punktwert: ___	**= Punktwert: ___**

Ergebnis insgesamt = ___ Punkte

Ist wenig bis uninteressiert an meiner Arbeit

Ausprägung:	*Häufigkeit:*
☐ nicht vorhanden (0)	☐ nie (0)
☐ leicht (1)	☐ sehr selten (1)
☐ mittelstark (2)	☐ gelegentlich (2)
☐ massiv vorhanden (3)	☐ häufiger (3)
	☐ sehr oft (4)
	☐ fast immer (5)
= Punktwert: ___	**= Punktwert: ___**

Ergebnis insgesamt = ___ Punkte

Hat viel zu wenig bis überhaupt keine Zeit für wichtige Themen meiner Arbeit

Ausprägung:	*Häufigkeit:*
☐ nicht vorhanden (0)	☐ nie (0)
☐ leicht (1)	☐ sehr selten (1)
☐ mittelstark (2)	☐ gelegentlich (2)
☐ massiv vorhanden (3)	☐ häufiger (3)
	☐ sehr oft (4)
	☐ fast immer (5)
= Punktwert: ___	**= Punktwert: ___**

Ergebnis insgesamt = ___ Punkte

Wirkt angespannt bis ständig unter Druck stehend

Ausprägung:
☐ nicht vorhanden (0)
☐ leicht (1)
☐ mittelstark (2)
☐ massiv vorhanden (3)

= Punktwert: ___

Häufigkeit:
☐ nie (0)
☐ sehr selten (1)
☐ gelegentlich (2)
☐ häufiger (3)
☐ sehr oft (4)
☐ fast immer (5)

= Punktwert: ___

Ergebnis insgesamt = ___ Punkte

Zeigt wenig Bereitschaft oder ist unfähig, Erfolge mit dem Arbeitsteam teilen zu können

Ausprägung:
☐ nicht vorhanden (0)
☐ leicht (1)
☐ mittelstark (2)
☐ massiv vorhanden (3)

= Punktwert: ___

Häufigkeit:
☐ nie (0)
☐ sehr selten (1)
☐ gelegentlich (2)
☐ häufiger (3)
☐ sehr oft (4)
☐ fast immer (5)

= Punktwert: ___

Ergebnis insgesamt = ___ Punkte

Bietet mir wenig bis überhaupt keine Unterstützung an

Ausprägung:
☐ nicht vorhanden (0)
☐ leicht (1)
☐ mittelstark (2)
☐ massiv vorhanden (3)

= Punktwert: ___

Häufigkeit:
☐ nie (0)
☐ sehr selten (1)
☐ gelegentlich (2)
☐ häufiger (3)
☐ sehr oft (4)
☐ fast immer (5)

= Punktwert: ___

Ergebnis insgesamt = ___ Punkte

Benimmt sich mir und anderen gegenüber unfreundlich bis unmöglich

---

Ausprägung:
☐ nicht vorhanden (0)
☐ leicht (1)
☐ mittelstark (2)
☐ massiv vorhanden (3)

= Punktwert: ___

Häufigkeit:
☐ nie (0)
☐ sehr selten (1)
☐ gelegentlich (2)
☐ häufiger (3)
☐ sehr oft (4)
☐ fast immer (5)

= Punktwert: ___

Ergebnis insgesamt = ___ Punkte

Ist nicht ganz verlässlich oder sogar höchst unzuverlässig

Ausprägung:	*Häufigkeit:*
☐ nicht vorhanden (0)	☐ nie (0)
☐ leicht (1)	☐ sehr selten (1)
☐ mittelstark (2)	☐ gelegentlich (2)
☐ massiv vorhanden (3)	☐ häufiger (3)
	☐ sehr oft (4)
	☐ fast immer (5)
= Punktwert: ___	**= Punktwert: ___**

Ergebnis insgesamt = ___ Punkte

Addieren Sie hier die Summe der Punktwerte für die 1. Symptom-Gruppe: ...

2. MITTELSCHWERE SYMPTOME

Findet selten anerkennende Worte für gute Leistungen bis hin zur Unfähigkeit, zu loben

Ausprägung:	*Häufigkeit:*
☐ nicht vorhanden (0)	☐ nie (0)
☐ leicht (2)	☐ sehr selten (2)
☐ mittelstark (3)	☐ gelegentlich (3)
☐ massiv vorhanden (4)	☐ häufiger (4)
	☐ sehr oft (5)
	☐ fast immer (6)
= Punktwert: ___	**= Punktwert: ___**

Ergebnis insgesamt = ___ Punkte

Ist ungeduldig bis ungerecht im Umgang mit mir und auch anderen Personen

Ausprägung:	*Häufigkeit:*
☐ nicht vorhanden (0)	☐ nie (0)
☐ leicht (2)	☐ sehr selten (2)
☐ mittelstark (3)	☐ gelegentlich (3)
☐ massiv vorhanden (4)	☐ häufiger (4)
	☐ sehr oft (5)
	☐ fast immer (6)
= Punktwert: ___	**= Punktwert: ___**

Ergebnis insgesamt = ___ Punkte

Zeigt wenig bis kein Verständnis und Toleranz für meine Probleme

Ausprägung:	*Häufigkeit:*
☐ nicht vorhanden (0)	☐ nie (0)
☐ leicht (2)	☐ sehr selten (2)
☐ mittelstark (3)	☐ gelegentlich (3)
☐ massiv vorhanden (4)	☐ häufiger (4)
	☐ sehr oft (5)
	☐ fast immer (6)
= Punktwert: ___	**= Punktwert: ___**

Ergebnis insgesamt = ___ Punkte

Verfügt über kaum bis kein Einfühlungsvermögen

Ausprägung:	*Häufigkeit:*
☐ nicht vorhanden (0)	☐ nie (0)
☐ leicht (2)	☐ sehr selten (2)
☐ mittelstark (3)	☐ gelegentlich (3)
☐ massiv vorhanden (4)	☐ häufiger (4)
	☐ sehr oft (5)
	☐ fast immer (6)
= Punktwert: ___	**= Punktwert: ___**

Ergebnis insgesamt = ___ Punkte

Weist wenig bis keine erkennbaren Fähigkeiten zur Selbstkritik auf

---

Ausprägung:	*Häufigkeit:*
☐ nicht vorhanden (0)	☐ nie (0)
☐ leicht (2)	☐ sehr selten (2)
☐ mittelstark (3)	☐ gelegentlich (3)
☐ massiv vorhanden (4)	☐ häufiger (4)
	☐ sehr oft (5)
	☐ fast immer (6)
= Punktwert: ___	**= Punktwert: ___**

Ergebnis insgesamt = ___ Punkte

Zeigt selten erkennbare bis keine Selbstreflexion

Ausprägung:	*Häufigkeit:*
☐ nicht vorhanden (0)	☐ nie (0)
☐ leicht (2)	☐ sehr selten (2)
☐ mittelstark (3)	☐ gelegentlich (3)
☐ massiv vorhanden (4)	☐ häufiger (4)
	☐ sehr oft (5)
	☐ fast immer (6)
= Punktwert: ___	**= Punktwert: ___**

Ergebnis insgesamt = ___ Punkte

Ist eher schlecht organisiert bis völlig chaotisch

Ausprägung:	*Häufigkeit:*
☐ nicht vorhanden (0)	☐ nie (0)
☐ leicht (2)	☐ sehr selten (2)
☐ mittelstark (3)	☐ gelegentlich (3)
☐ massiv vorhanden (4)	☐ häufiger (4)
	☐ sehr oft (5)
	☐ fast immer (6)
= Punktwert: ___	**= Punktwert: ___**

Ergebnis insgesamt = ___ Punkte

Ist nicht ganz ehrlich oder sogar ein totaler Lügner und Meister im Verdrehen von Tatsachen

Ausprägung:	*Häufigkeit:*
☐ nicht vorhanden (0)	☐ nie (0)
☐ leicht (2)	☐ sehr selten (2)
☐ mittelstark (3)	☐ gelegentlich (3)
☐ massiv vorhanden (4)	☐ häufiger (4)
	☐ sehr oft (5)
	☐ fast immer (6)
= Punktwert: ___	**= Punktwert: ___**

Ergebnis insgesamt = ___ Punkte

Addieren Sie hier die Summe der Punktwerte für die 2. Symptom-Gruppe: …

3. GRAVIERENDE SYMPTOME

Ist wenig kommunikativ bis extrem stark verschlossen und abweisend

Ausprägung:	*Häufigkeit:*
☐ nicht vorhanden (0)	☐ nie (0)
☐ leicht (3)	☐ sehr selten (3)
☐ mittelstark (4)	☐ gelegentlich (4)
☐ massiv vorhanden (5)	☐ häufiger (5)
	☐ sehr oft (6)
	☐ fast immer (7)
= Punktwert: ___	**= Punktwert: ___**

Ergebnis insgesamt = ___ Punkte

Zeigt stark dominantes bis manipulatives Verhalten

Ausprägung:	*Häufigkeit:*
☐ nicht vorhanden (0)	☐ nie (0)
☐ leicht (3)	☐ sehr selten (3)
☐ mittelstark (4)	☐ gelegentlich (4)
☐ massiv vorhanden (5)	☐ häufiger (5)
	☐ sehr oft (6)
	☐ fast immer (7)
= Punktwert: ___	**= Punktwert: ___**

Ergebnis insgesamt = ___ Punkte

Verhält sich deutlich egoistisch bis unerträglich egomanisch

Ausprägung:	*Häufigkeit:*
☐ nicht vorhanden (0)	☐ nie (0)
☐ leicht (3)	☐ sehr selten (3)
☐ mittelstark (4)	☐ gelegentlich (4)
☐ massiv vorhanden (5)	☐ häufiger (5)
	☐ sehr oft (6)
	☐ fast immer (7)
= Punktwert: ___	**= Punktwert: ___**

Ergebnis insgesamt = ___ Punkte

Neigt deutlich zu Übertreibungen bis hin zur Hysterie

Ausprägung:
☐ nicht vorhanden (0)
☐ leicht (3)
☐ mittelstark (4)
☐ massiv vorhanden (5)

= **Punktwert: ___**

Häufigkeit:
☐ nie (0)
☐ sehr selten (3)
☐ gelegentlich (4)
☐ häufiger (5)
☐ sehr oft (6)
☐ fast immer (7)

= **Punktwert: ___**

Ergebnis insgesamt = ___ Punkte

Wirkt unangenehm distanziert bis absolut misstrauisch

Ausprägung:
☐ nicht vorhanden (0)
☐ leicht (3)
☐ mittelstark (4)
☐ massiv vorhanden (5)

= **Punktwert: ___**

Häufigkeit:
☐ nie (0)
☐ sehr selten (3)
☐ gelegentlich (4)
☐ häufiger (5)
☐ sehr oft (6)
☐ fast immer (7)

= **Punktwert: ___**

Ergebnis insgesamt = ___ Punkte

Entscheidet sehr zögerlich bis total unentschlossen

Ausprägung:
- ☐ nicht vorhanden (0)
- ☐ leicht (3)
- ☐ mittelstark (4)
- ☐ massiv vorhanden (5)

= Punktwert: ___

Häufigkeit:
- ☐ nie (0)
- ☐ sehr selten (3)
- ☐ gelegentlich (4)
- ☐ häufiger (5)
- ☐ sehr oft (6)
- ☐ fast immer (7)

= Punktwert: ___

Ergebnis insgesamt = ___ Punkte

Verhält sich sehr kontrollierend bis unangenehm zwanghaft

Ausprägung:
- ☐ nicht vorhanden (0)
- ☐ leicht (3)
- ☐ mittelstark (4)
- ☐ massiv vorhanden (5)

= Punktwert: ___

Häufigkeit:
- ☐ nie (0)
- ☐ sehr selten (3)
- ☐ gelegentlich (4)
- ☐ häufiger (5)
- ☐ sehr oft (6)
- ☐ fast immer (7)

= Punktwert: ___

Ergebnis insgesamt = ___ Punkte

Tritt rechthaberisch bis stark autoritär oder sogar tyrannisch auf

Ausprägung:	*Häufigkeit:*
☐ nicht vorhanden (0)	☐ nie (0)
☐ leicht (3)	☐ sehr selten (3)
☐ mittelstark (4)	☐ gelegentlich (4)
☐ massiv vorhanden (5)	☐ häufiger (5)
	☐ sehr oft (6)
	☐ fast immer (7)
= Punktwert: ___	**= Punktwert: ___**

Ergebnis insgesamt = ___ Punkte

Addieren Sie hier die Summe der Punktwerte für die 3. Symptom-Gruppe: ...

> **Addieren Sie nun die Ergebnisse aller drei Symptomgruppen: Endergebnis = ... Punkte**

Lesen Sie nachfolgend in der Interpretation für Ihren finalen Punktwert, wie irre Ihr Chef wirklich ist.

Wie ist das Ergebnis des Schnelltests einzuschätzen?

Unter 35 Punkte: Vor allem bei einem Punktwert über 25 ist Ihr Chef sicher nicht ganz angenehm im Umgang. Trotzdem besteht hier noch genügend Anlass zur Hoffnung, um am Ball zu bleiben! Damit könnten Sie klarkommen, das bewältigen Sie, wenn Sie sich immer wieder gezielt Entlastung verschaffen und über Kraftreserven verfügen, um auch mal eine längere Durststrecke durchzuhalten.

Ab 35 Punkte: Da kommt für Sie bestimmt einiges an unangenehmen Erlebnissen, Belastungen und Einschränkungen am Arbeitsplatz im Umgang mit Ihrem Chef zusammen. Und doch gibt es immer noch Anlass, zu glauben, dass Sie diese negativen Verhaltensweisen Ihres Chefs für eine gewisse Zeit halbwegs unbeschadet ertragen und durch ein gelungenes Klärungsgespräch und mit ein bisschen Glück eventuell manche seiner schrägen Verhaltensweisen vielleicht sogar noch etwas entschärfen können. Natürlich entscheiden Sie, ob und was Sie wie lange aushalten wollen und können. Auf längere Sicht brauchen Sie jedenfalls regelmäßige entlastende Gespräche und strategische Unterstützung. Kümmern Sie sich rechtzeitig darum! Je näher Sie der Punktzahl 69 sind, desto wichtiger wird das künftig werden!

Ab 70 Punkte: Bei dieser Punktzahl wird es schon sehr kritisch. Die Aussicht, die starken und häufig auftretenden, unangenehmen Verhaltensauffälligkeiten Ihres Chefs ansprechen und dadurch verändern zu können, erscheint leider nur sehr gering. Zu viele und/oder gravierende Merkwürdigkeiten belasten die Arbeitsbeziehung und Interaktion mit Ihrem Vorgesetzten. Schaffen Sie es, das längerfristig durchzuhalten – und wollen Sie es sich wirklich antun? Wenn ja, wie lange (noch)? Hoffentlich nicht bis zu dem Moment, wenn Ihre Kraft fast erschöpft ist, weil sie im täglichen Abwehrkampf nach und nach verbraucht worden ist. Sie brauchen handfeste Unterstützung, um in dieser Konstellation nicht Ihre Gesundheit zu riskieren. Nehmen Sie Ihr Leiden ernst und bereiten Sie sich auf verschiedene Eventualitäten vor. Je näher Sie der Punktzahl 104 sind, desto dringlicher erfordert die Situation ein planvolles Um- und Vorgehen! Machen Sie sich klar: Anderswo in der Arbeitswelt gibt es bessere Rahmenbedingungen!

Ab 105 Punkte: Sie befinden sich in einer absolut ernst zu nehmenden, eigentlich nicht länger hinnehmbaren Situation. Geben Sie zu, das ahnten Sie schon! Wie gedenken Sie die Situation zu überstehen? Welche Chancen geben Sie sich selbst, das noch lange unbeschadet auszuhalten? Haben Sie so viel Kraft und Unterstützer, dass Sie sich eine längere Verweildauer in dieser Umgebung weiter zumuten wollen und können? Sind Sie sich bewusst, was Sie da riskieren? Glauben Sie noch daran, dass sich Ihr hoher Einsatz lohnt, und wenn ja, wofür? Gibt es beruflich wirklich keine Alternative für Sie? Wie auch immer Sie an diesem Punkt zu diesen Fragen stehen: Lassen Sie sich in jedem Fall professionell unterstützen. Je näher Sie der Punktzahl 139 sind, desto dringender brauchen Sie fachkundige Hilfe! Denken Sie ab sofort darüber nach und entscheiden Sie sich zeitnah, wie Sie weiter vorgehen wollen.

Ab 140 Punkte: Offensichtlich erleben und erleiden Sie bereits eine absolut unzumutbare, unerträgliche Situation, die bei Ihnen sicher auch schon psychische und psychosomatische Narben hinterlassen hat. Fliehen Sie, solange Sie noch die Kraft dafür aufbringen können! Retten Sie sich und Ihre Gesundheit – oder das, was davon übrig geblieben ist. Wir müssen Sie warnen: Zögern Sie nicht länger! Sie benötigen in Ihrer Situation professionelle Unterstützung. Sie laufen sonst ernsthaft Gefahr, an dieser schrecklich verletzenden Situation kaputtzugehen, in die Sie sich jedes Mal hineinbegeben, wenn Sie Ihren Arbeitsplatz betreten. Das kann es doch nicht wert sein! Überlegen und besprechen Sie mit Ihren Unterstützern, wie Sie schnellstmöglich radikale Schritte der Veränderung in die Wege leiten können. Je höher Ihre Punktzahl ist, desto belastender und gefährlicher ist die Situation, und desto dringender bedarf es einer schnellen, nachhaltigen Veränderung!

Loten Sie Ihre Möglichkeiten aus

Je nachdem, wie viele Punkte Sie im obigen Test ermittelt haben, empfehlen sich unterschiedliche Strategien für Ihr weiteres Vorgehen. Grundsätzlich gibt es drei verschiedene Strategien, die je nach Typus und Situation mit unterschiedlichen konkreten Schritten einhergehen:

1. **Change it: die Situation verbessern**
   Manchmal ist es möglich, das Verhalten des Chefs oder die Form der Zusammenarbeit zu verändern. Ziel ist es, sich von den unangenehmen Aspekten, die die Zusammenarbeit begleiten, zu befreien. Möglich ist dies am ehesten bei Chefs, die lediglich eine akzentuierte Persönlichkeit aufweisen (bis um die 40 Punkte im Schnelltest). In seltenen Ausnahmesituationen kann es durch Eigeninitiative sogar gelingen, einen Vorgesetzten mit stärker ausgeprägten Persönlichkeitsmerkmalen oder gar Persönlichkeitsstörungen loszuwerden. Je gravierender die Symptome – und je höher die Punktzahl im Schnelltest –, desto schwieriger bis unmöglich wird das.

2. **Survive it: sich arrangieren**
   Sie schaffen es mithilfe einiger Tricks, Ihren Psycho-Chef zu ertragen und gute Miene zum bösen Spiel zu machen. Das kann für einen gewissen Zeitraum funktionieren, wenn die Lage zwar schon sehr unangenehm, aber noch nicht ganz unerträglich ist (bis um die 70 Punkte im Schnelltest). Bis zu einem gewissen Punkt gibt es Möglichkeiten, sich als Mitarbeiter zurückzuziehen, Loyalität vorzuspielen und die Macken des Vorgesetzten hinzunehmen, weil man weiß, dass er »nicht ganz richtig tickt«.

3. **Leave it: flüchten**
   Bei absolut toxischen Vorgesetzten, echten Psychopathen oder Führungskräften mit massiven Persönlichkeitsstörungen (ab etwa 100 Punkte und mehr im Schnelltest) empfehlen wir Ihnen erst gar nicht, die Situation noch länger zu ertragen oder gar verändern zu wollen. Die Wahrscheinlichkeit, den Kürzeren zu ziehen und noch mehr Leid zu erfahren, ist dann viel zu groß. Dafür ist Ihre Gesundheit zu kostbar. Der sicherste Weg, einer solchen Situation zu entkommen, ist die Kündigung.

Nachfolgend zeigen wir Ihnen auf, wie die jeweiligen Strategien konkret aussehen können und welche Möglichkeiten, aber auch Gefahren sie beinhalten. Wir geben Ihnen einige Hinweise, wie Sie sich auf einen Konflikt mit toxischen Chefs mental vorbereiten können und wie Sie sich stark machen und Munition sammeln, um im Falle eines offen ausgetragenen Konflikts etwas gegen ihn in der Hand zu haben. Schließlich gehen wir auf die aktuelle Rechtslage ein, die zum Tragen kommt, wenn Sie von Ihrem Vorgesetzten massiv ungerecht und verletzend angegangen werden.

Analysieren Sie Ihre Situation

Zuerst geht es darum, die Basis für eine angemessene Bewältigungsstrategie im Umgang mit Ihrem toxischen Vorgesetzten zu legen:
— Reflektieren Sie Ihr Verhältnis zur Führungskraft.
— Entschlüsseln Sie die Motive hinter dem Chef-Verhalten.
— Nehmen Sie das Heft des Handelns in die Hand.

Reflektieren Sie Ihr Verhältnis zur Führungskraft

Andere Menschen zu ändern, ist verdammt schwer. Schauen Sie deshalb erst einmal auf sich selbst: Wie können Sie sich überwinden, schützen, immunisieren? Erst dann sollten Sie daran denken, wie Sie sich erfolgreich wehren.

Wenn Sie den Eindruck haben, dass Ihr Chef sich Ihnen gegenüber nicht korrekt verhält, ist der erste sinnvolle und zielführende Schritt, Ihre Wahrnehmung zu hinterfragen. Behandelt der Vorgesetzte Sie wirklich so schlecht? Sind Sie an einer bestimmten Stelle vielleicht besonders empfindlich und verwundbar? Denken Sie darüber nach, was Sie am Verhalten Ihres Chefs so sehr verletzt, beziehungsweise was Ihnen Angst macht – und warum. Verdrängen Sie nicht Ihre Gefühle. Im Gegenteil, sensibilisieren Sie sich und nehmen Sie Ihre gefühlsmäßige Wahrnehmung ernst. Wenn Sie feststellen: »Hier stimmt etwas nicht«, ist das ein wichtiger erster Schritt für die Reflexion des Problems.

Besprechen Sie Ihre Eindrücke unbedingt mit Freunden und eventuell auch mit Kollegen. Wie nehmen andere die Situation wahr? Ein Feedback von ebenfalls Betroffenen (Kollegen) und Außenstehenden (Freunden, Familie) hilft Ihnen, die Situation realistisch einzuschätzen. Gleichzeitig können diese Menschen Ihnen moralische Unterstützung, Hilfe und Entlastung geben.

Nicht nur Bosse mit extremen Persönlichkeitsmerkmalen können ihren Mitarbeitern wehtun. Oft sind Chefs einfach überfordert mit ihrer Rolle und glauben, »den Dicken« markieren zu müssen, weil das von ihnen erwartet wird. Prüfen Sie, inwieweit Sie das Verhalten des Chefs eventuell selbst befeuern, ihm Munition geben und durch zu offensives oder zu devotes Auftreten reizen. Spüren Sie nach, was bei Ihnen innerlich abläuft und was Sie bei sich vielleicht auch schon aus anderen Zusammenhängen (wieder-)erkennen. Damit ist natürlich nicht gemeint, dass Sie die Schuld an der unkomfortablen Situation auf sich nehmen sollen – sondern dass es wichtig ist, in alle Richtungen zu schauen, um sie in jedem Fall besser bewältigen zu können.

Erkennen Sie die Ursachen und Motive hinter dem Chef-Verhalten

Versuchen Sie, den Ursachen auf die Spur zu kommen. Was steckt hinter der (Schreckens-)Fassade, hinter den seltsamen Verhaltensweisen oder hinter den offenen Drohgebärden Ihres Chefs?

Sie haben im Rahmen unserer Beschreibung der verschiedenen Typen von psychopathischen Chefs die Hintergründe für deren Verhalten kennengelernt. Versuchen Sie, einzuschätzen, was Ihren Chef antreibt. Will er Anerkennung und Lob? Hat er Angst, dass sich jemand hinter seinem Rücken mit anderen verbündet? Fürchtet er, von seinen Untergebenen karrieretechnisch überholt zu werden? Ist er getrieben von der Lust, andere zu quälen? Hat er überhaupt ein generelles Problem mit Menschen? Und was könnte dahinterstecken, wenn er doch keinem der angesprochenen Typen wirklich zuzuordnen ist?

Nehmen Sie – nur zur Beobachtungszwecken – im Kopf eine therapeutische Rolle ein. In vielen Fällen hilft es schon, dem Psycho-Chef einfach nur zuzusehen und zuzuhören, und Ihnen wird der desaströse Hintergrund bewusst, der sich möglicherweise hinter (s)einer Chef-Fassade verbirgt – zum Beispiel eine Mischung aus Angst und Verzweiflung.

Aus dieser Perspektive erkennen Sie auch leichter, ob der Chef mit seinem Verhalten bestimmte Ziele verfolgt: Will er Sie und/oder andere loswerden? Will er Sie und/oder andere ausgrenzen oder zermürben, damit Sie selbst gehen? Will er Sie und/oder andere einfach nur leiden sehen? Nicht immer gibt es einen rationalen Grund für abnormes Chef-Verhalten. Die Handlungen von Psychopathen sind häufig unerklärlich. Wichtig ist, nichts persönlich zu nehmen, auch wenn das schwerfällt. Begreifen Sie, dass Angriffe nicht wirklich Ihnen gelten, sondern Sie für Ihr Chef-Gegenüber eine Art Projektionsschirm sind, ein auslösender Stimulus. Obwohl es so aussieht: Der Stier greift nicht den Torero an, sondern das rote Tuch.

Wenn Sie Ihren Chef durchschauen, können Sie sich besser schützen. Bevor Sie sich also wehren oder gar rächen, bewegen Sie sich erst einmal aus dem Gefahrenkreis heraus, den Sie nun identifiziert haben. Versuchen Sie, herauszufinden, was abläuft und was hinter der Macke Ihres Chefs steckt. Allein dadurch nehmen Sie ihm etwas von seiner Macht über Sie. Sie »depotenzieren« ihn, wie man in der Psychologie sagt, und verlieren möglicherweise schon so ein gutes Stück Ihrer Sorge oder auch Angst vor seinen Attacken und den Verletzungen, die er Ihnen zufügen kann.

Nehmen Sie das Heft des Handelns in die Hand

Oftmals wissen Betroffene sich nicht zu helfen, warten ängstlich ab, leiden still und hoffen darauf, dass die Unternehmensleitung irgendwann einen kooperativeren oder auch nur etwas weniger verletzenden Vorgesetzten einstellt. Das ist ein Fehler. Je länger Psychopathen im Chefsessel sitzen, desto mehr festigen sie ihre Machtposition und etablieren ihr Schreckensregime. Nicht zuletzt deshalb sollte man rechtzeitig eine persönliche Verhaltensstrategie im Umgang mit solch quälerischen, mehr oder weniger subtil aggressiv vorgehenden Vorgesetzten entwickeln. Dazu braucht es Initiative, Mut und Entschlossenheit.

Lassen Sie sich möglichst nicht in eine Märtyrer- oder Opferrolle drängen. Je länger Sie zögern, desto schwieriger wird es, Ihren Chef zu einem anderen Umgang mit Ihnen zu bringen. Übernehmen Sie nach reiflicher Überlegung und Abwägung die Verantwortung für Ihr weiteres Handeln sowie für Ihr Berufsleben insgesamt. Schließlich wollen Sie doch nicht Spielball, sondern aktiver Spieler sein. Überstürzen Sie nichts, aber warten Sie auch nicht zu lange passiv ab nach dem Motto: Irgendwann wird sich schon von allein etwas ändern.

Nachfolgend geht es nun um die konkrete Ausgestaltung der drei angesprochenen Handlungsoptionen: *Change it, Survive it* oder *Leave it.*

1. Change it: die Situation verbessern

Die Situation zu verbessern bedeutet: Etwas muss sich entweder am Verhalten der Führungskraft ändern, oder die Führungskraft muss weg – damit nicht Sie es sind, der gehen muss. Primäres Ziel ist es zunächst also, sich von den unangenehmen Aspekten, die die Zusammenarbeit begleiten, zu befreien.

Möglich ist dies am ehesten bei Chefs, die lediglich eine akzentuierte Persönlichkeit aufweisen. Solche Vorgesetzten sind bisweilen zugänglicher für Kritik oder Vorschläge, den Umgang miteinander zu verbessern, als man erwartet. Hat die Führungskraft ein paar Ticks oder narzisstische Anwandlungen, kann das auf Dauer ganz schön nerven. Doch ist das Verhalten nicht ganz so extrem oder zeigt es sich eher selten, gibt es vielleicht eine Chance auf Veränderung.

Ganz wichtig ist bei dieser Strategie aber: Versuchen Sie

nicht zu lange, Ihren Chef zu »erziehen«. Wenn er nicht schnell begreift, dass er sein Verhalten ändern sollte, wird er Ihre Hinweise als Maßregelungen und Angriffe auf seine Person werten. Dann ist es besser, Sie schützen sich und wechseln den Arbeitsplatz. Ihre Gesundheit ist das wichtigste Gut. Das merkt man leider viel zu oft erst, wenn sie schon ordentlich ramponiert ist.

Manchmal hilft ein Klärungsgespräch

Die einfachste und direkteste Methode ist, das Problem anzusprechen. Versuchen Sie, einzuschätzen, ob es eine Chance gibt, das Verhalten des Chefs in einem klärenden Gespräch zu benennen und dadurch zu verbessern. Ist ein Persönlichkeitsmerkmal lediglich »akzentuiert«, mag dies schon helfen. Leider wird der Mut, Konflikte anzusprechen, nicht immer belohnt. Bei ausgeprägten Psychopathen stehen die Chancen dafür absolut schlecht – deshalb ist diese Vorgehensweise eher bei geringer ausgeprägten Merkmalen empfehlenswert.

Stellen Sie sich einem Klärungsgespräch gut präpariert, mit sachlichen Argumenten und der nötigen inneren Ruhe (auch wenn das leichter gesagt ist als getan). Manchmal reicht es schon, dem Vorgesetzten sein Verhalten aus eigener Sicht darzustellen. Häufig wissen oder ahnen Chefs gar nicht, was sie bei ihren Mitarbeitern auslösen. Suchen Sie nach einer möglichst kooperativen Lösung. Das kann funktionieren. So wie bei Sonja, seit vielen Jahren in einer international tätigen Bank als Executive Assistent für Mitglieder der Geschäftsleitung tätig. Sie erinnert sich an einen ihrer Chefs:

»John war in fachlicher Hinsicht eine absolute Kapazität. Auch die Zusammenarbeit lief im Prinzip reibungslos. Aber hin und

wieder legte er Verhaltensweisen an den Tag, die so gar nicht zu ihm zu passen schienen. Es waren die kleinen, scheinbar normalen Dinge, die bei ihm ein unnormales Verhalten provozierten.

Als er von seinem alten Nokia-Mobiltelefon auf ein iPhone umstellen sollte, kam er damit nicht zurecht. Er steigerte sich in Rage, beschimpfte zuerst das Telefon, dann den IT-Techniker, und schließlich auch mich. »Das funktioniert nicht! Warum muss ich mit so einem Dreck arbeiten? Nur Idioten um mich herum.«

Das Spiel wiederholte sich bei der Einrichtung seines neuen Büro-Rechners. Wenn etwas nicht so lief, wie er es wollte, fing er an, herumzuschreien. »Fuck! Das beschissene Ding funktioniert nicht!« Die Wortwahl war wirklich extrem. Ich bekam es genauso ab wie die Techniker und andere Mitarbeiter. Und es kam nicht nur einmal vor, dass er mit der Tastatur seinen Schreibtisch bearbeitete oder sie durch das Büro warf – und dabei auch schon mal zerstörte.

Eine unangenehme Situation, die die sonst sachliche Arbeitsbeziehung zunehmend belastete. Wie hat Sonja darauf reagiert?

Bei den ersten Ausrastern wusste ich noch nicht, wie ich damit umgehen sollte. Aber natürlich konnte das kein Dauerzustand bleiben. Irgendwann habe ich es dann gewagt, ihn auf sein extremes Verhalten aufmerksam zu machen – und dass das so nicht ginge. Da war er ganz überrascht. Er sagte mir, dass er sein absonderliches Verhalten gar nicht wahrnehmen würde. Er merke es schlichtweg nicht, dass er austickte. Er bat mich darum, ihn beim nächsten Mal wieder darauf hinzuweisen, wenn es losging.

Das tat ich in der Folge dann auch. Als er bei der Arbeit am Computer wieder einmal anfing, das »beschissene Ding« zu beschimpfen, sagte ich zu ihm: »John, das Ding funktioniert schon. Gehen Sie mal kurz aus dem Büro, ich kümmere mich darum.«

Seine Ausraster blieben natürlich auch anderen in der Bank nicht verborgen. Einige der höherstehenden Kollegen haben mir gesagt, wenn er mich zu extrem angeht, könne ich jederzeit zu ihnen kommen, dann würden sie mich unterstützen und mich aus der Schusslinie nehmen. Aber zum Glück habe ich gelernt, sein Verhalten und ihn selbst zu »händeln«. Und erstaunlicherweise ging er auf meine Vorschläge auch ein und versuchte nicht, sein Verhalten durch ein »Machtwort« zu überspielen oder einfach durchzusetzen.

Sonja hat einen Umgang mit der Macke ihres Chefs gefunden. Er hat eingesehen, dass mit ihm etwas nicht stimmt. Und er nimmt die Kritik an seinem Verhalten an. Wenn Sie ein ähnliches »Wunder« vollbringen können, dann gratulieren wir Ihnen. Der Erfolg einer solchen Maßnahme liegt allerdings – leider – nicht wirklich in Ihrer Hand. Sie können nur die Initiative ergreifen und das Gespräch suchen. Denn Willen aufbringen und sich verändern muss die Führungskraft selbst – und dafür gibt es leider keine Garantie.

Chefs, die den Gegenwind brauchen

Es gibt Vorgesetzte, die suchen sich die Schwächsten unter ihren Mitarbeitern aus und nehmen sie aufs Korn. Anfangs setzen sie kleine Nadelstiche, um auszutesten, ob sie noch weiter gehen können. Regt sich kein Widerstand, wird aus dem Sticheln nach und nach ein Schubsen, Draufhauen oder Schlimmeres. Diese Bosse treiben es immer weiter und derber. Manche von ihnen rechtfertigen ein solches Verhalten damit, dass sie die Mitarbeitenden herausfordern möchten, mehr Mut zu zeigen und selbstbewusster zu werden. Dabei geht es ihnen in Wahrheit nur darum, ihre sadistische Ader zu befriedigen und sich auf Kosten der Mitarbeiter abzureagieren.

Gerade die tyrannischen Sadisten unter den Chefs können die Angst ihrer Untergebenen »riechen« und fühlen sich davon eher noch angetrieben, weiter zuzubeißen. Ängstliches oder gar unterwürfiges Verhalten kann solche Psychopathen sogar anstacheln und sie dazu bringen, immer wieder auf das »schwache Opfer« einzuschlagen, nach dem Motto: »Wer sich nicht wehrt, ist selbst schuld.«

Wer dagegen Stärke zeigt, nimmt so manchem aggressiven Chef schneller den Wind aus den Segeln, als er es sich selbst zugetraut hat. Bekommen diese Typen vor allem zu Beginn ihrer Piesackerei Gegenwind, hören sie häufig ganz schnell mit ihren Aktionen auf. Sie ziehen sich zurück und zeigen vielleicht sogar Anerkennung bis Respekt, dass man so reagiert hat. Das ist so ähnlich wie bei der Sache mit dem Händedruck: Der eine drückt fest zu, um seine Stärke zu demonstrieren. Hat sein Gegenüber eine Hand wie ein »toter Fisch«, drückt der Machtmensch beim nächsten Mal noch fester zu und grinst, wenn sein Gegenüber versucht, den Schmerz zu unterdrücken. Begegnet man ihm aber gleichfalls mit einem festen Händedruck, geht das Machtspiel beim nächsten Mal zwar vielleicht weiter, aber das Signal kommt an: »Ich lasse mich nicht unterbuttern!« Aus dem ungleichen Spiel mit einem Schwächeren wird eine Art »sportlicher Wettkampf« auf Augenhöhe. Im besten Fall entwickelt der Angreifer Respekt.

Respekt von Ihrem Vorgesetzten erzeugen Sie nicht durch devotes Verhalten oder indem Sie Angst zeigen, sondern dadurch, dass Sie (wenigstens äußerlich) kühl, ruhig und gelassen bleiben. Zeigen Sie Ihrem Chef am besten keine oder nur sehr wenig Reaktion auf sein Spielchen. Sie sind auf diese miese Art nicht mehr zu beeindrucken und einzuschüchtern: Seine Attacken prallen an Ihnen ab. Das signalisiert Stärke und verblüfft den toxischen Chef.

Diese Erfahrung machte auch einer unserer Klienten, der Redakteur einer Fachzeitschrift. Leider dauerte es eine Weile, bis er seinem Vorgesetzten auf heftige Weise Kontra gab. Aber es wirkte! Lesen Sie selbst, was passierte:

Mein Vorgesetzter war unser Chefredakteur und der Typ Napoleon: eher kleinwüchsig, drahtig und schmallippig. Er war ein studierter Theologe und brillanter Rhetoriker, aber auch ein unangenehmer Machtmensch, der es hervorragend verstand, Menschen zu manipulieren. Bei der wöchentlichen »Manöverkritik« in der Redaktionssitzung pickte er sich immer wieder einzelne Redakteure heraus, um sie sprachlich subtil, aber gekonnt fertigzumachen. Deren Beiträge für das Blatt wurden von ihm nachträglich auf emotional verletzende Art und Weise kritisiert. Dabei hatte er diese vorher selbst abgenickt, denn ohne sein Okay kam ja nichts ins Blatt.

Seine Kritik hatte nichts mit der Qualität des jeweiligen Artikels zu tun. Es ging nur darum, Macht zu demonstrieren, Angst zu schüren und allen klarzumachen, wer das Sagen hat. Jedes Mitglied des Redaktionsteams musste jederzeit mit seiner öffentlichen Disziplinierung, einer Art Schauprozess, rechnen. Und auch sonst hatte dieser Napoleon es gut drauf, Menschen gegeneinander auszuspielen und aufzuwiegeln, Streit und Missgunst zu fördern, um dann demonstrativ drein- und draufzuschlagen und die Parteien nach Lust und Laune abzustrafen. Es war die reine Willkürherrschaft.

Erst nur gelegentlich und dann immer öfter waren es meine Beiträge, die von ihm regelrecht verrissen wurden. Dabei war alles vorher mit ihm abgesprochen. Doch ich ging ihm genauso in die

Falle wie meine Kollegen und erhielt meine Abstrafungen vor dem versammelten Redaktionsteam. Anfangs steckte ich seine Schmähungen noch weg und versuchte, nicht weiter anzuecken. Ich wusste: Wer sich rechtfertigt, bekommt noch mehr ab. Das stachelte ihn nur noch weiter an. Aber irgendwann wurde es mir zu viel. Es brach richtig aus mir heraus, und ich sagte etwas, das meinem Naturell eigentlich nicht entspricht: »Noch ein Satz von Ihnen, und ich stampfe Sie hier eigenhändig in Grund und Boden!« Zack! Ich war selbst über mich erschrocken. Was würde jetzt passieren? Schweigen im Konferenzraum, dann verließ Napoleon das Schlachtfeld. Ich rechnete fest mit der Kündigung, bekam sie aber zu meinem Erstaunen nicht. Ein Jahr später verließ ich die Redaktion, zwei Jahre später wurde das Blatt eingestellt.

Den Chef in eine Falle tappen lassen

Wenn die Versuche, Einfluss auf das Verhalten des Chefs zu nehmen, nicht fruchten, gibt es noch eine Möglichkeit, etwas zu verändern: Sie können versuchen, dafür zu sorgen, dass der Chef gehen muss, bevor Sie es tun. Eine Strategie, das zu erreichen, besteht darin, den Chef in eine falsche Richtung laufen zu lassen, damit er Fehler macht – und von seiner Vorgesetztenposition abberufen wird.

Zum Beispiel lassen sich theatralische Chefs oft leicht für neue Projekte begeistern. Sie springen gern auf jeden Zug auf – selbst wenn unklar ist, ob der je einen Bahnhof erreichen wird. Einer unserer Klienten, der in einer Media-Agentur arbeitet, hatte so einen Vorgesetzten:

Mike musste immer im Mittelpunkt stehen und war berüchtigt dafür, Ideen seiner Mitarbeitenden zu stehlen – auch meine. In jeder Idee sah er eine Chance, sich zu profilieren. Leider funktionierte das auch. Die Geschäftsleitung übersah seine miesen Spielchen und lobte seinen Ehrgeiz.

Eigentlich konnte man nichts dagegen machen, doch eines Tages sah ich eine Chance, ihn loszuwerden. Da wollte er unbedingt einen Großauftrag von einer renommierten Firma an Land ziehen, koste es, was es wolle. Schon die Kosten für den Pitch liefen aus dem Ruder, doch in seinem Angebot hatte er sich die Zahlen schöngerechnet. Ich sah: Würden wir den Auftrag bekommen, hätte das mit Sicherheit ein finanzielles Desaster zur Folge. Normalerweise hätte ich meinen Chef darauf hingewiesen. Aber dieses Mal nicht. Ich ließ Mike einfach laufen, bekundete ihm gegenüber sogar meine Bewunderung für seinen Plan.

Tatsächlich erhielt er den Auftrag, und es kam, was kommen musste. Als die Geschäftsleitung spitzbekam, dass wir mit diesem Projekt nur Verluste machten, zogen sie Konsequenzen: Mike wurde freigestellt.

Die Geschichte erzählt nur eine Variante, wie man Vorgesetzte bewusst Fehler machen lassen kann. Es gibt viele Möglichkeiten, miesen Chefs eine Falle zu stellen. Psychopathen schaffen sich im Geschäftsleben Feinde, lassen sich zu falschen Investitionen hinreißen oder nehmen ihre Umwelt bisweilen nicht richtig wahr. Das kann eine Chance darstellen, sie ihr eigenes Grab schaufeln und ins Unglück laufen zu lassen.

Doch Vorsicht: Dazu brauchen Sie eine gewisse Abgebrühtheit. Sie müssen es aushalten können, dass etwas in Ihrem Unternehmen, in Ihrer Abteilung gegen die Wand fährt. Und Sie müssen sicherstellen, dass am Ende nicht doch Sie die Schuld zugeschoben bekommen. Je nachdem, wie gewieft Ihr Vorgesetzter ist, kann diese Strategie ganz schnell nach hinten losgehen. Gerade Psychopathen sind Könner darin, Fakten falsch darzustellen und die in der Hierarchie noch höher angesiedelten Unternehmenschefs zu manipulieren.

Den Chef des Chefs einbeziehen

Kommt man selbst nicht weiter, bleibt immer noch die Möglichkeit, sich über den eigenen Chef zu beschweren – bei dessen Vorgesetztem, falls dieser nicht selbst involviert ist. Oder ist die bessere Adresse die Personalabteilung oder vielleicht sogar der Betriebsrat? Das hängt von der konkreten Konstellation in Ihrem Fall ab.

Eigentlich, könnte man meinen, wäre das doch von Anfang an der logische erste Schritt, wenn eine Führungskraft nicht ganz richtig tickt? Das mag sich so anfühlen; dennoch sollten Sie ihn nicht gehen, ohne Für und Wider genau abgewogen zu haben. Ein solches Vorgehen birgt auch Gefahren. Können Sie dem Chef des Chefs – oder den Mitgliedern des Betriebsrats oder der Personalabteilung – wirklich vertrauen? Wissen Sie um die internen Machtverhältnisse? Können Sie Kungeleien im Hintergrund oder eine Erpressbarkeit der beteiligten Personen ausschließen? Sind Sie in der Lage, einzuschätzen, wie Ihr Ansprechpartner zu Ihnen steht? Denn wer »petzt« und sich über den eigenen Chef beschwert, macht sich schnell verdächtig. Häufig ist die Geschäftsleitung eher geneigt, dem Vorgesetzten Glauben zu schenken – schließlich spielt der wenigstens vordergründig meist eine wichtigere Rolle im Unternehmen als die Person, die sich beschwert. Leicht läuft man Gefahr, als Querulant oder Jammerlappen angesehen zu werden, der sich nicht »einfügen« kann oder – schlimmer noch – ein »Minderleister«, »Drückeberger« oder »Sensibelchen« ist. Wer sich über ungerechte Behandlung beklagt, läuft oft sogar Gefahr, auf eine »schwarze Liste« unliebsamer Mitarbeiter gesetzt zu werden, wird häufiger abgemahnt, nicht selten degradiert oder einfach in eine andere Abteilung versetzt.

Die Psycho-Chefs halten dabei oftmals selbst die Fäden in der Hand. Strippenzieher, Sadisten, Manipulatoren und Lügner scheuen sich nicht, die Schwachstellen ihrer Untergebenen auszuspähen und für sich zu nutzen. Sie haben keine Hemmungen, andere Kollegen unter Druck zu setzen und dazu zu bringen, für sie zu lügen. Genauso sind depressive oder schizoide Vorgesetzte gut dazu in der Lage, die Wahrheit zu verdrehen, sich selbst als Opfer zu stilisieren und dem Beschwerdeführer die Täterrolle zuzuweisen. Psychopathische Chefs sind häufig skrupellos und mit allen Wassern gewaschen. Man muss sich schon sehr stark fühlen (und möglichst auch sein), wenn man sich in eine Auseinandersetzung mit einem Psychopathen begibt.

Wenn es hart auf hart kommt

Leider muss man bei den schlimmeren Fällen auch mit Methoden rechnen, die man sich in seinen schrecklichsten Albträumen nicht ausgemalt hätte. Gibt der Berufsalltag nicht genügend Munition gegen Sie her, werden gern auch Schwachstellen im Privatleben gesucht. Hier können Sie vorbeugen: Wägen Sie stets sehr genau ab, was Sie Ihrem Chef gegenüber preisgeben – aber auch, wem Sie sich im Arbeitsumfeld anvertrauen wollen sowie worüber und in welchem Ausmaß Sie Ihre persönlichen Angelegenheiten mit Kollegen besprechen. Vorgetäuschte Anteilnahme kann hinter Ihrem Rücken keimende Hetze und Klatsch nähren. Auf solidarischen Beistand der Kollegen kann man leider immer seltener bauen, gerade wenn diese vom Psycho-Chef unter Druck gesetzt und »erpresst« werden.

Sind Sie erst einmal in die Falle gelaufen, klingen die Auswirkungen meist noch lange nach. Eine mögliche Aufarbeitung und damit Bewältigung Ihrer Verletzungen durch den Chef ist sehr zu empfehlen. Dazu kann die Konsultation eines Coaches (den Sie aber selbst bezahlen müssen), gegebenenfalls auch eines Psychotherapeuten (auf Krankenschein, aber oft mit langer Wartezeit) hilfreich sein. Von unternehmensseitig eingesetzten und bezahlten Kräften ist eher abzuraten, weil deren Neutralität nicht gewährleistet ist. Da können bestehende Selbsthilfegruppen und Beratungsstellen eher ein wertvoller Ansprechpartner und Unterstützer sein. Allein schon das Gespräch mit anderen Betroffenen und die Erfahrung, dass man kein Einzelfall ist, können oft eine Hilfe dabei sein, die eigene Lage besser zu bewältigen.

2. Survive it: sich arrangieren, um zu überleben

Ist Ihr Chef immun gegenüber sanften, sachlichen Hinweisen auf sein Fehlverhalten, nützen weitere Belehrungsversuche nichts. Trotzdem haben Sie Möglichkeiten, mit der Situation umzugehen und sich das Arbeitsleben erträglicher zu gestalten.

»Survive it« meint im Zusammenhang mit Psycho-Chefs: es einfach aushalten und versuchen, dem Boss aus dem Weg zu gehen oder die Beziehung ein Stück weit unter Kontrolle zu halten. Wahrscheinlich hat jeder von uns schon einmal eine Zeit lang einen miesen Chef erduldet und gute Miene zum bösen Spiel gemacht.

Sich verstecken, Loyalität vorspielen und die Macken hinnehmen, weil man weiß, dass das Gegenüber nicht ganz richtig tickt: Das kann funktionieren, wenn die Lage nicht gänzlich toxisch ist. Eine Dauerlösung ist es unserer Meinung nach nicht. Denn was dabei auf der Strecke bleibt, sind Spaß und Motivation bei der Arbeit. Sich mit den Macken des Chefs eine Zeit lang zu arrangieren, kann jedoch vielleicht als Überbrückungsmaßnahme eine gute Zwischenlösung darstellen, bis Sie sich anderweitig orientiert haben oder das Problem sich von selbst löst – etwa, wenn die Führungskraft den nächsten Karriereschritt macht und Sie von ihr befreit werden.

Zwei sehr unterschiedliche Strategien helfen Ihnen, den bösen Boss zu überleben: die »Guerilla-Taktik« oder die Variante, sich aus der Schusslinie zu bringen. Eine eindeutige Empfehlung für eine der Strategien können wir nicht geben. Welche Sie wählen, hängt von der Persönlichkeit Ihres Chefs und seinem Verhalten ab – und von Ihnen. Sind Sie eher der mutige oder doch eher der vorsichtige Typ? Falls Ihnen eine Strategie zu riskant erscheint, wählen Sie lieber eine defensivere Variante.

Guerilla-Taktik

Die Guerilla-Taktik meint: den Chef überraschen, dabei aber nicht alles auf eine Karte setzen und flexibel bleiben, also den direkten, offenen Kampf vermeiden.

Wenn Sie einfach so das Gespräch suchen, wird das von schwierigeren Charakteren (ab etwa 40 Punkten im Schnelltest) leicht als Angriff wahrgenommen. Deswegen ist es in diesen Fällen sinnvoll, Kritik am Verhalten des Chefs subtiler an den Mann oder an die Frau zu bringen.

Konfrontieren Sie Ihren Chef am besten in einer ruhigen Minute (falls es so etwas in Ihrem Unternehmen noch gibt). Dabei können Sie so vorgehen: Sie loben ihn und schmeicheln ihm, indem Sie etwas sagen wie: »Ich finde es toll, wie Sie X gemacht haben« (gezielte Schmeichelei zur Eröffnung), um dann zu ergänzen: »Ich verstehe nur nicht, warum Sie gestern Y getan/gesagt haben.« (Situation schildern). »Wissen Sie, das hat mich ein wenig irritiert, das passt auch gar nicht zu Ihnen.«

Eine unserer Klientinnen hat auf diese Weise das Problem mit ihrer Chefin in den Griff bekommen:

Seit zehn Jahren arbeite ich in einem kleinen Unternehmen. Zusammen mit meiner Chefin sind wir zu fünft. Leider erlebte ich sie jetzt schon über längere Zeit als total unzuverlässig. Einen Tag sprach sie so, nur um am nächsten das krasse Gegenteil zu behaupten. Gerade in der Pandemiezeit vermieste sie mir ständig das Wochenende mit »unbedingt wichtigen« Arbeitsaufträgen, von denen angeblich jedes Mal das Überleben des Unternehmens abhing. Immer wieder wälzte sie Arbeiten auf mich ab, die sie selbst nicht termingerecht geschafft hatte. Wenn ich mich beschwerte, lobte sie mich und sagte, wie toll ich meinen Job mache. Dann betonte sie, dass das ja ein Ausnahmezustand sei und ich dafür an anderen Tagen freinehmen könnte, was sich aber wegen der vielen Arbeit gar nicht realisieren ließ.

Irgendwann beschloss ich, dass ich das lange genug mitgemacht hatte. Ich überlegte schon ernsthaft, ob ich nicht besser kündigen und mich selbstständig machen sollte. Aber dann, beim Jahresgespräch, fasste ich mir ein Herz und bot meiner Chefin an, die Verteilung der Aufgaben und die Terminplanung zu übernehmen – im Hinblick darauf, wie viel Stress wir alle in der letzten Zeit oft hatten. Ich war wirklich nicht sicher, wie sie darauf reagieren würde. Ich habe ernsthaft damit gerechnet, dass die Situation entgleisen könnte.

Zu meinem Erstaunen reagierte sie aber sehr besonnen. Sie fragte nach, wie ich mir das konkret vorstellen würde, hörte lange zu und kündigte dann an, dass sie es sich überlegen würde. Uff.

Danach war ich innerlich ganz schön aufgewühlt. Und tatsächlich: Am nächsten Tag kam sie auf mich zu, bat mich in ihr Büro und gab mir ihr Okay.

Für einige unserer Klienten hat die Taktik des »Aussitzens« am Ende funktioniert, auch wenn es manchmal etwas länger gedauert hat. Sie birgt aber auch eine Gefahr: Nämlich unbemerkt in eine Co-Rolle zu rutschen – eine Art Mitspieler- oder Unterstützer-Rolle. So wie es Co-Abhängige unter den Angehörigen von Alkoholikern gibt, kann man auch eine Co-Rolle beim Psycho-Chef einnehmen. Wer sich zu lange und ohne Distanz mit einer eigentlich nicht tragbaren Situation arrangiert, läuft Gefahr, sich etwas vorzumachen und letztlich zu scheitern, statt vom Vorgesetzten befreit zu werden. So hat es folgende Mitarbeiterin eines Chefs vom Typ Süchtiger erlebt.

Miriam wusste, dass ihr Chef nicht so stark war, wie er gern erscheinen wollte. Er hatte sich für die Karriere entschieden und versuchte, mit Geld die Defizite auszugleichen, die sich aus seinem beruflichen Engagement, seiner permanenten Abwesenheit (oder war es eine Flucht) von der Familie ergaben. Auch Miriam hatte sich für einen Fokus aufs Berufsleben entschieden und glaubte, mit ihrem Chef gemeinsam Karriere machen zu können.

Miriam tat alles für ihn: Sie schützte ihn vor schwerwiegenden Versäumnissen, organisierte ihm das Büro, die Reisen, seine Auftritte, alle notwendigen Unterlagen und glaubte tatsächlich fest daran, so etwas wie Dankbarkeit dafür zu ernten. Sie diente ihm als Blitzableiter, ertrug die immer häufiger auftretende schlechte Laune. Zwar bekam sie mit, dass ihr Chef morgens, mittags und kurz vor Dienstschluss abends erneut zu Tabletten griff, also etwas nicht stimmen konnte. Als seine depressiven

Schübe fast zu einem für den Bereich existenziellen Chaos führten, rettete sie ihn dennoch abermals und übernahm die Verantwortung.

Doch das entpuppte sich als Fehler: Anderswo im Unternehmen hatte man die Zustände in der Abteilung schon länger beobachtet und wollte nun ein Exempel statuieren.

Sie ahnen, wessen Kopf es letztendlich gekostet hat. Wenn auch mit einer Abfindung, man trennte sich von Miriam. Nach über 20 Jahren fand sie sich plötzlich wieder auf dem freien Arbeitsmarkt – kein Vergnügen, wenn man in Deutschland über 50 ist und aufs falsche Pferd gesetzt hat.

Sich aus der Schusslinie bringen

Man kann sich auch vor Psychopathen-Chefs schützen, indem man sich bestmöglich zurückzieht beziehungsweise unsichtbar macht. Im besten Fall gibt es Möglichkeiten, den Zeitpunkt von Zusammentreffen mit dem Chef zu steuern, vor allem aber deutlich zu reduzieren. Auch wenn die Psycho-Chefs sich immer wieder willkürlich und grundlos einzelne Personen herauspicken und auf ihnen herumhacken, so gibt es doch in beschränktem Maße Möglichkeiten, sich unsichtbar zu machen.

Versuchen Sie, Ihre Arbeit so zu strukturieren, dass Sie Ihrem Chef physisch nur dann begegnen, wenn es unbedingt sein muss. Wählen Sie möglichst günstige Zeitpunkte aus, um eine Arbeit abzuliefern, eine unaufschiebbare Frage zu stellen oder Ähnliches. Damit sind Zeitpunkte gemeint, wenn Sie sich selbst wenigstens halbwegs »stark« fühlen, sich unter Kontrolle haben und für einen eventuellen Ausraster besser gewappnet sind. So reduzieren Sie die Chancen Ihres Chefs, Sie mit einer neuerlichen Eskapade kalt zu erwischen.

Ein wichtiger Hinweis: Begeben Sie sich bei aller Vorsicht nicht von selbst in die völlige Isolation. Versuchen Sie, im Team zu bleiben – etwa durch gemeinsame Aktivitäten mit Kollegen, die auf Ihrer Seite stehen oder mindestens neutral eingestellt sind. Nehmen Sie weiter an betrieblichen Veranstaltungen (Versammlungen, Feste usw.) teil. Geben Sie einer »inneren Kündigung« oder gar Kapitulation möglichst nicht nach. Es geht darum, eine gesunde Distanz zu Ihrem irren Chef einzunehmen – nicht darum, sich von der Außenwelt abzukapseln.

Die eigene Kommunikation regulieren

Ein wichtiger Hebel bei der Strategie *Survive it* ist die eigene Art, zu kommunizieren. Hilfreich ist es, sich bewusst zu machen, was Worte, Mimik und Körpersprache beim Gegenüber auslösen können. Ein Blick, ein Wort, ein Satz kann schließlich genügen – schon fühlt der Psychopath sich gekränkt und legt los mit seinem Bestrafungsfeldzug. Stärke zu zeigen, bedeutet nicht, ebenfalls zu brüllen oder sich in hitzköpfige Argumentationen zu verstricken.

Verzichten Sie besser auf eine wertende und verurteilende Sprache. Liegt zum Beispiel ein Tyrann einmal falsch, müssen Sie ihm nicht gleich Kontra geben. Sie könnten ihm erst einmal zustimmen, um im Anschluss »einen weiteren Aspekt« zu dem Thema anzubringen.

Ist Ihr Chef mal wieder in Rage, bleiben Sie (zumindest nach außen) gelassen und warten ab. Schweigen Sie, schauen Sie ihn an – nicht aggressiv, nicht direkt in die Augen, sondern eher etwas gleichgültig –, im Sinne der weiteren Aggressionsvermeidung zum Beispiel auf den obersten Hemdknopf statt starr in die Augen. Hört der Boss nicht auf, zu brüllen oder

Gemeinheiten über Sie auszuschütten, entziehen Sie sich der Situation: ganz langsam aufstehen, umdrehen und hinausgehen. In aller Würde, eventuell mit dem Satz: »Sie entschuldigen mich jetzt bitte.« Und dann verlassen Sie unbeirrt von dem, was Ihr Chef Ihnen möglicherweise noch hinterherschreit, angemessenen Schrittes den Ort.

Hat Ihr Vorgesetzter Ähnlichkeiten mit einem der vorgestellten miesen Chef-Typen, wissen Sie, wie er bedient werden möchte: Der Narzisst freut sich über Anerkennung, der Paranoide möchte verbal und nonverbal Sicherheit vermittelt bekommen, der Zwanghafte nach ganz bestimmten Mustern behandelt werden, und so weiter. Wählen Sie Ihre Worte weise und mit Bedacht, dann werden die psychopathischen Wesenszüge des Vorgesetzten vielleicht gar nicht erst getriggert. Es gilt in der Kommunikation wie auch innerlich, die Balance zwischen gelassener Zurückhaltung und selbstbewusster Stärke zu finden. Zugegeben: nicht immer ganz einfach!

3. Leave it: flüchten und heilen

Bei manifesten Psychopathen, also Vorgesetzten mit massiven Persönlichkeitsstörungen, wird es Ihnen auch mit dem geschicktesten Vorgehen auf Dauer kaum gelingen, Ihre Lage zu verbessern. Die Wahrscheinlichkeit, den Kürzeren zu ziehen und noch mehr Leid zu erfahren, ist zu groß. Denken Sie daran: Es geht hier nicht darum, um jeden Preis Stärke zu beweisen. Das (Arbeits-)Leben ist kein Krieg, den es mit allen Mitteln zu überleben gilt. Es ist ein großer Teil Ihres Lebens, den Sie mit Freude und Motivation erleben wollen – und dürfen! Um sich Ihre Tage, Wochen und Jahre auf Dauer von einem Psychopathen ruinieren zu lassen, weil Sie glauben, noch die schlimmsten Zustände aushalten zu müssen – dafür ist Ihre Lebenszeit zu wertvoll und Ihre Gesundheit viel zu kostbar.

Wenn Sie vergeblich versucht haben, die Situation zu verändern oder auszuhalten, bleibt letztlich nur noch eins: das Weite suchen. Eine interne Bewerbung, möglichst ganz weit weg von Ihrem jetzigen Chef, kann Abhilfe schaffen. Aber vielleicht sind selbst dann, in einem anderen Stockwerk oder Gebäudeteil, die Wunden noch zu tief, um in der Nähe zu bleiben. Wenn schon die Vorstellung schmerzt, dieser Person in der Kantine zu begegnen oder diese auch nur auf dem Firmenparkplatz von Weitem zu sehen, brauchen Sie wahrscheinlich größeren Abstand.

Der sicherste Weg, einem irren Chef auch innerlich zu entkommen, ist die Schaffung größtmöglicher Distanz. Verlassen Sie den Ort des Schreckens und kündigen Sie.

Kluges Kündigungs-Management

Eine Kündigung von sich aus ist immer auch ein Schritt ins Ungewisse. Es ist nicht leicht, einen (häufig nur vermeintlich) »sicheren« Arbeitsplatz aufzugeben. Da können Zukunfts- und Existenzängste aufkommen. Vielleicht denken Sie sich aber auch: »Ist es wirklich richtig, zu kündigen? Ist das nicht eine persönliche Niederlage?« Wir können Ihnen versichern: Abstand von einem Psychopathen zu nehmen, dessen bloße Anwesenheit man nicht mehr erträgt, ist keine Niederlage, sondern eine notwendige und höchst sinnvolle Konsequenz.

Wenn Sie Ihre Zweifel im Wesentlichen überwunden haben und Ihr Entschluss gereift ist, das Unternehmen zu verlassen, dann können folgende Punkte hilfreiche Wegweiser in der Umsetzung der Kündigung sein.

Generelle Hinweise:

— Entscheiden Sie zunächst: Geht es um eine fristgerechte oder (in Ausnahmefällen) um eine außerordentliche Kündigung? Letztere kann sich ergeben, wenn ein Vorfall (etwa eine körperliche Attacke auf Sie) stattgefunden hat, der nicht hinnehmbar ist.
— Erste Empfehlung: Sprechen Sie mit einen Fachanwalt (Arbeitsrecht) Ihres Vertrauens.
— Prüfen Sie in Ihrem Arbeitsvertrag die Kündigungsfristen.

Verhalten am Arbeitsplatz:

— Wichtig: Sprechen Sie mit niemandem in der Firma über Ihr Kündigungsvorhaben.
— Versuchen Sie, mit möglichst viel zeitlichem Abstand vor der Bekanntgabe Ihrer Kündigung ein Zwischen-Arbeitszeugnis zu bekommen.
— Sobald Sie den Entschluss zur Kündigung gefasst haben und bevor Sie irgendwelche konkreten Schritte unternehmen, sollten Sie Ihren Schreibtisch und PC »aufgeräumt« haben und Vorgänge und Unterlagen, die Sie eventuell belasten könnten und die man gegen Sie verwenden kann, endgültig entfernt haben.
— Unternehmen Sie keine Bewerbungsaktivitäten (einschließlich Erstellung von Unterlagen) von Ihrem Schreibtisch in der aktuellen Firma aus (Telefonate, Nutzung des Kopierers, Dokumenterstellung auf dem PC ...).
— Planen Sie das Gespräch mit Ihrem Vorgesetzten unbedingt inhaltlich durch. Diese Sorte von Gespräch kann zwischen 3 und 30 Minuten oder sogar noch deutlich länger dauern – viel Zeit für Ihren Vorgesetzten, Sie zu manipulieren, wenn Sie nicht gut vorbereitet sind.

— Wählen Sie für das Gespräch mit Ihrem Vorgesetzten den richtigen Ort und Zeitpunkt, zum Beispiel nicht in der Kantine oder im Fahrstuhl, nicht freitagnachmittags oder montagmorgens.
— Vereinbaren Sie einen offiziellen Gesprächstermin (zum Beispiel mit der Sekretärin), benennen Sie dabei aber nicht das Gesprächsthema.

Die Kündigung:

— Wenn Sie sich für eine fristgerechte Kündigung entschieden haben: Übergeben Sie Ihre Kündigung dem Vorgesetzten (oder der Personalabteilung) schriftlich, das ist eine juristische Bedingung!
— Bleiben Sie ruhig und souverän. Vermeiden Sie Anklagen oder Drohungen. Sie befinden sich nicht auf einem Rachefeldzug. Dies ist nicht der Moment für eine große Abrechnung.
— Seien Sie vorsichtig mit Information über Ihre Zukunftspläne. Halten Sie sich besser bedeckt.
— So groß die Verlockung auch sein mag: Bringen Sie keine Anschuldigungen oder Vorwürfe vor, sondern eher das Positive – etwa, wie viel Sie gelernt und welche Erfahrungen Sie gesammelt haben.
— Rechnen Sie sicherheitshalber aufseiten Ihres Chefs mit einer Reaktion von Enttäuschung, Ärger bis hin zu Wut und Gegenwehr, hoffen Sie aber auf Verständnis und Entgegenkommen. Beides ist immer möglich!
— Fragen Sie Ihren Vorgesetzten, wie er/sie in dieser Angelegenheit weiter vorzugehen wünscht – also wann und durch wen eine Mitteilung an Kollegen und Kunden erfolgen soll.

- Bitten Sie in diesem Gespräch um ein vorläufiges End-Arbeitszeugnis, und zwar zeitnah.
- Sichern Sie unaufgefordert eine ordentliche Übergabe und gegebenenfalls sogar eine Einarbeitung Ihres Nachfolgers zu.

Nach dem Kündigungsgespräch:

- Fragen Sie (nicht sofort, sondern erst ein bis zwei Tage später) nach, ob die Trennungsphase (also Ihr Verbleib im Unternehmen) verkürzt werden könnte – sofern Sie nicht sowieso sofort freigestellt werden.
- Halten Sie sich an eventuell im Kündigungsgespräch getroffene Verabredungen und sprechen Sie nicht vor der offiziellen Bekanntgabe mit Kollegen, Kunden oder anderen über die Kündigung. Wenn Sie danach nach Gründen gefragt werden, legen Sie sich eine unverfängliche, möglichst neutrale Formulierung zu Ihrem Weggang zurecht. Sprechen Sie keinesfalls despektierlich über den Chef, den Betrieb und/oder Ihre Arbeitssituation.
- Wenn Sie mit Kollegen sprechen: Äußern Sie keine Häme, kein Mitleid oder Sonstiges. Erzählen Sie auch nicht, wohin Sie sich beruflich begeben werden.
- Wenn Sie nicht fristlos kündigen, warten Sie nach dem Kündigungsgespräch ein paar Tage ab, wie sich die Situation entwickelt und wie Ihr Chef sich Ihnen gegenüber verhält.
- Gehen seine Schikanen weiter oder werden noch schlimmer und machen die Situation infolge der von Ihnen ausgesprochenen Kündigung vollends unerträglich, bleibt Ihnen die Option der Krankschreibung.
- Bestehen Sie auf Ihrem Arbeitszeugnis und prüfen Sie

dieses genauestens. Oftmals finden sich darin versteckte Warnungen und/oder Abqualifikationen Ihrer Mitarbeit und Leistungen. Dagegen sollten Sie sich rechtzeitig zur Wehr setzen. (Mehr zu diesem Thema finden Sie auf unserer Internetseite www.berufsstrategie.de.)

Machen Sie sich stark!

Für welche Strategie Sie sich auch entscheiden, eines ist sicher: Allein und ohne Munition wird es schwer, im Abwehrkampf gegen einen Psycho-Chef zu bestehen. Deswegen ist es wichtig, dass Sie sich starkmachen:

— durch Unterstützer,
— indem Sie die Verfehlungen des Vorgesetzten, aber auch Ihre eigenen Erfolge dokumentieren,
— indem Sie sich mit der Rechtslage vertraut machen.

Kümmern Sie sich um Unterstützung

Spätestens, wenn das Verhalten des Psycho-Chefs unerträglich wird, ist es an der Zeit, sich Unterstützung zu holen. Gründen und etablieren Sie einen Freundes-, Geschädigten- und »Leidenskreis«. Verteilen Sie Kommunikations- und Recherche-Aufgaben. Sie wissen ja: Das weiche Wasser besiegt Bertolt Brecht zufolge den harten Stein.

Es ist naheliegend, dass Partner, Familie und andere wichtige Personen in Ihrem privaten Umfeld Ihnen Zuhörer, Gesprächspartner und Unterstützer sein sollten. Hier können Sie Ihre Sorgen über den Chef loswerden, ohne Gefahr zu laufen, dass diesem etwas zugetragen wird, was Ihre Situation noch mehr verschlimmern könnte. Vielleicht finden Sie auch ein Gegenüber, mit dem Sie Ihre eigene Lage und Handlungsstrategien reflektieren können. Achten Sie aber auch darauf, Ihr privates Umfeld nicht zu überfordern. Verfallen Sie nicht in dauerhaftes Jammern. Gegen Psychopathen als Chefs können Ihre Familie und Freunde nichts ausrichten, außer Ihnen zuzuhören, Ihnen Rat zu geben und Sie moralisch zu unterstützen. Und nach einer etwas längeren Zeit der Inanspruchnahme könnte auch diese Batterie einmal leer sein!

Gibt es innerhalb Ihrer Kollegenschaft – auch außerhalb Ihrer eigenen Abteilung – noch Menschen, denen Sie vertrauen und die eine ähnliche Wahrnehmung vom Verhalten Ihres Chefs haben? Sprechen kann helfen, vielleicht sogar über ähnliche Erlebnisse »der dritten Art« mit dem Vorgesetzten. Schließen Sie sich mit den betroffenen Kollegen zusammen. Diese Möglichkeit war zu Corona-Zeiten deutlich eingeschränkt. Es fehlte schlichtweg die Gelegenheiten, sich mit anderen informell auszutauschen oder Rat einzuholen; der Flurfunk war gestört. Das Quatschen vor oder nach Meetings oder Konferenzen, in der Teeküche oder am Fotokopierer gibt es im Homeoffice nicht, und es lässt sich auch nicht mit E-Mails oder Chatprogrammen kompensieren. Dabei sind diese ungezwungenen Gespräche am Arbeitsplatz, im Büro oder in der Werkshalle so wichtig für das Betriebsklima und für das Verarbeiten von Konflikten. Sie helfen, Frust abzubauen, wenn die oder der Vorgesetzte mal wieder Mist gebaut hat. Das Lästern über sie oder ihn hat reinigende Wirkung. Es erfüllt immer auch eine Art Hierarchieausgleich – eine harmlose, aber wirkungsvolle Selbstverteidigungswaffe in Händen der ansonsten eher Machtlosen.

Die Distanz zu den Kolleginnen und Kollegen aufgrund der Pandemie lässt einen einsamer dastehen im Umgang mit den Problemen, die Vorgesetzte verursachen. Nicht nur gibt es weniger Möglichkeiten zum Gespräch; es ist auch schwieriger, Vertrauen zum Team aufzubauen und entlastende Unterstützung zu bekommen. Überlegen Sie also genau, welchen Kollegen Sie sich wie weit anvertrauen wollen – siehe die Warnhinweise in den Tipps zur Kündigung. Diese Personen sollten Ihnen gegenüber loyal eingestellt und verlässlich sein und anderen gegenüber schweigen können.

Artet zum Beispiel eine eigentlich wohlwollend gemeinte Unterstützung Ihrer Vertrauten in Aktionismus aus, können die Kollegen Ihnen damit auch schaden – etwa, wenn sie auf eigene Faust ohne Ihr Wissen versuchen, das Fehlverhalten Ihres Chefs anzusprechen, und Sie als »Zeugen« benennen. Außerdem gibt es viele Menschen, die Loyalität vorspielen und – eventuell, wenn sie selbst vom Chef unter Druck gesetzt werden – eher dem Stärkeren zu Diensten sind. Auf solidarischen Beistand der Kollegen kann man leider nicht immer bauen.

Sollte die Zusammenarbeit mit dem Vorgesetzten eskalieren, können Sie aus einem weiteren betriebsinternen Personenkreis auf Unterstützung hoffen: Personal- oder Betriebsrat, möglicherweise relevante Mitarbeiter der Personalabteilung und/oder Gleichstellungsbeauftragte.

Scheitern Ihre betriebsinternen Bemühungen, sich den Psycho-Chef vom Hals zu halten, holen Sie sich externe Unterstützung. Lassen Sie sich in arbeitsrechtlichen Fragen von einem Anwalt für Arbeitsrecht beraten. Er vertritt Ihre Interessen auch bei einer eventuell notwendigen arbeits-(möglicherweise auch zivil-)rechtlichen Auseinandersetzung.

Dokumentieren Sie die Verfehlungen des Psycho-Chefs

Diese Empfehlung gilt für alle Typen von irren Chefs und Härtegrade: Sammeln Sie in einer Art Arbeitstagebuch alle Fakten zu den merkwürdigen Verhaltensweisen, insbesondere über Ausraster und Attacken auf Sie und weitere Personen. Dazu gehören zum Beispiel direkte Beleidigungen, das Zuweisen immer neuer, unlösbarer Aufgaben, öffentliche Demütigungen und Ausgrenzung (etwa durch eine räumliche Veränderung des Arbeitsplatzes, durch Ausschluss von Informationen oder gleich vom gesamten Team).

Halten Sie fest, welche Konsequenzen dies für Sie, Ihre Arbeit und Ihr körperliches und seelisches Wohlbefinden hat. So werden Sie selbst zum Handelnden und begeben sich aus der reinen Opferrolle heraus. Das ist gut für das eigene Selbstbewusstsein, schon bevor das Dokument in irgendeiner Weise konkret zum Einsatz kommt. Und natürlich wird die Dokumentation der Fehltritte des Vorgesetzten später wichtig in einem Gespräch mit Unterstützern, dem Betriebsrat und bei einer juristischen Auseinandersetzung.

Dokumentieren Sie Ihre eigenen Leistungen

Dokumentieren Sie regelmäßig auch Ihre Arbeitserfolge, genauso wie positives Feedback auf Ihre Arbeit von Kunden, Geschäftspartnern, Kollegen und leitenden Mitarbeitern Ihres Unternehmens. Schriftliche Dokumente wie ausgedruckte positive E-Mails, Kopien von Briefen und Ähnliches untermauern Ihre Leistungen, falls der Psycho-Chef Ihnen diese und damit Ihre Fachkompetenz abzusprechen versucht – etwa, wenn er Ihre Leistungen als seine eigenen ausgibt.

Auch diese Dokumentation stärkt Ihr Selbstbewusstsein. Sie haben Ihre Erfolge schwarz auf weiß vor sich und können immer wieder darauf zurückschauen, was Sie bisher alles erreicht haben. Zudem wirken die Nachweise auf Außenstehende noch einmal ganz anders als verbal vorgetragene Bekundungen über Ihre eigenen Leistungen und Ihr Vorgehen.

Informieren Sie sich über die Rechtslage

Zugegeben: Recht haben und recht bekommen sind zwei ganz unterschiedliche Paar Schuhe. Doch wer die juristische Lage kennt, macht sich auch dadurch stark. Denn je nachdem, was Ihr Psycho-Chef konkret sagt und tut, kann es unterschiedliche juristische Möglichkeiten geben, sich zu wehren.

Einige dieser Optionen reißen wir nachfolgend kurz an. Sie sollten in jedem Fall aber juristischen Beistand zurate ziehen, um einschätzen zu können, wie die Rechtslage in Ihrem Fall konkret aussieht.

Handelt es sich um Mobbing?

Eine häufige und naheliegende Frage vieler Betroffener ist: Handelt es sich bei den Taten meines psychopathischen Vorgesetzten um Mobbing? Sind Vorgesetzte die Täter, wird oft konkreter auch von »Bossing« gesprochen – also Mobbing von oben. »Bossing« wird übrigens nicht immer nur von psychopathischen Vorgesetzten im Alleingang betrieben. Es kann auch auf einem Beschluss des Ober-Chefs oder der Personalleitung beruhen, einen Mitarbeiter systematisch kaltzustellen und aus dem Betrieb zu graulen. Wer etwa Kündigungsschutz genießt oder aus anderen Gründen nur unter Schwierigkeiten entlassen werden kann, soll mit solchen Maßnahmen in die soziale Isolation gedrängt und eingeschüchtert werden. Häufig funktioniert diese Zermürbungstaktik, und mancher wirft von sich aus das Handtuch. Auch ein solches Verhalten gegen Mitarbeiter hat selbstverständlich psychopathische Züge.

Fakt ist: In Deutschland ist Mobbing strafbar, stellt es doch einen Eingriff in das Persönlichkeitsrecht eines Menschen dar (Artikel 1 und 2, GG).

Der Begriff »Mobbing« geht vielen leicht, oft auch zu leicht über die Lippen. Nicht jede Kränkung oder Demütigung ist gleichbedeutend mit Mobbing im juristischen Sinne. Rechtlich gesehen ist Mobbing ein relativ klar definierter Begriff. Die gängigste Definition lautet so: »Unter Mobbing wird eine konfliktbelastete Kommunikation am Arbeitsplatz unter Kollegen oder zwischen Vorgesetzten und Untergebenen verstanden, bei der die angegriffene Person unterlegen ist und von einer oder einigen Personen systematisch, oft und während längerer Zeit mit dem Ziel und/oder dem Effekt des Ausstoßes aus dem Arbeitsverhältnis direkt oder indirekt angegriffen wird und dies als Diskriminierung empfindet.«[95]

Gemeint ist mit Mobbing also eine *zielgerichtete, systematische* und *längerfristige* Schikane oder Diskriminierung. Andere Auslegungen fassen den Begriff deutlich enger und konkreter. Sie sprechen erst von Mobbing, wenn typische Mobbinghandlungen mindestens einmal wöchentlich über einen Zeitraum von einem halben Jahr hinweg vorgenommen wurden.

Wird man also einmal vom Chef abgebügelt, handelt es sich noch nicht um Mobbing. Grenzt der Vorgesetzte jemanden mehrfach aus, allerdings nicht regelmäßig und systematisch, dann ist das zwar sicherlich enttäuschend, aber auch noch kein Mobbing. Sogar, wenn man immer wieder mal hart oder ungerecht angegangen wird, kann das sehr unangenehm sein, ist aber per Definition noch kein Psychoterror. Steckt aber System dahinter, und solche oder ähnliche Vorkommnisse wiederholen sich immer wieder, verstärken sich und drohen zu eskalieren, liegt der Verdacht sehr nahe, dass jemand systematisch gemobbt wird.

Die Grenzen sind also durchaus fließend, und die Einschätzung obliegt im Fall einer gerichtlichen Auseinandersetzung letztlich dem verhandelnden Richter.

Andere justiziable Handlungen

Neben dem Mobbing können auch andere Verhaltensweisen von Psychopathen-Chefs einen Straftatbestand erfüllen. Das heißt, Sie können Ihren Chef theoretisch auch anzeigen, zum Beispiel für folgende Vergehen:

— Beleidigung (§ 185 StGB)
— üble Nachrede (§ 186 StGB)
— Verleumdung (§ 187 StGB)
— Körperverletzung (§ 223 StGB)

Arbeitsrechtlich gesehen haben Führungskräfte eine *Fürsorgepflicht* gegenüber ihren Mitarbeitern. Der Arbeitgeber hat für die Vorbeugung und Verhinderung von Beleidigungen und Belästigungen am Arbeitsplatz Sorge zu tragen. Er ist darüber hinaus per Gesetz verpflichtet, auf eine positive Gestaltung der Arbeitsbedingungen zur freien Persönlichkeitsentfaltung seiner Arbeitnehmer hinzuwirken. Aus dieser Verpflichtung leitet sich ein durchsetzbarer Rechtsanspruch eines jeden Arbeitnehmers auf besonderen Persönlichkeitsschutz ab. In der Theorie klingt das gut, doch wenn Sie einen Psychopathen als Vorgesetzten haben, hat das Unternehmen in dieser Hinsicht offenbar bereits schwer versagt.

Wenden Sie sich nun an den übergeordneten Vorgesetzten oder den Unternehmenseigner, birgt das Gefahren. Es ist nicht gesagt, dass der Chef Ihres Chefs dessen Verhalten ebenso kritisch sieht wie Sie. Vertraut der oberste Chef möglicherweise eher Ihrem Vorgesetzten? Gibt es auf höherer Ebene eventuell Machtkämpfe und Koalitionen, von denen Sie nichts wissen? Vielleicht ist es der Chefetage sogar gerade recht, wenn jemand »aus der Reihe tanzt«, weil man ohnehin gerade Mitarbeiter loswerden will? Oder ist der nächsthöhere Vorgesetzte womöglich selbst von Persönlichkeitsstörungen betroffen? Sie erinnern sich: Je höher die Position, desto wahrscheinlicher ist es, auf einen Psychopathen zu stoßen.

Sind Sie sich nicht zu hundert Prozent sicher, dass Sie dem übergeordneten Chef vertrauen können und Gehör finden, empfehlen wir Ihnen unbedingt, parallel den Betriebsrat oder eine andere Interessensvertretung einzuschalten.

Gerne lesen wir hierzu Ihre Einschätzung. Weitere Anregungen, Hilfen und Tipps unter www.mein-chef-ist-irre.de und für Berichte und Kontakte: info@irre-chefs.de

AUSBLICK: CHEF-BILDER IM WANDEL

Ein ganzes Buch lang haben wir uns nun mit stark verhaltensauffälligen Führungskräften bis hin zu regelrechten Psychopathen auf dem Chefsessel beschäftigt. Wir haben uns diesem Thema gewidmet, weil es nötig ist, auch wenn es uns selbst manchmal extrem frustriert. Warum werden oftmals Führungspositionen ausgerechnet mit dieser Sorte Mensch besetzt, und warum müssen diese ihre Mitarbeiter in einem solchen Maß ausbeuten, quälen und zur Verzweiflung bringen? Vielleicht kann man diese Frage für naiv halten. Wir glauben, dass sie für die Unternehmenskultur und für alle, die dafür Verantwortung tragen, relevant ist: für Gründer, Lenker, Inhaber, Aktionäre, Staat – und für uns alle, die in dieser Kultur arbeiten.

Klar: Psychopathen gab es schon immer, und es wird sie auch weiterhin geben. Aber ist es eigentlich in Stein gemeißelt, dass manche Eigenschaften von Führungskräften scheinbar naturgegeben denen von Psychopathen ähneln, wie wir zu Beginn aufgezeigt haben?

Nein, das ist es natürlich nicht! Die Dinge verändern sich, wenn wir sie kritisch reflektieren und uns mutig und nachhaltig für Veränderungen einsetzen. Erinnern Sie sich nur einmal, wie noch vor nicht allzu langer Zeit die Kindererziehung aussah: Befehl und Gehorsam und sogar körperliche »Züchtigung« waren gang und gäbe. In den 1970er-Jahren wurde die Prügelstrafe an Schulen abgeschafft – außer in Bayern, das dieser Änderung erst zehn Jahre (!) später, nämlich 1980, folgte. Eltern ist es erst seit dem Jahr 2000 verboten, ihre Kinder zu schlagen.

Nicht nur die Welt, auch die Arbeitswelt verändert sich. An Arbeit im Homeoffice etwa war noch vor wenigen Jahren gar nicht zu denken – zu groß war das Misstrauen den Angestellten gegenüber. Heute wird dies, nicht nur infolge der Covid-19-Krise, ganz anders gehandhabt.

Auch die Anforderungen an Mitarbeiter und Manager verändern sich. Die alte, hierarchisch geprägte Weisungskultur – der Chef denkt und lenkt, die Mitarbeiter führen aus – ist schon lange an ihre Grenzen gestoßen. Heute befinden wir uns mitten im Zeitalter der Vierten Industriellen Revolution, die von der Digitalisierung geprägt ist. Wir sind optimistisch, dass diese Zeitenwende auch die Art der Führung in unseren Unternehmen und Institutionen nachhaltig verändern wird.

Chefs in der Arbeitswelt von morgen

Dass Führung menschlicher und an den Bedürfnissen der Mitarbeiter ausgerichtet sein kann, ist inzwischen auch in der modernen Managementtheorie und einigen Unternehmen angekommen. Organisationen werden nicht mehr bloß als rationale Systeme bewusst koordinierter Tätigkeiten betrachtet. Ein Unternehmen funktioniert nicht allein durch steuerbare Faktoren wie Technik, Ökonomie, strategische Planung, situative Führung oder formale Organisationsstruktur. Inzwischen hat sich die Erkenntnis durchgesetzt: Engagierte, sich mit ihrer Arbeit und dem Unternehmen identifizierende Mitarbeiter sind der

Schlüssel für Produktivität und Innovationskraft. Die Voraussetzungen dafür sind vertrauens- und respektvolle persönliche Beziehungen – und zwar unabhängig von der Hierarchieebene der Interaktionspartner.

Jede Unternehmensstrategie bleibt so lange nur ein Stück Papier, wie es nicht gelingt, die Fähigkeiten und Energien einer Vielzahl von Mitarbeitern erfolgreich zu koordinieren, zu integrieren und einem gemeinsamen Unternehmensziel zuzuführen. Das geht nicht ohne psychologische Kenntnisse und Unterstützung. Notwendig ist vor allem auch die Berücksichtigung irrationaler, unbewusster Prozesse bei Führungskräften und Mitarbeitern.

Jeder länger währende Unternehmenserfolg ist auf durchschnittliche Mitarbeiter angewiesen, die überdurchschnittliche Leistungen erbringen. Neuere Managementtheorien sehen als entscheidende Faktoren dafür Verantwortlichkeit und selbstbestimmte Arbeit sowie Bindung und Engagement der Unternehmensmitarbeiter an. Dies ist aber wohl kaum durch dirigistische Anweisungen von oben, gepaart mit Angst- und Schreckensandrohungen, zu erreichen. Hier bedarf es einer von Grund auf neuen Unternehmenskultur – einer anderen Form des Miteinanders auf Ohren- und Augenhöhe.

Führung geht schon heute anders

Vertrauen statt Kontrolle, Gleichberechtigung statt Hierarchien, lebenslanges Lernen statt unmündiges Gehorchen – all dies ist möglich, wenn Führungskräfte von Befehlsgebern zu Förderern und Unterstützern ihrer Mitarbeiter werden.

Vorgesetzte der »alten Schule« werden hoffentlich aussterben wie einst die Dinosaurier. Schon heute hat ein völlig neuer Typus von Führungskraft die Bühne Arbeitsplatz betreten.

Diese Neuen denken und »funktionieren« anders: Sie sind eher Coach und Therapeut als Antreiber, Einpeitscher und Kontrolleur.

Unsere zukünftige Arbeitswelt wird geprägt werden von Menschen, die nicht mehr unter Druck und Zwang, sondern aus dem Bedürfnis nach Selbstverwirklichung ihren gesellschaftlichen Beitrag leisten wollen. Sinnerfüllung und Freude, Kommunikation und Gemeinschaft stehen als Motivation für Mit-Arbeiter in der Zukunft im Vordergrund. Diese bringen hohes Engagement mit. Flexibilität und Kreativität, Intuition und Selbstorganisation, Verantwortung und Teilhabe am Ganzen sind die entscheidenden Schlüsselbegriffe, die das Bewusstsein für den Arbeitsprozess maßgeblich bestimmen werden.

Dumpf abgesessene Zeit am Arbeitsplatz, bei der die Präsenz das Maß der Bezahlung ist, wird es nicht mehr geben. Was zählt, ist nur noch das Ergebnis der gemeinsamen Anstrengung, und das besteht nicht allein im Profit.

So, wie sich die Rahmenbedingungen für Führung verändern, so verändern sich auch die Eigenschaften, die Führungskräfte mitbringen müssen. Für Egomanen, Paranoide, Tyrannen und all die anderen Typen von Psycho-Chefs bleibt – so unsere Hoffnung – in der Arbeitswelt von morgen kein Platz mehr.

Bekommen wir bald bessere Chefs?

Der Paradigmenwechsel bei der Frage, wie Führung heute funktioniert, ist bereits spürbar. Es gibt Unternehmen, die ihre Mitarbeiter selbst (mit-)entscheiden lassen, wer Chef wird. Bei Google zum Beispiel sind die Mitarbeiter angehalten, ihre Chefs für Führungspositionen vorzuschlagen.

Daneben gibt es viele andere partizipative Modelle: In einigen Firmen wählen die Mitarbeiter ihre Chefs demokratisch selbst. In anderen wechseln bzw. werden die Verantwortlichen für jedes Projekt oder einzelne Aufgaben neu gewählt. Die auf diese Weise ausgewählte Person übernimmt dann eine Zeit lang die Federführung. Der Vorteil: Machtstrukturen werden immer wieder hinterfragt und aufgebrochen – wer sich als unfähig oder gar als Psychopath entpuppt, wird beim nächsten Projekt nicht mit einer Führungsrolle bedacht werden.

Mitarbeiter sind sehr gut in der Lage, zu erkennen, wer sich als Chef eignet und wer nicht. Der US-amerikanische Unternehmensberater Simon Sinek hat es sinngemäß einmal so ausgedrückt: »Wenn du in irgendeinem Team fragst: ›Wer ist das Arschloch?‹, dann werden alle auf dieselbe Person zeigen. Und wenn du in einem Team fragst: ›Wem vertraut ihr mehr als jedem anderen hier?‹, dann werden ebenfalls alle auf dieselbe Person zeigen.«[96]

Faktoren eines besseren Miteinanders – ohne Psycho-Chefs

Damit sich in der Arbeitswelt der Zukunft wirklich etwas ändert, müssen alle, die an einer fairen und produktiven Zusammenarbeit in Organisationen interessiert sind, ihren Teil beitragen.

— Die Kriterien der Unternehmen bei der Besetzung von Führungspositionen müssen sich ändern, um den Veränderungen in der Wirtschaftswelt Rechnung zu tragen.
— Wer zum Chef befördert wird, egal, ob als Team- oder Bereichsleiter, sollte einen verantwortungsvollen Umgang mit Macht pflegen und sein Verhalten regelmäßig reflektieren.

— Die Mitarbeiter selbst sollten es nicht mehr als fast normal erachten, unter den Macken ihrer Vorgesetzten leiden zu müssen. Es gilt, sich und seine Umgebung zu sensibilisieren und aktiv Konstellationen zu vermeiden, die Psychochefs begünstigen.

Bessere Personalauswahl für Führungspositionen

Zugegeben, heutzutage ein Unternehmen erfolgreich zu lenken, ist kein leichter Job. Auch wenn etwa zwei Drittel der Arbeitssuchenden auf einer Online-Stellenbörse behaupten, es besser zu können als ihr Vorgesetzter[97] – die Auswahl bei der Neubesetzung von Führungspositionen ist bestimmt nicht ganz einfach. Die bestgeeignete Führungspersönlichkeit auszuwählen, stellt hohe Anforderungen an Interview- und Zuhörtechniken, an Einschätzungsvermögen und Menschenkenntnis.

Unternehmen stecken viel Geld in Auswahlverfahren wie Assessments, Potenzialanalysen und mehrtägige Recruiting-Events. Sie bezahlen Armeen von externen und internen Personalfachleuten. Und dennoch heuern sie immer wieder Psychopathen und Menschen mit deutlichen Persönlichkeitsstörungen an, die ihre Mitarbeiter drangsalieren und bis in die Verzweiflung treiben und dadurch Unternehmensziele kurz-, aber auch langfristig enorm gefährden.

Da liegt die Frage nahe, ob die Kriterien bei der Personalauswahl nicht einfach falsch sind. Legt man den Fokus auf die falschen Persönlichkeitsmerkmale?

Da ist der überaus selbstbewusste Charismatiker, der scheinbar für viele Personalverantwortliche im Unternehmen das verkörpert, was man (noch) mit einer guten Führungskraft verbindet. Dass man sich damit womöglich einen Narzissten ins Haus holt, der ausschließlich sein Ego füttert und nur auf seinen eigenen Vorteil bedacht ist, wird dabei unterschätzt bis völlig ausgeblendet. Und weil man sich nun mal für ihn entschieden hat, werden seine Eskapaden erst einmal, dann zweimal, dann immer wieder und wieder übergangen, relativiert, gedeckt – man müsste sich sonst schließlich eingestehen, selbst einen Fehler gemacht zu haben. Ähnlich verhält es sich bei anderen Attributen: Der souverän auftretende Bewerber mit seinen »klaren Ansagen« entpuppt sich, einmal in Amt und Würden, nicht selten als Tyrann. Der im Small Talk unschlagbare und Optimismus versprühende Sonnenschein bringt später mit seinem theatralischen Auftreten Belegschaft und Kunden an den Rand eines Nervenzusammenbruchs. Der so sachlich und akribisch wirkende Kandidat entwickelt sich als Führungskraft zum zwanghaften Pedanten, der seine Mitarbeiter rund um die Uhr überwacht und drangsaliert. Ergebnisse einer falschen Auswahl allesamt – und deshalb eigentlich vermeidbar.

Auch bei Beförderungen läuft vieles verkehrt. Zu oft werden genau die Falschen zum Chef gemacht. Besonders viel kann hier schiefgehen, wenn CEOs oder Firmeninhaber bei der Beförderung das Sagen haben und die Personalabteilung keine Rolle spielt. Viele Oberbosse neigen nämlich entweder dazu, sich Schleimer und Arschkriecher zu ihren Handlangern zu machen – weil sie glauben, die seien ihnen gegenüber wenigstens halbwegs loyal und könnten ihnen nicht so schnell gefährlich werden. Oder sie befördern Fachidioten, die zwar Experten auf ihrem Gebiet sind, aber nicht fähig, Menschen zu führen. Um es etwas moderner auszudrücken: Solche Chefs sind nicht in der Lage, die Zusammenarbeit der Menschen in ihrer Abteilung ordentlich zu organisieren und zu moderieren.

Das sogenannte »Peter-Prinzip«[98], bei dem es um die hierarchische Verteilung von Unfähigkeit in den Unternehmen geht, besagt: Man wird so lange befördert, bis man die Stufe seiner Unfähigkeit erreicht hat. Namenspate ist der kanadische Psychologe Laurence J. Peter. Er ist wie auch andere Experten zum eindeutigen Schluss gekommen: Eine gute Fachkraft ist noch lange keine gute Führungskraft. Ebenso ist ein guter Teamleiter noch kein guter Abteilungsleiter und schon gar nicht ein guter Topmanager.

Das alles deutet auf das Unvermögen vieler Unternehmen bei der Personalauswahl und der Führungskräfteentwicklung hin. Es zeigt aber auch die Unfähigkeit vieler Menschen, ihre eigenen Potenziale realistisch einzuschätzen. Denn nicht jeder Aufstieg lässt sich mit dem Prinzip »nach oben oder raus« erklären – ein Prinzip, das besonders von großen Unternehmensberatungen praktiziert wird. Es braucht schon eine gewisse Eigenmotivation, um sich im Rennen um einen höheren Posten zu positionieren. Wer nicht befördert werden will – weil er weiß, dass seine Fähigkeiten in der jetzigen Position bereits optimal zur Geltung kommen –, der exponiert sich auch nicht entsprechend.

Warum aber machen dann so viele dieses Spiel mit? Eine wichtige Motivation ist sicherlich das höhere Gehalt, das man als Führungskraft bezieht. Aber für viele – gerade unter den Psycho-Chefs – ist es auch die Verlockung, an die »Schalthebel der Macht« zu gelangen – selbst wenn diese sich nur in einem kleinen mittelständischen Unternehmen befinden und tatsächlich weder das Unternehmen noch die Welt verändern.

Es gilt also, die Kriterien bei der Personalauswahl kritisch zu hinterfragen und sie auf eine bessere, menschlichere und damit letztlich auch produktivere Art der Zusammenarbeit hinzuentwickeln.

Gerhard Roth unterstützt Unternehmen bei Personal-Auswahlverfahren und ist überzeugt, dass Tiefeninterviews bei der Auswahl von Führungskräften zum Standard gehören sollten, bevor jemandem die Leitung einer Abteilung oder gar eines Unternehmens anvertraut werden darf. Doch viele Entscheider in den obersten Etagen wollen vor allem eins: ihre absolute Machtposition absichern. Getreu dem Spruch »Wenn die Würstchen an die Macht kommen, wird der Senf rationiert« herrschen große Bedenken bis massive Vorurteile, sich fundiert mit seelischen Konstellationen bei aufstrebenden Mitarbeitern oder zur Personalführung bereiten Bewerbern zu beschäftigen. Die Gefahr, dabei auch über sich selbst und die eigenen Motive etwas intensiver nachdenken zu müssen, erscheint vielen Entscheidern offensichtlich als zu groß und unbequem.

Der Wirtschaftspsychologe Uwe Kanning beschäftigt sich mit der sogenannten Personaldiagnostik – also mit der Frage, welche Bewerber in der Wirtschaftswelt für welches Anforderungsprofil als passend wahrgenommen werden. Er sagt: »Je höher die Position und je mehr Verantwortung ein Mensch im Job hat, desto genauer sollte man eigentlich hinsehen, wer das ist.« Klingt gut und logisch! Denn diese Menschen sind maßgeblich für den wirtschaftlichen Erfolg und die Kultur des Unternehmens verantwortlich. »Tut man aber nicht«, so die Erkenntnis von Uwe Kanning, »im Gegenteil. Je höher die zu besetzende Position, desto nachlässiger das Recruiting.«[99]

Eine überraschende Möglichkeit der Personalauswahl schlagen Forscher der Universität Catania vor: In einer Computersimulation ließen sie zigtausend Male von einer Software durchrechnen, nach welchem Muster Beförderungen von Angestellten in Vorgesetztenpositionen ablaufen. Das Ergebnis: Am besten wäre es, die Position durch einen Losentscheid zu besetzen. Für ihre Forschung erhielten die Wissenschaftler anschließend den alternativen Ig-Nobelpreis – eine satirische Auszeichnung für wissenschaftliche Leistungen, die »Menschen zuerst zum Lachen, dann zum Nachdenken bringen«.[100]

Eine vielleicht nicht ganz realistische Empfehlung – zugegeben. Aber wäre das Ergebnis einer Anwendung des Prinzips Zufall wirklich schlechter als der Status quo in unseren Unternehmen heute?[101]

Sich als Führungskraft hinterfragen

An den Beispielen in diesem Buch haben wir gesehen, was Macht mit Menschen machen kann. Viel zu oft bringt sie die dunklen Abgründe der Seele zum Vorschein. Sie fördert und akzentuiert Persönlichkeitsmerkmale, die auch Psychopathen aufweisen. Auf diese Weise kommt ein schleichender Prozess der Entfremdung der Führungskraft in Gang, die sich von den »normalen« Mitarbeitern im Unternehmen immer weiter entfernt.

Wer in eine Führungsposition befördert wird, wird wichtiger für das System – und läuft Gefahr, sich dadurch selbst zu wichtig zu nehmen. Leicht bekommt man Oberwasser und tut Dinge, die man als einfacher Angestellter vielleicht niemals getan hätte. Dies gilt es, zu reflektieren. Doch das verlangt Klarheit über die eigene Person und Mut zur Selbstkritik.

Für alle in einer Führungsposition gilt es, einen verantwortungsvollen Umgang mit Macht zu pflegen. Echte Psychopathen interessiert das natürlich nicht. Ein egomanischer Chef wird garantiert nicht seinen persönlichen Vorteil ausschlagen, ein Narzisst wird immer nach dem Ruhm greifen. Aber wer sich selbst beobachtet und auch schon einmal ein Feedback von Kollegen und den eigenen Mitarbeitern einholt, erkennt meistens doch sehr schnell seine Schwachstellen. Dann kann eventuell noch reagiert werden, bevor sich Persönlichkeitsmerkmale immer stärker akzentuieren und zusammen mit der Macht über andere immer weiter verfestigen.

Führung ist nun einmal in hohem Maße eine Frage der Persönlichkeit. Die Verantwortung einer Führungskraft gegenüber den mit ihr arbeitenden Menschen geht weit über den direkten Arbeitsauftrag hinaus. Das Wohlbefinden der Mitarbeiter wird durch den Vorgesetzten und sein Verhalten in entscheidendem Maße beeinflusst. Ebenso wie im privaten Bereich ist es abhängig von Faktoren, die das menschliche Handeln umgeben, durchdringen und zuweilen sogar überlagern: individuelle psychische und soziale Konstellationen und zwischenmenschliche Beziehungen sind dabei von ganz entscheidender Relevanz.

Führungsarbeit ist somit auch immer eine Auseinandersetzung mit der eigenen Persönlichkeit, mit der eigenen Kindheit und damit zwangsläufig mit den allerersten Vorgesetzten, den eigenen Eltern, und später auch den prägenden Lehrern und Ausbildern. Wenn mehr Führungskräfte sich dessen bewusst werden und anfangen, neben fachlichen Themen und Eigeninteressen auch solche Aspekte ihrer Rolle zu hinterfragen, wäre schon viel gewonnen.

Wie Sie Psycho-Unternehmen erkennen und meiden

Wenn Sie selbst unter einem Psycho-Chef leiden oder unter einem gearbeitet haben, dann wollen Sie eine solche Situation bestimmt nie wieder erleben. Sie wollen lernen, die Antennen auszufahren, damit es im nächsten Job nicht wieder heißt: Hilfe, mein Chef ist irre!

Leider haben wir das zwar nur begrenzt in der Hand, denn Psycho-Chefs – vor allem die Narzissten – können auf den ersten Blick ja durchaus charmant, sympathisch und gewinnend wirken. Im Rahmen eines Vorstellungsgesprächs ist es beinahe unmöglich, einen narzisstischen Psychopathen zu entlarven. Aber wer sich für Details im Auftreten und in der Ansprache von zukünftigen Führungskräften sensibilisiert, kann zumindest ein Gespür für die offensichtlichen, ganz schlimm toxischen Typen entwickeln – und ihnen hoffentlich nicht mehr völlig blind ins Netz gehen.

Achten Sie auf den künftigen Vorgesetzten, aber auch auf Arbeitsumgebung und Arbeitsbedingungen, wenn Sie als Bewerber einen potenziellen Arbeitgeber in Augenschein nehmen. Was wird im Rahmen der Stellenbeschreibung, aber auch mündlich im Vorstellungsgespräch, von Ihnen verlangt? Ist das branchenüblich – oder geht es schon in Richtung Ausbeutung? Blitzen im Gespräch mit der Führungskraft Eigenschaften auf, die wir in der Typologie der psychopathischen Chefs beschrieben haben? Beschleicht Sie bei einem Vorstellungsgespräch ein ungutes Gefühl? Tun Sie das nicht leichtfertig ab, sondern nehmen Sie Ihre Wahrnehmungen ernst. Nicht nur das Unternehmen sucht *Sie* aus, auch *Sie* haben die Wahl.

Was auch immer Sie bisher in der Arbeitswelt erlebt haben: Sie haben etwas Besseres verdient als einen Job unter einem Quälgeist als Vorgesetzten. Und deshalb lohnt es sich, genauer und mindestens zweimal hinzuschauen. Nicht überall werden Sie auf Psycho-Chefs stoßen. Die fairen, anständigen Chefs und die Unternehmen, die es mit der gesunden Arbeits- und Führungskultur ernst nehmen: Es gibt sie wirklich!

Zeit, dass sich was dreht!

Das Leben ist kein Ponyhof und die Arbeitswelt kein Wunschkonzert. Vielleicht kennen Sie diese Sprüche. Sie dürfen aber nicht dazu dienen, erkannte Missstände zu rechtfertigen, oder gar missbraucht werden, um sich vor der intensiven bis schmerzlichen Auseinandersetzung zu drücken.

Kommen wir auf diese Welt, sind wir zunächst anderen ausgesetzt und ihnen gegenüber hilflos: dem medizinischen Personal, unseren Eltern, möglichen älteren Geschwistern, den sozialen Umständen, der Familie innerhalb der Gesellschaft. Werden wir in die Krabbelgruppe, den Kindergarten gebracht, sind es zum ersten Mal andere Personen, die weitestgehend über uns bestimmen dürfen. Dies setzt sich in der Schule, in der Ausbildung, im Betrieb oder an der Uni und schließlich beim Einstieg in die Arbeitswelt fort. Nicht zu vergessen Einrichtungen wie das Militär oder andere Vereine, zu denen manche sich mehr oder weniger freiwillig hingezogen fühlen. Während unsere Persönlichkeit sich im Laufe des Lebens entwickelt, werden wir geformt, erzogen und angepasst. Viele dieser Prozesse mögen wichtig und richtig sein und sogar zu unserem Vorteil verlaufen: Sie können uns fit für die Gesellschaft, für die Begegnungen und den Umgang mit anderen Menschen machen.

Doch nicht alle diese Stationen verlaufen ohne Blessuren für uns und andere. Nicht jede Kindheit ist glücklich, nicht jede Schulzeit erfolgreich, nicht jedes Individuum wird positiv in seiner Entwicklung gefördert, wird ermutigt, sich eigenständig zu entwickeln, wächst unter optimalen Bedingungen heran. Der Umgang des Menschen mit dem Menschen ist und bleibt eine große Herausforderung und eine lebenslang anhaltende, folgenschwere Interaktion – ganz besonders in Machtpositionen wie der Eltern-, Lehrer- oder Vorgesetztenrolle.

Das gelingt nie fehlerfrei; Führung wird nie perfekt sein. Weder im kleinsten Sozialverband, der Familie, noch im größeren gesellschaftlichen Kontext oder eben im Arbeitsumfeld.

Das wäre eine unrealistische Forderung. Doch was wir von Führenden erwarten dürfen und sogar müssen, ist ein hohes Maß an Selbstreflexion. Wer Führungsverantwortung übernehmen will, muss sich mit seinen eigenen Erfahrungen als Geführter, als Kind seiner Eltern und als Abhängiger anderer Autoritäten, von denen er selbst im Laufe seines Lebens abhängig war, intensiv beschäftigt haben – so wie sich Psychoanalytiker auch selbst einer Therapie unterziehen, bevor sie ihre eigenen Klienten therapieren dürfen. Diese Erinnerungen mögen subjektiv weit weg sein, und die Auseinandersetzung mit ihnen nicht immer einfach. Doch wenn wir unser Erbe als Gesellschaft verdrängen würden, sähe die Welt, in der wir leben, heute ganz anders aus. Denken Sie nur einmal daran, welche Autonomie sich Frauen erst im Laufe des letzten Jahrhunderts erkämpft haben oder wie man früher mit Kindern umgegangen ist. Es ist noch nicht lange her, dass die Prügelstrafe in Schule und Familie abgeschafft und gesellschaftlich geächtet wurde – dass endlich auch dem schwachen, hilflosen Kind eine eigene Individualität und mehr Freiraum und Rechte zugesprochen wurden. Selbst jugendliche Lehrlinge wurden noch vor einigen Jahrzehnten völlig selbstverständlich körperlich gezüchtigt, wenn es dem Chef angemessen erschien. Wenn wir an diese Zeiten zurückdenken, ist es frappierend, was die Gewerkschaften seit Beginn des 20. Jahrhunderts erreicht haben – von der 35-Stunden-Arbeitswoche bis hin zur Diskussion über ein bedingungsloses Grundeinkommen.

Der Umgang jedoch, den Führende in der Arbeitswelt mit Untergebenen praktizieren, ist immer noch zu stark durch autoritäre Muster von Befehl und Gehorsam geprägt. Allein die anhaltende Geläufigkeit des Begriffs »Untergebene« deutet bereits auf das Problem hin. Auch wenn es genug Fortbildungen gibt, die Führungskräften einen verbindlicheren, freundlicheren Umgang mit den ihnen Anvertrauten näherzubringen versuchen: Das Machtgefälle und eine psychosozial schädliche Behandlung sind in unserer Arbeitswelt leider immer noch an der Tagesordnung.

Wann finden wir den Mut, uns dagegen aufzulehnen? Wann schaffen wir ein Bewusstsein, dass diese Form des Umgangs nicht korrekt, sondern verachtenswert ist? Wann wird es selbstverständlich, dass Personen in einer Führungsrolle, die dafür Anfälligkeiten zeigen, von ihrer Verantwortung und Funktion entbunden werden?

Denken Sie bitte nicht, dass dieser Tag nie kommen wird. Denken Sie an Bewegungen wie #metoo, Black Lives Matter, oder auch an die allgemeine Ächtung des Missbrauchs durch Schutzbefohlene (ob Priester, Lehrer oder Erzieher) in gesellschaftlichen Institutionen, die früher unantastbar waren. Wenn Menschen sich trauen, Probleme und Ungerechtigkeiten öffentlich zu machen, die ihnen widerfahren sind, folgen immer mehr ihrem Beispiel. Dann – und nur dann – besteht die realistische Chance, dass die Dinge sich ändern. Es gibt genügend Präzedenzfälle, in denen es geklappt hat. Warum sollte es nicht auch funktionieren, dass ungerechte, bösartige, toxische Chefs zukünftig keine Chance mehr in unseren Unternehmen haben? Warum sollte es nicht gesellschaftlicher Konsens werden, dass Machtmissbrauch und Unmenschlichkeit in der Arbeitswelt nichts zu suchen haben?

Helfen Sie mit, dass Vorgesetzte in ihrem Verhalten gegenüber Mitarbeiterinnen und Mitarbeitern endlich einen würdigen, wertschätzenden, vertrauensvollen Umgang praktizieren. Helfen Sie mit, dass Führungspersonal mit akzentuierten Persönlichkeitsmerkmalen bis hin zu schlimmen Persönlichkeitsstörungen nicht mit wichtigen Positionen und mit Verantwortung für Menschen betraut wird. Helfen Sie mit, zu verhindern, dass die Psychopathen in den Chefetagen weiter ihr Unwesen treiben können. Stehen Sie auf und ergreifen Sie das Wort gegen Machtmissbrauch und unmenschliche Behandlung durch unfähige, weil persönlichkeitsgestörte bis psychisch kranke Führungskräfte. Es mag nicht von heute auf morgen geschehen, doch es kann und wird einen Bewusstseinswandel an den Spitzen der Unternehmen und in den Personalabteilungen herbeiführen. Und noch etwas wird es bewirken: Sie werden sich besser fühlen, wenn Sie für sich und andere einstehen und den Machtmissbrauch der Psychopathen nicht mehr tatenlos hinnehmen. Und dieser Effekt tritt sofort ein.

Jedes erzählte Beispiel hilft dabei, den Wandel herbeizuführen. Deshalb möchten wir Sie ermutigen, uns Ihre Geschichte mit psychopathischen Chefs zu schildern. Bitte, schreiben Sie uns (info@irre-chefs.de). Wenn Sie einverstanden sind, veröffentlichen wir Ihre Story auf der Website *mein-chef-ist-irre.de* – natürlich anonymisiert. Wenn Sie mit anderen Menschen in Kontakt kommen wollen, die Ähnliches erlebt haben wie Sie, schreiben Sie uns gerne.

Gemeinsam können wir mehr erreichen.
Gemeinsam sind wir stark!

ANMERKUNGEN

1 Rettig, Daniel: »Wenn Macht zur Droge wird.« In: *Handelsblatt Online*, 27. 1. 2012. Online: https://www.handelsblatt.com/unternehmen/beruf-und-buero/buero-special/hybris-der-manager-wenn-die-macht-zur-droge-wird/6115162-all.html

2 »Zwei Drittel der Arbeitnehmer halten ihre Chefs für inkompetent.« In: *Zeit Online*, 26. 4. 2016. Online: https://www.zeit.de/karriere/beruf/2016-04/fuehrung-arbeitnehmer-unzufrieden-umfrage

3 Ein etwas aus der Mode gekommener Sammelbegriff für eine psychische Verhaltensstörung von längerer Dauer, ohne erkennbare organische Ursache (z. B. Fahrstuhlangst, Sammel- und Aufhebe-Wut, auch als Messie-Syndrom bekannt). Sie belastet den Betroffenen und seine Umwelt und unterscheidet sich von Psychopathie vor allem dadurch, dass sich ihr Träger, der Neurotiker, seiner Störung bewusst ist. Damit verbindet sich auch die Vorstellung einer minderschweren psychischen Störung und Beeinträchtigung.

4 Babiak, Paul; Hare, Robert D.: *Menschenschinder oder Manager. Psychopathen bei der Arbeit.* Hanser: München 2007

5 Babiak, Paul; Neumann, Craig S.; Hare, Robert D.: »Corporate psychopathy: Talking the walk.« In: *Behavioral Sciences & the Law*, Volume 28, März / April 2010, S. 174–193

6 Blickle, Gerhard; Schütte, Nora: »Trait psychopathy, task performance, and counterproductive work behavior directed

toward the organization.« In: *Personality and Individual Differences*, Volume 109, S. 225–231, 15. 4. 2017

7 Die Geschichte von Sophie hat die Journalistin Silke Mülherr ausführlich für *Die Welt* aufgezeichnet. Quelle: Mülherr, Silke: »Wenn der Chef nach der Farbe der Unterwäsche fragt.« In: *Die Welt*, 30. 05. 2011. Online: https://www.welt.de/vermischtes/weltgeschehen/article13401102/Wenn-der-Chef-nach-der-Farbe-der-Unterwaesche-fragt.html

8 Oesterling, Julia: »So wehren Sie sich gegen sexuelle Belästigung am Arbeitsplatz.« In: *Zeit Online*, 9. 1. 2020. Online: https://www.zeit.de/arbeit/2019-12/sexuelle-belaestigung-arbeitsplatz-metoo-diskriminierung-psychologie

9 Thorborg, Heiner: »Zeitbomben mit Schlips. Psychopathen in der Chefetage.« In: *Spiegel Online*, 9. 4. 2015. Online: https://www.spiegel.de/karriere/fuehrungskraefte-heiner-thorborg-ueber-psychopathen-chefs-a-1001377.html

10 Babiak, Paul; Neumann, Craig S.; Hare, Robert D.: »Corporate psychopathy: Talking the walk.« In: *Behavioral Sciences & the Law*, Volume 28, März / April 2010, S. 174–193

11 Dammann, Gerhard: *Narzissten, Egomanen, Psychopathen in der Führungsetage. Fallbeispiele und Lösungswege für ein wirksames Management*. Haupt Verlag: Bern/Stuttgart/Wien 2007

12 Dutton, Kevin: *Psychopathen. Was man von Heiligen, Anwälten und Serienmördern lernen kann*. DTV: München 2013

13 Ebd.

14 Devega, Chauncey: »Psychologist John Gartner: Trump is a ›sexual sadist‹ who is ›actively engaging in sabotage‹.« In: *Salon.com*, 25. 4. 2020. Online: https://www.salon.com/2020/04/25/psychologist-john-gartner-trump-is-a-sexual-sadist-who-is-actively-engaging-in-sabotage/?fbclid=IwAR1NN6F3YkDjGYROPCyigGrg5RjxrBbcAcGw-M7CcY1UEqE1cG8NCu9TWOs

15 Jiménez, Fanny: »Warum rücksichtslose Menschen weiter kommen.« In: *Die Welt*, 7. 12. 2015. Online: https://www.welt.de/wissenschaft/article149692971/Warum-radikal-ruecksichtlose-Menschen-weiter-kommen.html

16 Kipnis, David: »Does power corrupt?« In: *Journal of Personality and Social Psychology*, Volume 24, Oktober 1972, S. 33–41
17 Carney, Dana: »Defend Your Research: Powerful People Are Better Liars.« Harvard Business Review, Mai 2010
18 Galinsky, Adam D. et al.: »Die Blindheit der Mächtigen. Macht schränkt Wahrnehmung und Perspektive ein.« 1. November 2009. Online: https://insight.kellogg.northwestern.edu/article/losing-touch
19 AllBright-Stiftung (Hrsg.): »Entwicklungsland. Deutsche Konzerne entdecken erst jetzt Frauen für die Führung.« Allbright-Bericht, September 2019. Online: https://www.allbright-stiftung.de/aktuelles/2019/9/22/der-neue-allbright-bericht-ist-online
20 Wynn, Rolf; Høiseth, Marita H; Pettersen, Gunn: »Psychopathy in women: theoretical and clinical perspectives.« In: *International Journal of Women's Health*, Ausgabe 4, 2012, S. 257–263. Online: https://www.ncbi.nlm.nih.gov/pmc/articles/PMC3379858/
21 Dutton, Kevin: *Psychopathen. Was man von Heiligen, Anwälten und Serienmördern lernen kann.* DTV: München 2013
22 Grijalva, E. J. (2013): *Narcissism and Leadership: A Meta-Analysis of Linear and non-linear Relationships.* Dissertation. Urbana, Illinois. Online: https://www.ideals.illinois.edu/bitstream/handle/2142/45624/Emily_Grijalva.pdf?sequence=1. Zitiert nach http://www.spiegel.de/karriere/narzissten-machen-schneller-karriere-a-945254.html
23 »Schöne Bürde. Leah D. Sheppard im Gespräch«, *Harvard Business Manager* 2/2020, S. 16
24 So das Ergebnis einer Meta-Analyse des auf Mitarbeiterbefragungen spezialisierten Unternehmens Peakon, ZDF Teletext, 10. 3. 2020, S. 143
25 LinkedIn Corporation: »Stress in der Arbeit raubt 40 Prozent der deutschen Arbeitnehmer den Schlaf.« 6. 5. 2019. Online: https://www.presseportal.de/pm/64022/4262358
26 Nicolai, Birger: »Kündigungsgrund Chef – Die größten Fehler deutscher Führungskräfte.« In: *Die Welt*, 28. 2. 2020. Online:

https://www.welt.de/wirtschaft/karriere/article206192647/Mitarbeiterzufriedenheit-Nur-jeder-zweite-Deutsche-geht-gern-zur-Arbeit.html

27 https://www.spiegel.de/karriere/dgb-haelfte-aller-beschaeftigten-hat-angst-vor-den-chefs-a-1249514.html und »Prima Klima? Wie die Beschäftigten die sozialen Beziehungen im Betrieb einschätzen.« DGB-Index Gute Arbeit Kompakt 01/2019, Januar 2019. Download über: https://www.dgb.de/themen/++co++81b08f4e-1f0e-11e9-bf54-52540088cada

28 DGB-Index Gute Arbeit: *Jahresbericht 2021*, Berlin 2021. Download: https://index-gute-arbeit.dgb.de/++co++a30a3efa-4932-11ec-9b8f-001a4a160123

29 https://news.kununu.com/schlechte-chefs-machen-uns-krank/ und https://www.wido.de/publikationen-produkte/buchreihen/fehlzeiten-report/2018/?L=0

30 Gronwald, Silke: »Das Kima im Büro entscheidet über unser Wohlbefinden.« In: *Stern*, 28. 11. 2019, S. 28

31 »Stress, Druck, Mobbing – wenn der Chef zum Feind wird.« *Anne Will*, 5. 12. 2010

32 Oenning, Lisa: »Der Psychopath in meinem Unternehmen.« In: *Handelsblatt.com*, 6. 8. 2017. Online: https://www.handelsblatt.com/unternehmen/beruf-und-buero/the_shift/wirtschaftskriminalitaet-der-psychopath-in-meinem-unternehmen/20107666.html?ticket=ST-11999976-CW4iuLBoweHYnaxWPptV-ap4

33 Heidbrink, Markus; Berg, Victoria; Feltes, Florian: »Die Jungbullen kommen. Narzissmus in Deutschlands Führungsetagen«, Harvard Business Manager, 05/2021. Online. https://www.manager-magazin.de/harvard/fuehrung/narzissmus-in-deutschen-fuehrungsetagen-die-jungbullen-kommen-a-oee3251e-0002-0001-0000-000177064950

34 Ebd.

35 Hunger, Herbert: *Lexikon der griechischen und römischen Mythologie*. Rowohlt: Reinbek bei Hamburg 1974, S. 265

36 Willi, Jürg: *Die Zweierbeziehung*. Rowohlt: Reinbek bei Hamburg 1975, S. 66

37 König, Karl: *Kleine psychoanalytische Charakterkunde*. Göttingen 1992, S. 20 f.

38 Nelles, Roland: »Böser Onkel.« In: *Spiegel Online*, 8. 7. 2020. Online: https://www.spiegel.de/politik/ausland/donald-trump-wie-die-nichte-des-us-praesidenten-mary-l-trump-mit-ihm-abrechnet-a-25dfb4fe-0069-4231-88e3-d02c4d815345

39 Ebd.

40 Grijalva, E. J. (2013): *Narcissism and Leadership: A Meta-Analysis of Linear and non-linear Relationships*. Dissertation. Urbana, Illinois. Online: https://www.ideals.illinois.edu/bitstream/handle/2142/45624/Emily_Grijalva.pdf?sequence=1. Zitiert nach http://www.spiegel.de/karriere/narzissten-machen-schneller-karriere-a-945254.html

41 Willi, Jürg.: *Die Zweierbeziehung*. Rowohlt: Reinbek bei Hamburg 1975, S. 68

42 Kernberg, Otto F.: »Regression bei Führungspersönlichkeiten.« In: Ders.: *Innere Welt und äußere Realität*. Verlag Internationale Psychoanalyse: München, Wien 1988, S. 299

43 Grijalva, E. J. (2013): *Narcissism and Leadership: A Meta-Analysis of Linear and non-linear Relationships*. Dissertation. Urbana, Illinois. Online: https://www.ideals.illinois.edu/bitstream/handle/2142/45624/Emily_Grijalva.pdf?sequence=1. Zitiert nach http://www.spiegel.de/karriere/narzissten-machen-schneller-karriere-a-945254.html

44 Eimer, Annick: »Darf's noch ein bisschen mehr Ego sein?« In: *Spiegel online*, 24. 1. 2014. Online: http://www.spiegel.de/karriere/narzissten-machen-schneller-karriere-a-945254.html

45 Deckstein, Dinah et al.: »Allein gegen alle.« In: *Der Spiegel*, Nr. 27, 27. 6. 2020, S. 66

46 Postel, Gert: *Doktorspiele – Geständnisse eines Hochstaplers*. Eichborn: Frankfurt 2001

47 »Wirtschaftsminister Guttenberg rockte bei AC/DC.« In: *Bild*.

de, 16. 05. 2009. Online: https://www.bild.de/politik/2009/rockte-mit-seiner-frau-zu-ac-dc-8385464.bild.html

48 Reschke, Jan: »Ein absolut reines Gewissen.« In: *Spiegel Online*, 20. 10. 2010. Online: https://www.spiegel.de/sport/fussball/daums-koks-affaere-ein-absolut-reines-gewissen-a-724151.html

49 Franck, Georg: *Ökonomie der Aufmerksamkeit. Ein Entwurf.* Hanser: München 1998

50 Board, Belinda; Fritzon, Katarina: »Disordered personalities at work.« In: *Psychology, Crime and Law*, März 2005

51 König, Karl: *Kleine psychoanalytische Charakterkunde.* Vandenhoeck & Ruprecht: Göttingen 1992, S. 87

52 Neuberger, Oswald; Kompa, Ain: *Wir, die Firma. Der Kult um die Unternehmenskultur.* Beltz: Weinheim, Basel 1987, S. 64

53 König, Karl: *Kleine psychoanalytische Charakterkunde.* Vandenhoeck & Ruprecht: Göttingen 1992, S. 11

54 Neuberger, Oswald; Kompa, Ain: *Wir, die Firma. Der Kult um die Unternehmenskultur.* Beltz: Weinheim, Basel 1987, S. 64.

55 König, Karl: *Kleine psychoanalytische Charakterkunde.* Vandenhoeck & Ruprecht: Göttingen 1992, S. 108

56 Kets de Vries, Manfred. F. R.: *Chef-Typen. Zwischen Charisma und Chaos, Erfolg und Versagen.* Gabler: Wiesbaden 1990, S. 59

57 Ebd., S. 60

58 Schröter, Tillman: »Vize-Schulleiter hörte offenbar Lehrer ab.« In: *Der Tagesspiegel*, 21. 02. 2020. Online: https://www.tagesspiegel.de/berlin/abhoerskandal-an-cottbuser-schule-vize-schulleiter-hoerte-offenbar-lehrer-ab/25570996.html

59 Zitiert nach der Zusammenfassung von Lenz, Gerhard (hrsg.); Mertens, Wolfgang; Lang, Hans-Jürgen: *Die Seele im Unternehmen. Psychoanalytische Aspekte von Führung und Organisation im Unternehmen.* Springer: Berlin, Heidelberg 1991, S. 116

60 Kernberg, Otto F.: »Regression bei Führungspersönlichkeiten.« In: Ders.: *Innere Welt und äußere Realität.* Verlag Internationale Psychoanalyse: München, Wien 1988, S. 296

61 Ebd., S. 297

62 Ebd., S. 296

63 Wallraff, Günter: »Gerling-Konzern – Als Portier und Bote«. In: Engelmann, B. & Wallraff, G.: *Ihr da oben – wir da unten.* Kiepenheuer & Witsch: Köln 1973, S. 316 f.

64 Hoffmann, Sven O.: *Charakter und Neurose.* Suhrkamp: Frankfurt a. M. 1979, S. 249; Hoffmann, Sven O.; Hochapfel, Gerd: *Einführung in die Neurosenlehre und Psychosomatische Medizin.* UTB: Stuttgart, New York 1979, S. 102 f.

65 Willi, Jürg: *Die Zweierbeziehung.* Rowohlt: Reinbek bei Hamburg 1975, S. 107

66 Hoffmann, Sven O.: *Charakter und Neurose.* Suhrkamp: Frankfurt a. M. 1979, S. 249; Hoffmann, Sven O.; Hochapfel, Gerd: *Einführung in die Neurosenlehre und Psychosomatische Medizin.* UTB: Stuttgart, New York 1979, S. 101

67 Willi, Jürg: *Die Zweierbeziehung.* Rowohlt: Reinbek bei Hamburg 1975, S. 110

68 Neuberger, Oswald; Kompa, Ain: *Wir, die Firma. Der Kult um die Unternehmenskultur.* Beltz: Weinheim, Basel 1987, S. 64

69 Ebd.

70 König, Karl: *Kleine psychoanalytische Charakterkunde.* Göttingen 1992, S. 82

71 nach Zürn, Peter: *Vom Geist und Stil des Hauses. Unternehmenskultur in Deutschland.* Verlag Moderne Industrie: Landsberg 1985, S. 42; Neuberger, Oswald; Kompa, Ain: *Wir, die Firma. Der Kult um die Unternehmenskultur.* Beltz: Weinheim, Basel 1987, S. 81

72 Kernberg, Otto F.: »Regression bei Führungspersönlichkeiten.« In: Ders.: *Innere Welt und äußere Realität.* Verlag Internationale Psychoanalyse: München, Wien 1988, S. 294

73 Zitiert nach: »Bahn-Managerin sucht Führungskräfte mit Angststörungen.« In *Spiegel Online,* 14. 12. 2014. Online: https://www.spiegel.de/wirtschaft/unternehmen/bahn-managerin-ursula-schuetze-kreilkamp-sucht-chefs-mit-angststoerungen-a-1008392.html

74 Zimber, Andreas; Hentrich, Stephan: »Psychische Gesundheit von Führungskräften: Ergebnisbericht zur PsyGeMa-Studie«, SRH Hochschule Heidelberg, September 2015

75 Kets de Vries, Manfred. F. R.: *Chef-Typen. Zwischen Charisma und Chaos, Erfolg und Versagen*. Gabler: Wiesbaden 1990, S. 77 f.

76 Lenz, Gerhard (Hrsg.); Mertens, Wolfgang; Lang, Hans-Jürgen: *Die Seele im Unternehmen. Psychoanalytische Aspekte von Führung und Organisation im Unternehmen*. Springer: Berlin, Heidelberg 1991, S. 113

77 Ebd.

78 Vgl. https://www.median-kliniken.de/de/behandlungsgebiete/psychosomatik/angststoerungen/

79 König, Karl: *Kleine psychoanalytische Charakterkunde*. Vandenhoeck & Ruprecht: Göttingen 1992, S. 114

80 Ebd., S. 115

81 Gilbert, Cathrin; Kilz, Hans Werner; Lebert, Stephan: »Es war der Kick, pures Adrenalin.« In: *Die Zeit*, Nr. 19/2013, S. 13–16. Auszug online: https://www.zeit.de/sport/2013-05/uli-hoeness-steuern-schuld/komplettansicht

82 Schwager, Martina: »Expertin: Hoeneß zeigt Symptome von Spielsucht.« *Evangelisch*.de, 13.3.21014. Online: https://www.evangelisch.de/inhalte/93080/13-03-2014/expertin-hoeness-zeigt-symptome-von-spielsucht

83 Ebd.

84 Gilbert, Cathrin; Kilz, Hans Werner; Lebert, Stephan: »Es war der Kick, pures Adrenalin.« In: *Die Zeit*, Nr. 19/2013, S. 13–16. Auszug online: https://www.zeit.de/sport/2013-05/uli-hoeness-steuern-schuld/komplettansicht

85 Gelles, David u. a.: »Elon Musk Details ›Excruciating‹ Personal Toll of Tesla Turmoil.« In: *New York Times*, 16. 8. 2018. Online: https://www.nytimes.com/2018/08/16/business/elon-musk-interview-tesla.html

86 Kyriasoglou, Christina: »Ambien. Die gefährliche Schlafdroge, auf die nicht nur Elon Musk setzt.« In: *Manager Magazin*, 31. 08. 2018 https://www.manager-magazin.de/lifestyle/leute/elon-musk-und-ambien-die-schlafdroge-der-stars-a-1225987.html

87 Zitiert nach: Möller, Hans-Jürgen; Laux, Gerd; Deister, Arno:

Psychiatrie, Psychosomatik und Psychotherapie. Duale Reihe, Thieme: Stuttgart 2015, S. 334

88 Mundle, Götz: »Wie Manager ihr Hirn dopen.« In: *Spiegel Online*, 3. 2. 2010. Online: https://www.spiegel.de/wirtschaft/drogen-im-buero-wie-manager-ihr-hirn-dopen-a-674175.html

89 Klaus Wehrle: »Der Pillenknick. Leistung um jeden Preis.« In: *Manager Magazin*, 26. 05. 2015. Online: https://www.manager-magazin.de/magazin/artikel/manager-und-sucht-warum-fuehrungskraefte-zu-drogen-greifen-a-1028370-2.html

90 Bundesministerium für Gesundheit: »Sucht und Drogen.« Online: https://www.bundesgesundheitsministerium.de/themen/praevention/gesundheitsgefahren/sucht-und-drogen.html

91 Kaufmann, Matthias: »Ein süchtiger Top-Manager wird erpressbar. Firmenlenker auf Droge.«, Interview mit Hartmut Stepputtis, In: *Spiegel Online*, 12. 11. 2012. Online: https://www.spiegel.de/karriere/chefs-und-drogen-was-manager-in-die-sucht-treibt-a-866193.html

92 Schoonmaker, Alan N.: *Angst im Beruf. Überwindung von Stress und Leistungsdruck*. Sauer: Heidelberg 1975, S. 164

93 von Lijnden, Constantin; Leffers, Jochen: »Hirndoping für Kopfarbeiter. Immer her mit den bunten Psychopillen.« In: *Spiegel Online*, 5. 11. 2012. Online: https://www.spiegel.de/karriere/hirndoping-kopfarbeiter-greifen-verstaerkt-zu-modafinil-und-ritalin-a-864956.html

94 Vgl. Knieps, Franz; Pfaff, Holger (Hrsg.): *BKK Gesundheitsreport 2018: »Arbeit und Gesundheit Generation 50+«*. Medizinisch Wissenschaftliche Verlagsgesellschaft: Berlin 2018. Online: https://www.bkk-sued.de/fileadmin/content/_Dokumente/_4_Kennzahlen_Informationen/_4_2_Gesundheitsreport/BKK_Gesundheitsreport_2018.pdf

95 Leymann 1995, Seite 18. Zitiert nach: IG Metall: Mobbing wirkungsvoll begegnen. Arbeitshilfe 16 in der Reihe »Gesünder @rbeiten«. 3. Auflage, Frankfurt/Main 2006. Online: http://library.fes.de/pdf-files/netzquelle/igm/mobbing.pdf

96 https://www.youtube.com/watch?v=YPDmNaEG8v4

97 Rettig, Daniel: »Hilfe, mein Chef spinnt.« In: *WirtschaftsWoche*, 7. 9. 2011. Online: https://www.wiwo.de/archiv/buero-hilfe-mein-chef-spinnt/5155850.html

98 Laurence J. Peter, Raymond Hull: *Das Peter-Prinzip oder die Hierarchie der Unfähigen*, Reinbek bei Hamburg 1972 (1969)

99 Jiménez, Fanny: »Warum rücksichtslose Menschen weiter kommen.« In: *Die Welt*, 7. 12. 2015. Online: https://www.welt.de/wissenschaft/article149692971/Warum-radikal-ruecksichtlose-Menschen-weiter-kommen.html

100 https://www.improbable.com/ig-about/

101 Kramer, Bernd: »Chefs, lasst los.« In: *Süddeutsche.de*, 13. 2. 2020. Online: https://www.sueddeutsche.de/karriere/chef-gehalt-fuehrungskraefte-1.4790632